加工プロセスシミュレーションシリーズ　1

# 静的解法 FEM — 板　成　形

日本塑性加工学会 編

コ ロ ナ 社

## 執筆者一覧（執筆順）

| | 所属 | 担当箇所 |
|---|---|---|
| 牧野内 昭武 | 理化学研究所 | 1章 |
| 山村 直人 | 理化学研究所 | 2章，3章 |
| 横内 康人 | 電気通信大学 | 4.1～4.2節 |
| 髙村 正人 | 理化学研究所 | 4.3～4.4節，6章，7章，10.1～10.2節 |
| 浜 孝之 | 早稲田大学 | 4.3～4.4節，6章，7章，10.3節 |
| 森 謙一郎 | 豊橋技術科学大学 | 5章，10.4節 |
| 桑原 利彦 | 東京農工大学 | 8章 |
| 吉田 健吾 | 東京農工大学 | 8章 |
| 伊藤 耿一 | 元東北大学 | 9.1節 |
| 宅田 裕彦 | 京都大学 | 9.2節 |
| 吹春 寛 | (株)先端力学シミュレーション研究所 | 11章 |

（所属は編集当時）

# 「静的解法FEM—板成形」正誤表

p.14　脚注†1の2行目

[誤]　$= \boldsymbol{e} \cdot (A_{kp}\boldsymbol{e}_k) =$　　[正]　$= \boldsymbol{e}_s \cdot (A_{kp}\boldsymbol{e}_k) =$

---

p.38　下から1行目

[誤]　$\tau = \dfrac{dV}{dV_0} \cdot \sigma = J \cdot \sigma$　　[正]　$\tau = \dfrac{dV}{dV_0}\boldsymbol{\sigma} = J\boldsymbol{\sigma}$

---

p.54　2行目（$h$を太字に修正）

[誤]　$\cdots + \dfrac{\partial f}{\partial \boldsymbol{q}} \cdot \dot{\lambda} h = 0$　　[正]　$\cdots + \dfrac{\partial f}{\partial \boldsymbol{q}} \cdot \dot{\lambda} \boldsymbol{h} = 0$

---

p.62　式(2.301)の第2式（右辺の$X$を太字に修正）

[誤]　$\boldsymbol{X}(0) = X_0$　　[正]　$\boldsymbol{X}(0) = \boldsymbol{X}_0$

---

p.62　14行目（$X$を太字に修正）

[誤]　ここで，$X_0$は$\cdots$　　[正]　ここで，$\boldsymbol{X}_0$は$\cdots$

---

p.67　式(2.330)の第2式（$\Pi$を細字に修正）

[誤]　$\cdots + \dfrac{\partial \boldsymbol{\Pi}_{ji}}{\partial X_j} = 0$　　[正]　$\cdots + \dfrac{\partial \Pi_{ji}}{\partial X_j} = 0$

---

p.71　式(2.354)の第1式 右辺第1項

[誤]　$\cdots = \int_{S_{0t}} \dot{\bar{t}} \cdot \delta v dS_0 + \cdots$　　[正]　$\cdots = \int_{S_{0t}} \dot{\bar{t}}_0 \cdot \delta v dS_0 + \cdots$

---

p.75　2行目

[誤]　${}^{t+\Delta t}\bar{t} = {}^{t}\,\bar{t} + \Delta\bar{t}$　　[正]　${}^{t+\Delta t}\bar{t}_0 = {}^{t}\,\bar{t}_0 + \Delta\bar{t}_0$

---

p.75　式(2.371)の右辺第1式

[誤]　$\cdots = \int_{S_{0t}} ({}^{t}\bar{t} + \Delta\bar{t}) \cdot \delta u dS_0 + \cdots$　　[正]　$\cdots = \int_{S_{0t}} ({}^{t}\bar{t}_0 + \Delta\bar{t}_0) \cdot \delta u dS_0 + \cdots$

---

p.75　式(2.372)右辺第1項

[誤]　$\cdots \int_{S_{0t}} {}^{t}\dot{\bar{t}} \cdot \delta u dS_0 + \cdots$　　[正]　$\cdots \int_{S_{0t}} {}^{t}\bar{t}_0 \cdot \delta u dS_0 + \cdots$

---

p.76　5行目

[誤]　$\int_V (\Delta \overset{\circ}{\tau}{}^J : \Delta \boldsymbol{d} \cdot \boldsymbol{\sigma} - \cdots$　　[正]　$\int_V (\Delta \overset{\circ}{\tau}{}^J - \Delta \boldsymbol{d} \cdot \boldsymbol{\sigma} - \cdots$

---

p.89　下から5行目

[誤]　$[\hat{C}^{ep}_{ij}]$　　[正]　$[\hat{C}^{ep}_{33}]$

---

①

p.89　式 (3.44)

[誤]　$\cdots = -\dfrac{\hat{C}^{ep}_{33ij}\hat{D}^{PL}_{kl}}{\hat{C}^{ep}_{3333}}$　　[正]　$\cdots = -\dfrac{\hat{C}^{ep}_{33ij}\hat{D}^{PL}_{ij}}{\hat{C}^{ep}_{3333}}$

p.128　9，10行目

[誤]　立て壁部　　[正]　縦壁部

p.191　式 (8.69) 右辺第1項

[誤]　$\cdots -2\alpha_2)^{M-1}\{r_{90}+2)\alpha_1+\cdots$　　[正]　$\cdots -2\alpha_2)^{M-1}\{(r_{90}+2)\alpha_1+\cdots$

p.193　式 (8.75) 下

[誤]　$d\hat{\epsilon}^p_y = \cdots$ を考慮した。　　[正]　（1行分削除）

p.209　式 (9.2) 第1式左辺

[誤]　$\dfrac{\partial\sigma_1}{\sigma_1}$　　[正]　$\dfrac{\delta\sigma_1}{\sigma_1}$

p.209　式 (9.3) 最後の式右辺分子

[誤]　$F'(\int \dot{W}^p dt)\cdot\boldsymbol{\sigma} : \dfrac{\partial f}{\partial\boldsymbol{\sigma}}$　　[正]　$F'(\int \dot{W}^p dt)\boldsymbol{\sigma} : \dfrac{\partial f}{\partial\boldsymbol{\sigma}}$

# まえがき

FEM（有限要素法）シミュレーションは製造業において，製品設計や製造工程設計のための道具として使われるようになってきている。しかし，道具としての歴史は浅く，その機能も，使い勝手も，信頼性も，とても十分とは言い難い。成熟した技術となるには，まだまだ時間が必要であろう。これは，言い換えると，今後とも研究と開発を続けることが求められているということである。

本書は，弾塑性 FEM の研究やソフトウェアの開発を行っている第一線の研究者・開発者に執筆をお願いしてでき上がった教科書である。連続体力学の基礎理論から，個別の問題に対処するためのさまざまな手法までを，バランスを考えながら体系的に取り上げている。

シミュレーションの対象としているのは，主として金属板材のプレス成形過程である。そのための，シェル要素，板材としての材料異方性，工具と板材の摩擦・接触などを扱う手法が，最近の研究成果を含めて詳しく述べられている。これは本書の特長である。しかし，多くの金属材料は弾塑性変形を示すし，ほとんどの変形過程は工具などほかの物体との接触を伴う。したがって本書は，きわめて一般的な，金属材料の大変形過程を扱うための静解析弾塑性 FEM の解説書でもある。

本シリーズ第 2 巻の「バルク加工」で取り上げられている剛塑性 FEM に比べると，本書の内容はかなり複雑に感じるであろう。しかし，これは，塑性変形進行中，同時に働いている弾性変形部分を無視せずに表現する場合の，理論の基本的な性格によるものであり，この点をまず理解していただきたい。

本書が，板成形シミュレーションを含む，さまざまな弾塑性 FEM の分野に携わっておられる方々の助けになるものであることを心から望んでいる。

本書は，日本塑性加工学会出版事業委員会の企画を受けて，シミュレーション統合システム分科会が具体化したものである。出版にあたってはコロナ社にお世話になった。この場を借りてお礼申し上げたい。

2004年5月

著者代表　牧野内　昭武

# 目　　　次

## 1.　板成形シミュレーションの概要



## 2.　有限弾塑性変形の基礎式

## 3. 有限要素



## 4. FEM の離散化

## 5. 剛塑性 FEM の定式化



## 6. 工具と被加工材との接触問題



## 7. 板成形に特有な問題の取扱い

# 8. 異方性降伏関数



# 9. シミュレーションによる割れ・しわの評価

## 10.　板成形シミュレーションの実施例



## 11.　弾塑性 FEM のプログラミング

# CD-ROM 使用上の注意点

付録 CD-ROM には三次元静解析 FEM による板成形シミュレーションの動画ファイル，静的陽解法による二次元弾塑性 FEM プログラムおよび本文図表のカラー版が収録されています。詳細については付録 CD-ROM 内の Readme ファイルをご覧下さい（CD-ROM の閲覧には，Adobe 社 acrobat reader 5.0 以上および AVI 形式ファイルを再生可能なムービープレーヤが必要です）。

なお，ご使用に際しては，以下の点にご留意下さい。

・本プログラムおよびデータを商用で使用することはできません。
・本プログラムおよびデータを他に流布することはできません。
・本プログラムおよびデータの改変は，営利目的でないかぎり自由です。
・本プログラムおよびデータを使用することによって生じた損害などについては，著作者，コロナ社は一切の責任を負いません。
・著作者，コロナ社は，本プログラムおよびデータに関する問合せを一切受け付けません。

# 1. 板成形シミュレーションの概要

## 1.1 は じ め に

多くの金属材料は，力を加えるとまず弾性変形を示し，さらに力を増すとやがて塑性変形に移り，力を取り去っても変形したままの形が保たれるようになる。この性質を利用して，プレス加工，鍛造加工，転造加工，圧延加工，ロールフォーミング，ハイドロフォーミングなど，さまざまな塑性加工が行われる。

金属が示すこのような性質を弾塑性変形と呼び，これを力学の枠組みのなかで扱うのが弾塑性力学である。弾塑性変形は高度に非線形な現象であるため，これを扱う力学は複雑であり，上記のような加工過程を力学的に解こうとしても，紙と鉛筆では，ごく単純化された問題しか解を得ることができない。

しかし，コンピュータと**有限要素法**（finite element method，**FEM**）の進歩がそのような状況を一変させた。さまざまな材料を三次元の複雑な形状に成形する過程を，弾塑性力学理論に基づいて忠実にたどれるようになったのである。生産に用いられている塑性加工過程がFEMシミュレーションによりコンピュータのなかに再現でき，金型や工程の設計に際しシミュレーションが“仮想試作”として頼りにされる。そんな時代に入ったといえるだろう。弾塑性力学とそれに基づくFEMは，製造業にとってなくてはならない基盤になりつつある。

製造業における重要性を反映して，FEMシミュレーションの社会的な位置は急激に変化してきた。**図1.1**は，板成形に注目して，シミュレーション技術を支える人々の役割分担を，概括してみたものである。1980年代には板成形シミュレーションはまだ全体が“研究”の段階にあった。大学や研究所，一部の企業の研究者が弾塑性問題の定式，FEMプログラムの開発，それを用いたシミュレーションの実施など，広い分野の仕事を数人のグループですべてこなしていた〔図(a)〕。

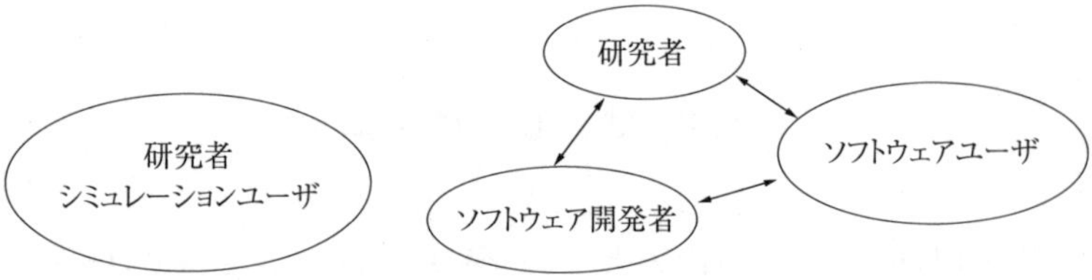


(a) 1980年代　　(b) 1990年代末

**図1.1**　板成形シミュレーションに関係する人々のグループの変遷

それが1990年代の終わりにはすっかり様変わりし，基礎理論や数値モデルを研究するグループからソフトウェア開発を専門とする人の集団が独立した。それにつれて，商品化されたFEMソフトウェアをプレス製品の設計や，金型の設計に生かすソフトウェアユーザの集団が出現した。すなわち，板成形シミュレーションは1990年代を通じて“研究”から“ビジネス”に発展し，それに伴い図(b)のように異なる目的，異なるバックグラウンドをもった人々からなる三つのグループが分業を受け持つこととなったのである。

本書は，上記三つのグループのいずれに属する方にも役に立つよう，基礎定式から，FEM定式，アルゴリズム，シミュレーションを行ううえでのモデリング手法など，広い分野を視野に入れて編集されている。

また，本書で扱う弾塑性問題の解法は冒頭に述べたさまざまな塑性加工法に対して有効であるが，そのうち特に板成形に主眼を置いている。板成形ではスプリングバック（springback：7.2節参照）や面ひずみなど製品の形状精度が重視される。そしてこれらは，塑性変形後の弾性変形（弾性回復）によって左右される。そのため，これらの成形不良を精度よく予測するためには，成形の初期から弾塑性変形を忠実にたどっていかなくてはならないと考えられている。

ちなみに，鍛造加工では，弾性の影響は非常に少なく，弾性を無視した剛塑性定式で十分精度が得られるといわれている。シミュレーションを行う対象によってモデリングの手法を選択するのは，大切なポイントである。

## 1.2 板成形シミュレーションの歴史

板成形過程の力学解析は前世紀の半ばにすでに始まっており[1),2)†]，1960 年代には差分法を使った軸対称深絞りの計算が行われている[3)]。これらの試みは，プレス成形解析のための手法開発という点からは重要な役割を果たしたが，その手法を複雑な形状をもつ実際のプレス部品の成形過程に直接当てはめることは不可能であった。

1985 年，板成形のコンピュータモデリングに関する国際会議がアメリカのミシガン大学で開かれた[4)]。この会議で GM 社[5)]とフォードモーター社[6)]から三次元 FEM を用いた自動車パネルのシミュレーション例が示された。これらの計算は CRAY など当時の最高速のコンピュータをもってしても恐ろしく時間がかかり，実用には程遠いものであったが，シェル要素の定式や工具と板材との接触など，三次元 FEM で扱わなくてはならない多くの力学問題が実パネルに近いモデルで検討されたという点から特筆すべきものであった。

1989 年，アメリカのコロラド大学で行われた国際会議 NUMIFORM '89[7)]はつぎの二つの点から非常に重要な会議である。一つは板成形シミュレーションに関し，これまでの国際会議ではみられなかった多数の論文発表があったことで，板成形シミュレーションに関心をもつ研究者，技術者の数が急激に増えたことをうかがわせた。この流れは，板成形シミュレーション専門の国際会議

† 肩付き数字は巻末の引用・参考文献の番号を示す。

の開催へと発展し，1991年，スイスのチューリッヒで開かれたVDIシンポジウム[8)]，1993年，日本の伊勢原（神奈川県）で開かれたNUMISHEET '93[9)]へとつながっていく。この後NUMISHEETは，3年ごとに開催される板成形シミュレーション専門の国際会議として定着し，1996年，アメリカのデトロイト[10)]，1999年，フランスのブザンソン[11)]，2002年，韓国の済州島[12)]と発展を続けている。

NUMIFORM '89におけるもう一つの重要な点は，講演のなかに，その後の板成形シミュレーションの方向に大きな影響を及ぼすことになる二つの手法に関する論文が含まれていたことである。二つの手法とは，“動的陽解法のプレス成形過程への適用”と“1ステップ法の提案”である。

HoneckerとMattiassonは，動的陽解法プログラムDYNA 3Dを用いてオイルパンとラジエータ部品の深絞り過程をシミュレートし，フランジしわまできれいに再現してみせた[13)]。このように深い絞りは，これまでどのプログラムも実現できなかったものであり，本物のように見えるしわもこれまでのシミュレーションではまったく類をみないものであった。この論文が引き金になって，その後PAM-STAMPやOPTRISなどの板成形専用の動的陽解法プログラムが新しく開発され，この手法が板成形シミュレーションの主流を占めるようになる。

一方，Batozらの論文のなかで取り上げられた1ステップ法[14)]は，ChungとLeeが提案した手法[15)]を発展させたもので，成形後の部品形状から出発して成形前のブランク形状への逆向きの変形過程を，一つの時間ステップでたどるものである。この手法の利点は計算時間が非常に短いことで，そのためこの定式に基づいてISOPUNCH，SIMEX，AUTOFORM ONE STEP，FAST FORM 3Dなど多くの1ステップ法プログラムが開発されることとなる。

これらの新しい動きとは別に，プレス成形シミュレーションの本家本流と考えられている静的陰解法プログラムに関しても，多数の論文が発表された。それらは，その後，MTLFRM，INDEED，AUTO FORMなど板成形専用の静的陰解法プログラムとして進展することとなる。

また，収束計算で起こる計算上の破綻を避けるため静的陽解法を採用した，ROBUST，ITAS などの研究も注目された。この手法の基本的な考え方は山田らの $r_{\min}$ 法[16,17]を大変形接触問題に拡張したものである。

振り返ってみると NUMIFORM '89 は，その後の板成形シミュレーションの方向を決定づけた画期的な会議であったことがわかる。

それから 10 年後の 1998 年に，筆者は日本，アメリカおよびヨーロッパの自動車メーカーと鉄鋼メーカー 12 社のプレス金型部門，研究部門を訪問して，シミュレーションを行っている技術者から話を聞くという機会を得た。CIRP という生産技術に関する国際研究組織から，板成形シミュレーションとその関連技術に関する世界の現状をまとめ，会議でレポートするよう依頼されたためである[18,19]。

そのときに訪問した会社で使われていた FEM ソフトウェアのリストを**表 1.1** に示してある。12 というかなり多数の異なるソフトウェアが使われていた。これらは定式や解法にそれぞれ特徴をもつ。これだけ多くのソフトウェアが存在しているということは，それぞれが，ほかに比べてなにかしら優れた特性をもっているからだと考えてよいだろう。

**表 1.1**　1990 年代末に自動車，鉄鋼メーカーで使われていた板成形シミュレーションのためのソフトウェア（会社名は当時のもの）

| | | |
|---|---|---|
| 動的陽解法 | | LS-DYNA (LSTC，アメリカ)<br>PAM-STAMP (ESI，フランス)<br>OPTRIS (Dynamic Software，フランス) |
| 静的陽解法 | | ITAS 3 D (理化学研究所，日本) |
| 静的陰解法 | 微小増分法 | MTLFRM (Ford Motor，アメリカ)<br>INDEED (INPRO，ドイツ)<br>JOH-NIKE 3 D (LSTC，アメリカ) |
| | 大増分法 | AUTOFORM<br>(Autoform Engineerig，スイス) |
| | 1ステップ法 | AUTOFORM ONE STEP<br>(Autoform Engineering，スイス)<br>FAST FORM 3 D (FTI，カナダ)<br>ISOPUNCH (sollac，フランス)<br>SIMEX (simtec，フランス) |

それからすでに5年が経過しており，この世界はさらに様変わりをしている。しかし，現在でも世界的には多数のソフトウェアが使われており，それぞれが特徴をもっているという状況は依然変わらない。

一方では，板材成形はプレス成形だけでなく，ハイドロフォーミングなどのこれまでとは異なる成形法も広く使われるようになり，板成形シミュレーションの対象も広がっている。また近年，高張力鋼板の使用量が増え，それにつれてスプリングバックによる形状不良の予測が強く求められるようになっている。すなわち，シミュレーションに要求される機能も時代とともに変化しているのである。

## 1.3　シミュレーションは実際の現象をどの程度再現できるか

NUMISHEET '93において実施されたベンチマークテストで，板成形シミュレーションにかかわる重要な課題が浮き彫りになった。それは実験データのばらつきである。

NUMISHEET '93ベンチマークテストの目的は，当時世界の各所で開発されつつあった多くの板成形シミュレーションソフトウェアの性能を比較・評価するということであった。三つの異なる課題（角筒絞り，ハット曲げ成形，自動車のフロントフェンダの絞り工程）が提示され，世界中の多くの研究者が参加した。

このベンチマークテストのユニークだった点は，角筒絞りとハット曲げ成形に関しては実験もベンチマークテストとしたことである。シミュレーション結果を評価するための基準データを得るのがその目的である。条件を統一するために，参加者には，主催者から工具形状や実験条件に関する詳細な指定が配布され，実験に使う板材と潤滑剤が送られた。

角筒絞りを例にとると，世界中の27のグループからシミュレーション結果が，11のグループから実験結果が寄せられた。出力として求められたのは，指定された線に沿う主ひずみの分布である。結果はどうだったのか。じつは異なるグループから提出された実験結果の間のばらつきが大きくて，シミュレーション結果を比較・評価するための基準データを決めることができなかったのである。特にアルミニウム合金材のばらつきは非常に大きなものであった。

このばらつきが何に起因するかについては現在も各所で検討が進められており，いまだに解決がついていない。板成形は高度に非線形な過程でその現象は多くの因子に支配されており，それを総て厳密にコントロールすることはほとんど不可能である。板成形シミュレーションを行うときは，この点をつねに頭に入れておく必要がある。

# 2. 有限弾塑性変形の基礎式

一般に微小変形弾性理論では，ひずみは非常に小さく，釣合い方程式は近似的に変形前の状態について記述される。すなわち線形問題として分類される。一方，プレス成形に代表される板成形の問題は，変形や剛体回転の大きい有限変形問題として分類される。加えて素材の弾塑性変形や工具との接触など，多くの非線形性を考慮しなければならない。このような非線形問題に対して，FEM は強力な手段となっている。

非線形 FEM の基礎となる理論は連続体力学である。2 章から 4 章では連続体力学，弾塑性構成式，有限要素による離散化過程，静的陽解法および静的陰解法の取扱いまで，静的弾塑性 FEM の基礎理論について概説する。

本章では連続体力学の枠組みのなかで，有限変形理論の基礎となる物体の変形や運動，さらに応力やひずみの定義から弾塑性構成式および仮想仕事の原理式を導出する。

本書では連続体力学の記述におもにテンソル表記を用いるが，テンソルの基礎理論については 2.1 節にまとめてあるので，必要に応じて参照されたい。また，必要に応じてテンソルの成分表示を併記する。その成分は特に断らないかぎり，直交デカルト座標系を参照して記述されるものとする。

## 2.1 テンソルの基礎 [1),2)]

### 2.1.1 ベ ク ト ル

三次元ユークリッド空間内のベクトルについて考える。ここではこのようなベクトルを $\boldsymbol{u}$，$\boldsymbol{v}$，…で表し，それら集合（ベクトル空間）を $\mathsf{V}$ で表すことにする。

ベクトルを用いた積には以下のようなものがある。

〔1〕 **内積（スカラ積）**　ベクトル $\boldsymbol{u}$ と $\boldsymbol{v}$ の内積は式 (2.1) で定義されるスカラである。

$$\boldsymbol{u}\cdot\boldsymbol{v} = |\boldsymbol{u}|\,|\boldsymbol{v}|\cos\theta \tag{2.1}$$

ここで，$|\boldsymbol{u}|$，$|\boldsymbol{v}|$ はベクトルの大きさ，$\theta$ はベクトル $\boldsymbol{u}$ と $\boldsymbol{v}$ がなす角度である〔**図 2.1**（a）〕。ベクトル $\boldsymbol{u}$ と $\boldsymbol{v}$ が直交するとき，$\boldsymbol{u}\cdot\boldsymbol{v} = 0$ となる。ベクトルの内積は以下の特徴をもつ。

$$\begin{cases} \boldsymbol{u}\cdot\boldsymbol{v} = \boldsymbol{v}\cdot\boldsymbol{u} & (2.2) \\ \boldsymbol{u}\cdot(\boldsymbol{v}+\boldsymbol{w}) = \boldsymbol{u}\cdot\boldsymbol{v} + \boldsymbol{u}\cdot\boldsymbol{w} & (2.3) \\ \alpha(\boldsymbol{u}\cdot\boldsymbol{v}) = (\alpha\boldsymbol{u})\cdot\boldsymbol{v} \qquad (\alpha \text{ は実数}) & (2.4) \end{cases}$$

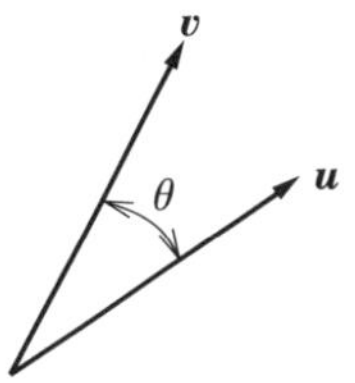


（a） 内　積

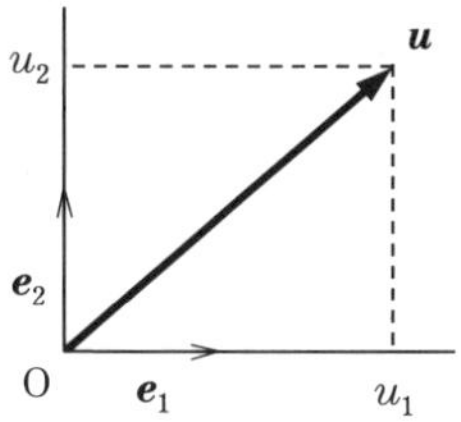


（b） ベクトルの成分（二次元）

**図 2.1**　ベクトルの内積

ベクトルそれ自体はある大きさと方向をもった線分であり，座標系に依存しない存在である。しかし，その成分は座標系を定めて初めて決まるものであり，座標系により異なる。いま，原点 O と三つの直交する単位ベクトル（大きさ 1 のベクトル）$\{\boldsymbol{e}_1, \boldsymbol{e}_2, \boldsymbol{e}_3\}$ からなる直交デカルト座標系を考える。$\{\boldsymbol{e}_1, \boldsymbol{e}_2, \boldsymbol{e}_3\}$ の組みを基底，各ベクトルを基底ベクトルと呼ぶ。基底ベクトルはつぎの特徴をもつ。

$$\begin{cases} |\boldsymbol{e}_k| = 1 \qquad (k = 1, 2, 3) & (2.5) \\ \boldsymbol{e}_k \perp \boldsymbol{e}_m \qquad (k \neq m) & (2.6) \end{cases}$$

式 (2.6) の基底ベクトルの直交性は式 (2.7) で表すこともできる。

$$\boldsymbol{e}_k\cdot\boldsymbol{e}_m = \delta_{km} \qquad (k, m = 1, 2, 3) \tag{2.7}$$

ここで，$\delta_{km}$ は**クロネッカーのデルタ**（Kronecker's delta）と呼ばれ，式(2.8)の特性をもつ。

$$\delta_{km} = \begin{cases} 1 & (k = m) \\ 0 & (k \neq m) \end{cases} \tag{2.8}$$

一般に，ベクトル $\boldsymbol{u}$ は基底ベクトルの一次結合の形に分解することができる。

$$\boldsymbol{u} = u_1\boldsymbol{e}_1 + u_2\boldsymbol{e}_2 + u_3\boldsymbol{e}_3 = \sum_{k=1}^{3} u_k\boldsymbol{e}_k = u_k\boldsymbol{e}_k \tag{2.9}$$

ここで，$u_k$ は基底 $\{\boldsymbol{e}_k\}$ に関する $\boldsymbol{u}$ の成分である。ただし，式(2.9)最右辺のように添字が2回（以上）繰り返される場合には，$k = 1, 2, 3$ の総和をとるものとする（**総和規約**）。今後現れる成分表記についても同様とする。

ベクトル $\boldsymbol{u}$ の基底 $\{\boldsymbol{e}_m\}$ に関する成分 $u_m$ は対応する基底ベクトルへの投影として与えられる〔図2.1(b)〕。

$$u_m = \boldsymbol{u}\cdot\boldsymbol{e}_m{}^{\dagger 1} \qquad (m = 1, 2, 3) \tag{2.10}$$

いま，二つのベクトルが $\boldsymbol{u} = u_k\boldsymbol{e}_k$ および $\boldsymbol{v} = v_m\boldsymbol{e}_m$ で与えられるとする。このとき，ベクトルの内積は式(2.11)で表すこともできる。

$$\boldsymbol{u}\cdot\boldsymbol{v} = u_k v_k{}^{\dagger 2} \qquad (k = 1, 2, 3) \tag{2.11}$$

ここで，$\boldsymbol{v} = \boldsymbol{u}$ とすれば，$\sqrt{\boldsymbol{u}\cdot\boldsymbol{u}} = \sqrt{u_k u_k} \equiv |\boldsymbol{u}|$ はベクトルの大きさを表す。

〔2〕 **外積（ベクトル積）**　ベクトル $\boldsymbol{u}$ と $\boldsymbol{v}$ の外積は式(2.12)で定義されるベクトルである。

$$\boldsymbol{u} \times \boldsymbol{v} = (|\boldsymbol{u}|\,|\boldsymbol{v}|\sin\theta)\boldsymbol{n} \tag{2.12}$$

ここで，$\boldsymbol{n}$ はベクトル $\boldsymbol{u}$ と $\boldsymbol{v}$ がつくる平面に垂直な単位ベクトルであり，その方向は右ねじの法則に従う（**図2.2**）。$\theta$ はベクトル $\boldsymbol{u}$ から $\boldsymbol{v}$ への最小回転角である（$0 \leqq \theta \leqq 180°$）。ベクトル $\boldsymbol{u}$ と $\boldsymbol{v}$ が平行であるとき，$\boldsymbol{u} \times \boldsymbol{v} = \boldsymbol{0}$ となる。また，外積の大きさ $|\boldsymbol{u} \times \boldsymbol{v}|$ はベクトル $\boldsymbol{u}$，$\boldsymbol{v}$ を2辺とする平行四辺形の面積に相当する。

---

†1　$\boldsymbol{u}\cdot\boldsymbol{e}_m = (u_k\boldsymbol{e}_k)\cdot\boldsymbol{e}_m = u_k\delta_{km} = u_m$

†2　$\boldsymbol{u}\cdot\boldsymbol{v} = (u_k\boldsymbol{e}_k)\cdot(v_m\boldsymbol{e}_m) = u_k v_m\boldsymbol{e}_k\cdot\boldsymbol{e}_m = u_k v_m\delta_{km} = u_k v_k = u_1v_1 + u_2v_2 + u_3v_3$

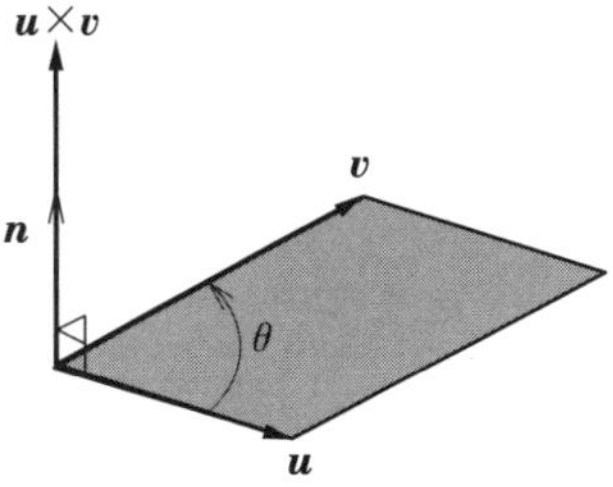


図 2.2　ベクトルの外積

ベクトルの外積は以下の特徴をもつ。

$$\begin{cases} \boldsymbol{u} \times \boldsymbol{v} = -\boldsymbol{v} \times \boldsymbol{u} & (2.13) \\ \boldsymbol{u} \times (\boldsymbol{v} + \boldsymbol{w}) = \boldsymbol{u} \times \boldsymbol{v} + \boldsymbol{u} \times \boldsymbol{w} & (2.14) \\ \alpha(\boldsymbol{u} \times \boldsymbol{v}) = (\alpha\boldsymbol{u}) \times \boldsymbol{v} \qquad (\alpha \text{ は実数}) & (2.15) \end{cases}$$

いま，基底ベクトルの関係が

$$\boldsymbol{e}_1 \times \boldsymbol{e}_2 = \boldsymbol{e}_3,\ \ \boldsymbol{e}_2 \times \boldsymbol{e}_3 = \boldsymbol{e}_1,\ \ \boldsymbol{e}_3 \times \boldsymbol{e}_1 = \boldsymbol{e}_2 \tag{2.16}$$

の関係で与えられるとする。このとき，この座標系は右手系であるという[†1]。式 (2.16) の関係は式 (2.17) で表すこともできる。

$$\boldsymbol{e}_k \times \boldsymbol{e}_l = \varepsilon_{klm}\boldsymbol{e}_m \qquad (k, l, m = 1, 2, 3) \tag{2.17}$$

ここで，$\varepsilon_{klm}$ は**交代記号**と呼ばれ，式 (2.18) の特性をもつ。

$$\varepsilon_{klm} = \begin{cases} 1 & (klm = 1\,2\,3, 2\,3\,1, 3\,1\,2) \\ -1 & (klm = 2\,1\,3, 1\,3\,2, 3\,2\,1) \\ 0 & (\text{その他}) \end{cases} \tag{2.18}$$

ベクトルの外積を基底 $\{\boldsymbol{e}_m\}$ に関する成分を用いて表すと，つぎの行列式 (2.19) で与えられる。

$$\boldsymbol{u} \times \boldsymbol{v} = \begin{vmatrix} \boldsymbol{e}_1 & \boldsymbol{e}_2 & \boldsymbol{e}_3 \\ u_1 & u_2 & u_3 \\ v_1 & v_2 & v_3 \end{vmatrix}^{\dagger 2} \tag{2.19}$$

---

[†1] 本書では，直交デカルト座標系は右手系をなすものとする。

[†2] $\boldsymbol{u} \times \boldsymbol{v} = (u_k\boldsymbol{e}_k) \times (v_l\boldsymbol{e}_l) = u_k v_l (\boldsymbol{e}_k \times \boldsymbol{e}_l) = \varepsilon_{klm} u_k v_l \boldsymbol{e}_m = \begin{vmatrix} \boldsymbol{e}_1 & \boldsymbol{e}_2 & \boldsymbol{e}_3 \\ u_1 & u_2 & u_3 \\ v_1 & v_2 & v_3 \end{vmatrix}$

〔3〕 **スカラ三重積**　　スカラ三重積は式 (2.20) で定義されるスカラである。

$$[\boldsymbol{u}, \boldsymbol{v}, \boldsymbol{w}] = (\boldsymbol{u} \times \boldsymbol{v})\cdot\boldsymbol{w} = \boldsymbol{u}\cdot(\boldsymbol{v} \times \boldsymbol{w}) \tag{2.20}$$

スカラ三重積の絶対値はベクトル $\boldsymbol{u}$，$\boldsymbol{v}$，$\boldsymbol{w}$ を3辺とする平行六面体の体積 $V$ に相当する（**図 2.3**）。スカラ三重積を基底 $\{\boldsymbol{e}_m\}$ に関する成分で表すと，つぎの行列式 (2.21) で与えられる。

$$(\boldsymbol{u} \times \boldsymbol{v})\cdot\boldsymbol{w} = \begin{vmatrix} u_1 & u_2 & u_3 \\ v_1 & v_2 & v_3 \\ w_1 & w_2 & w_3 \end{vmatrix}^{\dagger 1} \tag{2.21}$$

また，ベクトル $\boldsymbol{u}$ と $\boldsymbol{v}$ を入れ替えることにより，式 (2.22) の関係を得る。

$$[\boldsymbol{v}, \boldsymbol{u}, \boldsymbol{w}] = -[\boldsymbol{u}, \boldsymbol{v}, \boldsymbol{w}]^{\dagger 2} \tag{2.22}$$

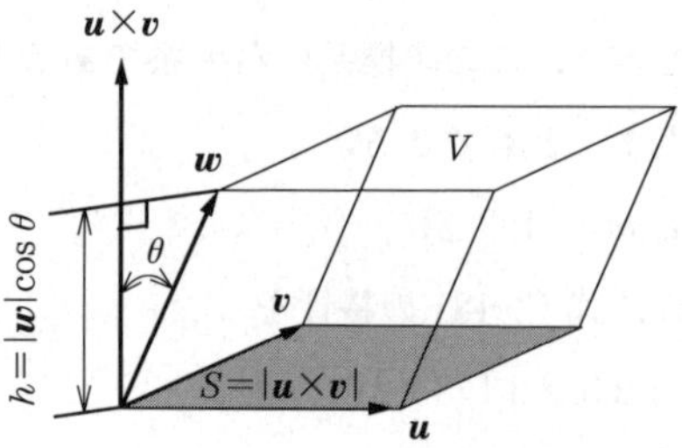


$$V = hS = |\boldsymbol{w}|\,|\boldsymbol{u} \times \boldsymbol{v}| \cos\theta = \boldsymbol{w}\cdot(\boldsymbol{u} \times \boldsymbol{v})$$

**図 2.3**　スカラ三重積と体積の関係

〔4〕 **ベクトル三重積**　　ベクトル三重積は式 (2.23) で定義されるベクトルである。

$$(\boldsymbol{u} \times \boldsymbol{v}) \times \boldsymbol{w} = (\boldsymbol{u}\cdot\boldsymbol{w})\boldsymbol{v} - (\boldsymbol{v}\cdot\boldsymbol{w})\boldsymbol{u} \tag{2.23}$$

### 2.1.2 テ ン ソ ル

ベクトルからベクトルへの線形変換を2階のテンソルという。すなわち，ベ

---

†1　$(\boldsymbol{u} \times \boldsymbol{v})\cdot\boldsymbol{w} = (\varepsilon_{klm} u_k v_l \boldsymbol{e}_m)\cdot\boldsymbol{w} = \varepsilon_{klm} u_k v_l w_m = \begin{vmatrix} u_1 & u_2 & u_3 \\ v_1 & v_2 & v_3 \\ w_1 & w_2 & w_3 \end{vmatrix}$

†2　$[\boldsymbol{v}, \boldsymbol{u}, \boldsymbol{w}] = (\boldsymbol{v} \times \boldsymbol{u})\cdot\boldsymbol{w} = -(\boldsymbol{u} \times \boldsymbol{v})\cdot\boldsymbol{w} = -[\boldsymbol{u}, \boldsymbol{v}, \boldsymbol{w}]$

クトル空間 $\mathsf{V}$ の任意のベクトルに作用する $\boldsymbol{A}$ について，線形性

$$\boldsymbol{A}(\alpha \boldsymbol{u} + \beta \boldsymbol{v}) = \alpha \boldsymbol{A}(\boldsymbol{u}) + \beta \boldsymbol{A}(\boldsymbol{v}) \tag{2.24}$$

が任意の実数 $\alpha$，$\beta$ と任意のベクトル $\boldsymbol{u}$，$\boldsymbol{v}$ に対して成り立つとき，$\boldsymbol{A}$ をテンソルと呼ぶ。ここでは，テンソル $\boldsymbol{A}$ のベクトル $\boldsymbol{u}$ への作用を $\boldsymbol{A}(\boldsymbol{u}) = \boldsymbol{A}\cdot\boldsymbol{u}$ と書くことにする。

二つのテンソル $\boldsymbol{A}$ と $\boldsymbol{B}$ の和およびテンソル $\boldsymbol{A}$ と実数 $\alpha$ の積 $\alpha\boldsymbol{A}$ はそれぞれ式 (2.25)，(2.26) で与えられる。

$$(\boldsymbol{A} + \boldsymbol{B})\cdot\boldsymbol{u} = \boldsymbol{A}\cdot\boldsymbol{u} + \boldsymbol{B}\cdot\boldsymbol{u} \tag{2.25}$$

$$(\alpha\boldsymbol{A})\cdot\boldsymbol{u} = \alpha(\boldsymbol{A}\cdot\boldsymbol{u}) \tag{2.26}$$

〔1〕 **テンソル積**　2.1.1 項で示したベクトルの内積や外積に加えて，二つのベクトル $\boldsymbol{u}$ と $\boldsymbol{v}$ のテンソル積 $\boldsymbol{u} \otimes \boldsymbol{v}$ が定義される。テンソル積は式 (2.27) で定義されるテンソルである。

$$(\boldsymbol{u} \otimes \boldsymbol{v})\cdot\boldsymbol{w} = \boldsymbol{u}(\boldsymbol{v}\cdot\boldsymbol{w}) \tag{2.27}$$

これは，テンソル $\boldsymbol{u} \otimes \boldsymbol{v}$ が任意のベクトル $\boldsymbol{w}$ に作用して，新たなベクトルを生じる変換であることを表しており，その作用は線形関係を満足する。

$$(\boldsymbol{u} \otimes \boldsymbol{v})\cdot(\alpha\boldsymbol{w}_1 + \beta\boldsymbol{w}_2) = \alpha(\boldsymbol{u} \otimes \boldsymbol{v})\cdot\boldsymbol{w}_1 + \beta(\boldsymbol{u} \otimes \boldsymbol{v})\cdot\boldsymbol{w}_2{}^{\dagger 1} \tag{2.28}$$

テンソルは，ベクトルと同様に，それ自体は座標系に依存しない存在である[†2]。したがって，その成分は座標系を定めて初めて決まることになる。いま，ベクトル空間 $\mathsf{V}$ の基底ベクトルを $\boldsymbol{e}_k$ とする。このとき，テンソル積 $\{\boldsymbol{e}_k \otimes \boldsymbol{e}_m\ (k, m = 1, 2, 3)\}$ は 2 階のテンソルの基底となる。一般に，テンソル $\boldsymbol{A}$ は基底 $\{\boldsymbol{e}_k \otimes \boldsymbol{e}_m\}$ による一次結合の形で表すことができる。

$$\begin{aligned}\boldsymbol{A} &= A_{11}\boldsymbol{e}_1 \otimes \boldsymbol{e}_1 + A_{12}\boldsymbol{e}_1 \otimes \boldsymbol{e}_2 + A_{13}\boldsymbol{e}_1 \otimes \boldsymbol{e}_3 + \cdots + A_{33}\boldsymbol{e}_3 \otimes \boldsymbol{e}_3 \\ &= A_{km}\boldsymbol{e}_k \otimes \boldsymbol{e}_m \end{aligned} \tag{2.29}$$

ここで，係数 $A_{km}$ は基底 $\{\boldsymbol{e}_k \otimes \boldsymbol{e}_m\}$ に関するテンソル $\boldsymbol{A}$ の成分である。式 (2.29) をテンソルのディアディック (dyadic) 表示と呼ぶ。

---

†1 $(\boldsymbol{u} \otimes \boldsymbol{v})\cdot(\alpha\boldsymbol{w}_1 + \beta\boldsymbol{w}_2) = \boldsymbol{u}[\boldsymbol{v}\cdot(\alpha\boldsymbol{w}_1 + \beta\boldsymbol{w}_2)] = \alpha\boldsymbol{u}(\boldsymbol{v}\cdot\boldsymbol{w}_1) + \beta\boldsymbol{u}(\boldsymbol{v}\cdot\boldsymbol{w}_2)$
$= \alpha(\boldsymbol{u} \otimes \boldsymbol{v})\cdot\boldsymbol{w}_1 + \beta(\boldsymbol{u} \otimes \boldsymbol{v})\cdot\boldsymbol{w}_2$

†2 スカラは 0 階のテンソル，ベクトルは 1 階のテンソルである。

テンソル $\boldsymbol{A}$ の基底 $\{\boldsymbol{e}_k \otimes \boldsymbol{e}_m\}$ に関する成分は，テンソル $\boldsymbol{A}$ に左右から基底ベクトル $\boldsymbol{e}_p$ および $\boldsymbol{e}_s$ を作用させることにより得る。

$$A_{sp} = \boldsymbol{e}_s \cdot \boldsymbol{A} \cdot \boldsymbol{e}_p{}^{\dagger 1} \tag{2.30}$$

同様に，テンソル積 $\boldsymbol{u} \otimes \boldsymbol{v}$ の基底 $\{\boldsymbol{e}_k \otimes \boldsymbol{e}_m\}$ に関する成分は式 (2.31) で与えられる。

$$(\boldsymbol{u} \otimes \boldsymbol{v})_{km} = u_k v_m{}^{\dagger 2} \qquad (k,\, m = 1, 2, 3) \tag{2.31}$$

いま，ベクトル $\boldsymbol{v}$ が $\boldsymbol{v} = \boldsymbol{A} \cdot \boldsymbol{u}$ で与えられるとする。このとき，基底 $\{\boldsymbol{e}_k\}$ に関する成分 $v_k$ は式 (2.32) で与えられる。

$$v_k = A_{km} u_m{}^{\dagger 3} \qquad (k,\, m = 1, 2, 3) \tag{2.32}$$

ここで，ベクトル $\boldsymbol{u}$，$\boldsymbol{v}$ の成分をそれぞれ $\{u\} = \{u_1 \quad u_2 \quad u_3\}^T$，$\{v\} = \{v_1 \quad v_2 \quad v_3\}^T$ として，式 (2.32) をマトリックス形式で表すと式 (2.33) のように書ける。

$$\begin{Bmatrix} v_1 \\ v_2 \\ v_3 \end{Bmatrix} = \begin{bmatrix} A_{11} & A_{12} & A_{13} \\ A_{21} & A_{22} & A_{23} \\ A_{31} & A_{23} & A_{33} \end{bmatrix} \begin{Bmatrix} u_1 \\ u_2 \\ u_3 \end{Bmatrix},$$

$$\{v\} = [A]\,\{u\} \tag{2.33}$$

ここで，$[A]$ はテンソル $\boldsymbol{A}$ の成分をマトリックス形式で表したものである。

以下に基本となるテンソルを示す。

**（a） 単位テンソル $\boldsymbol{I}$**　任意のベクトル $\boldsymbol{u}$ について，式 (2.34) が成立するとき，$\boldsymbol{I}$ を単位テンソルと呼ぶ。

$$\boldsymbol{I} \cdot \boldsymbol{u} = \boldsymbol{u} \tag{2.34}$$

**（b） 零テンソル $\boldsymbol{0}$**　任意のベクトル $\boldsymbol{u}$ について，式 (2.35) が成立するとき，$\boldsymbol{0}$ を零テンソルと呼ぶ。

$$\boldsymbol{0} \cdot \boldsymbol{u} = \boldsymbol{0} \tag{2.35}$$

**（c） 転置テンソル $\boldsymbol{A}^T$**　テンソル $\boldsymbol{A} = A_{km} \boldsymbol{e}_k \otimes \boldsymbol{e}_m$ の転置テンソル $\boldsymbol{A}^T$

---

†1 $\boldsymbol{e}_s \cdot \boldsymbol{A} \cdot \boldsymbol{e}_p = \boldsymbol{e}_s \cdot (A_{km} \boldsymbol{e}_k \otimes \boldsymbol{e}_m) \cdot \boldsymbol{e}_p = \boldsymbol{e}_s \cdot (A_{km} \boldsymbol{e}_k (\boldsymbol{e}_m \cdot \boldsymbol{e}_p)) = \boldsymbol{e}_s \cdot (A_{km} \boldsymbol{e}_k \delta_{mp})$
$= \boldsymbol{e} \cdot (A_{kp} \boldsymbol{e}_k) = A_{kp} \delta_{sk} = A_{sp}$

†2 $(\boldsymbol{u} \otimes \boldsymbol{v})_{km} = \boldsymbol{e}_k \cdot [(\boldsymbol{u} \otimes \boldsymbol{v}) \cdot \boldsymbol{e}_m] = \boldsymbol{e}_k \cdot [\boldsymbol{u}\,(\boldsymbol{v} \cdot \boldsymbol{e}_m)] = u_k v_m$

†3 $v_k = \boldsymbol{e}_k \cdot \boldsymbol{v} = \boldsymbol{e}_k \cdot (\boldsymbol{A} \cdot \boldsymbol{u}) = \boldsymbol{e}_k \cdot (\boldsymbol{A} \cdot (u_m \boldsymbol{e}_m)) = u_m \boldsymbol{e}_k \cdot (\boldsymbol{A} \cdot \boldsymbol{e}_m) = A_{km} u_m$

は式 (2.36) で定義される。

$$\boldsymbol{A}^T = A_{mk}\boldsymbol{e}_k \otimes \boldsymbol{e}_m \tag{2.36}$$

**（d） 逆テンソル $\boldsymbol{A}^{-1}$**

$$\boldsymbol{A}^{-1}\cdot\boldsymbol{A} = \boldsymbol{A}\cdot\boldsymbol{A}^{-1} = \boldsymbol{I} \tag{2.37}$$

が成立するとき，テンソル $\boldsymbol{A}^{-1}$ を $\boldsymbol{A}$ の逆テンソルと呼ぶ。

**〔2〕 テンソルの dot 積**　テンソル $\boldsymbol{A}$ と $\boldsymbol{B}$ の dot 積 $\boldsymbol{C} = \boldsymbol{A}\cdot\boldsymbol{B}$ は式 (2.38) で定義される。

$$\boldsymbol{C}\cdot\boldsymbol{u} = \boldsymbol{A}\cdot(\boldsymbol{B}\cdot\boldsymbol{u}) \tag{2.38}$$

基底ベクトル $\boldsymbol{e}_m$ に関する成分は式 (2.39) で与えられる。

$$C_{km} = A_{kp}B_{pm}{}^{\dagger 1} \qquad (k, p, m = 1, 2, 3) \tag{2.39}$$

**〔3〕 テンソルの内積（スカラ積）**　テンソル $\boldsymbol{A}$ とテンソル $\boldsymbol{B}$ の内積 $\boldsymbol{A}:\boldsymbol{B}$ は式 (2.40) で与えられる。

$$\boldsymbol{A}:\boldsymbol{B} = A_{km}B_{km}{}^{\dagger 2} \qquad (k, m = 1, 2, 3) \tag{2.40}$$

テンソルの内積はスカラであり，座標系に依存せず，任意の基底ベクトルに対して不変である。さらに，つぎの特性をもつ。

$$\begin{cases} \boldsymbol{A}:\boldsymbol{B} = \boldsymbol{B}:\boldsymbol{A} & (2.41) \\ \alpha(\boldsymbol{A}:\boldsymbol{B}) = (\alpha\boldsymbol{A}):\boldsymbol{B} \qquad (\alpha \text{ は実数}) & (2.42) \end{cases}$$

**〔4〕 各種テンソル**　そのほか，本書で使われるテンソルおよびその演算を以下に示す。

**（a） テンソルの行列式**　テンソル $\boldsymbol{A}$ の行列式 $\det\boldsymbol{A}$ は

$$\det\boldsymbol{A} = \det[A] \tag{2.43}$$

で定義される。ここで，$[A]$ はテンソル $\boldsymbol{A}$ の成分をマトリックス形式で表したものである〔式 (2.33)〕。

**（b） 対称テンソルと反対称テンソル**　テンソルが $\boldsymbol{A} = \boldsymbol{A}^T$ の関係にあ

---

†1　$C_{km} = \boldsymbol{e}_k\cdot(\boldsymbol{C}\cdot\boldsymbol{e}_m) = \boldsymbol{e}_k\cdot[\boldsymbol{A}\cdot(\boldsymbol{B}\cdot\boldsymbol{e}_m)] = \boldsymbol{e}_k\cdot[\boldsymbol{A}\cdot(B_{pm}\boldsymbol{e}_p)] = B_{pm}\boldsymbol{e}_k\cdot(\boldsymbol{A}\cdot\boldsymbol{e}_p) = B_{pm}A_{kp}$

†2　$\boldsymbol{A}:\boldsymbol{B} = \mathrm{tr}(\boldsymbol{A}^T\cdot\boldsymbol{B}) = A_{km}B_{km}$
ここで，$(\boldsymbol{A}^T\cdot\boldsymbol{B})_{km} = A^T_{kp}B_{pm} = A_{pk}B_{pm}$ および $\mathrm{tr}\boldsymbol{C} = C_{mm} = C_{11} + C_{22} + C_{33}$ を用いた。

るとき，$\boldsymbol{A}$ を対称テンソルと呼ぶ。また，$\boldsymbol{A} = -\boldsymbol{A}^T$ の関係にあるとき，$\boldsymbol{A}$ を反対称テンソルと呼ぶ。

任意の 2 階のテンソル $\boldsymbol{A}$ は対称テンソル部分と反対称テンソル部分に分割することができる。対称テンソル部分 $\boldsymbol{A}^S$ および反対称テンソル部分 $\boldsymbol{A}^A$ はそれぞれ式 (2.44)～(2.46) で定義されるテンソルである。

$$\boldsymbol{A} = \boldsymbol{A}^S + \boldsymbol{A}^A \tag{2.44}$$

$$\begin{cases} \boldsymbol{A}^S = \dfrac{1}{2}(\boldsymbol{A} + \boldsymbol{A}^T) & (2.45) \\ \boldsymbol{A}^A = \dfrac{1}{2}(\boldsymbol{A} - \boldsymbol{A}^T) & (2.46) \end{cases}$$

**（c） 反対称テンソルと軸性ベクトル**　　$\boldsymbol{\Omega}$ が反対称テンソルのとき，式 (2.47) を満足する唯一のベクトル $\boldsymbol{\omega}$ が存在する。

$$\boldsymbol{\Omega} \cdot \boldsymbol{u} = \boldsymbol{\omega} \times \boldsymbol{u} \tag{2.47}$$

ここで，$\boldsymbol{u}$ は任意のベクトル，$\boldsymbol{\omega}$ は $\boldsymbol{\Omega}$ の軸性ベクトルと呼ばれる。式 (2.47) に対して基底ベクトル $\boldsymbol{e}_k$ との内積をとると式 (2.48) を得る。

$$\Omega_{km} u_m = \varepsilon_{smk} \omega_s u_m \qquad (k, m, s = 1, 2, 3) \tag{2.48}$$

ここで，$\varepsilon_{smk}$ は交代記号である。式 (2.48) より，反対称テンソルの成分 $\Omega_{km}$ は軸性ベクトル $\boldsymbol{\omega}$ の成分を用いて，式 (2.49) で表すことができる。

$$\Omega_{km} = -\varepsilon_{kms} \omega_s \qquad (k, m, s = 1, 2, 3) \tag{2.49}$$

これをマトリックス形式で表すと

$$\boldsymbol{\Omega} = \begin{bmatrix} 0 & -\omega_3 & \omega_2 \\ \omega_3 & 0 & -\omega_1 \\ -\omega_2 & \omega_1 & 0 \end{bmatrix} \tag{2.50}$$

となる。また，$\varepsilon_{kmp} \Omega_{km} = -2\,\delta_{ps} \omega_s$ より，ベクトル $\boldsymbol{\omega}$ の成分は式 (2.51) で与えられる。

$$\omega_p = -\frac{1}{2} \varepsilon_{pkm} \Omega_{km} \qquad (k, m, p = 1, 2, 3) \tag{2.51}$$

**（d） テンソルの主値と主軸**　　2 階のテンソル $\boldsymbol{A}$ について

$$\boldsymbol{A} \cdot \boldsymbol{u} = \lambda \boldsymbol{u} \tag{2.52}$$

を満たすスカラ$\lambda$およびベクトル$\boldsymbol{u}$を$\boldsymbol{A}$の**固有値**および固有値$\lambda$に対する**固有ベクトル**と呼ぶ。式 (2.52) を基底$\{\boldsymbol{e}_m\}$に関する成分で表すと式 (2.53) を得る。

$$
(A_{ij} - \lambda\delta_{ij})\, u_j = 0,
$$

$$
\begin{bmatrix} A_{11}-\lambda & A_{12} & A_{13} \\ A_{21} & A_{22}-\lambda & A_{23} \\ A_{31} & A_{32} & A_{33}-\lambda \end{bmatrix} \begin{Bmatrix} u_1 \\ u_2 \\ u_3 \end{Bmatrix} = \begin{Bmatrix} 0 \\ 0 \\ 0 \end{Bmatrix} \tag{2.53}
$$

式 (2.53) が自明でない解をもつための条件は

$$
\begin{vmatrix} A_{11}-\lambda & A_{12} & A_{13} \\ A_{21} & A_{22}-\lambda & A_{23} \\ A_{31} & A_{32} & A_{33}-\lambda \end{vmatrix} = \det(\boldsymbol{A} - \lambda\boldsymbol{I}) = 0 \tag{2.54}
$$

で与えられる。

固有値$\lambda$は特性方程式 (2.54) の解である。式 (2.54) は$\lambda$に関する三次方程式となり，$\boldsymbol{A}$が対称テンソルならば三つの実固有値（実根）をもつ。さらに，実固有値$\lambda_i\,(i=1,2,3)$に対応する固有ベクトル$\boldsymbol{u}_i$はたがいに直交し，式 (2.55) の正規直交基底ベクトルを定めることができる。

$$
\hat{\boldsymbol{e}}_i = \frac{\boldsymbol{p}_i}{|\boldsymbol{p}_i|} \tag{2.55}
$$

テンソル$\boldsymbol{A}$の基底ベクトル$\hat{\boldsymbol{e}}_i$に関する成分は

$$
\left.\begin{aligned}
\hat{\boldsymbol{e}}_i\cdot\boldsymbol{A}\cdot\hat{\boldsymbol{e}}_i &= \hat{\boldsymbol{e}}_i\cdot\lambda_i\cdot\hat{\boldsymbol{e}}_i = \lambda_i \qquad (i\text{ について和をとらない}) \\
\hat{\boldsymbol{e}}_i\cdot\boldsymbol{A}\cdot\hat{\boldsymbol{e}}_i &= \hat{\boldsymbol{e}}_i\cdot\lambda_i\cdot\hat{\boldsymbol{e}}_j = 0 \qquad (i \neq j)
\end{aligned}\right\} \tag{2.56}
$$

で与えられるので，成分$\hat{A}_{ij}$をマトリックス形式で表すと

$$
[\hat{A}] = \begin{bmatrix} \lambda_1 & 0 & 0 \\ 0 & \lambda_2 & 0 \\ 0 & 0 & \lambda_3 \end{bmatrix} \tag{2.57}
$$

と書ける。$\lambda_i$および$\hat{\boldsymbol{e}}_i$をそれぞれ，テンソル$\boldsymbol{A}$の**主値**および**主軸**と呼ぶ。

また，式 (2.54) は式 (2.58) の形に展開できる。

$$
-\lambda^3 + I_1\lambda^2 - I_2\lambda + I_3 = 0 \tag{2.58}
$$

ここで

$$
\left\{
\begin{aligned}
I_1 &= A_{11} + A_{22} + A_{33} = A_{ii} = \mathrm{tr}\,\boldsymbol{A} \\
I_2 &= A_{11}A_{22} + A_{22}A_{33} + A_{33}A_{11} - A_{12}A_{21} - A_{23}A_{32} - A_{31}A_{13} \\
&= \frac{1}{2}\{(A_{ii})^2 - A_{ij}A_{ji}\} = \frac{1}{2}\{(\mathrm{tr}\,\boldsymbol{A})^2 - \mathrm{tr}\,(\boldsymbol{A}^2)\} \\
I_3 &= \begin{vmatrix} A_{11} & A_{12} & A_{13} \\ A_{21} & A_{22} & A_{23} \\ A_{31} & A_{32} & A_{33} \end{vmatrix} = \det \boldsymbol{A}
\end{aligned}
\right.
\tag{2.59}
$$

式 (2.59) を固有値 $\lambda_i$ を用いて表すとそれぞれ

$$
\left\{
\begin{aligned}
I_1 &= \lambda_1 + \lambda_2 + \lambda_3 \\
I_2 &= \lambda_1\lambda_2 + \lambda_2\lambda_3 + \lambda_3\lambda_1 \\
I_3 &= \lambda_1\lambda_2\lambda_3
\end{aligned}
\right.
\tag{2.60}
$$

で与えられる。$I_1$，$I_2$，$I_3$ はそれぞれ，一次，二次，三次の主不変量と呼ばれ，座標系に依存しない量である。

**（e）　テンソルの座標変換**　　**図 2.4** に示すような空間に固定された座標系〔直交基底ベクトル $\boldsymbol{e}_i\,(i = x,\ y,\ z)$〕とその座標系を $\theta$ だけ回転させた座標系〔直交基底ベクトル $\hat{\boldsymbol{e}}_i\,(i = x,\ y,\ z)$〕の二つの座標系について，それら座標系間の成分変換を考える。

ベクトル $\boldsymbol{u}$ は各基底ベクトルを用いて，式 (2.61) で与えられる。

$$
\boldsymbol{u} = u_j \boldsymbol{e}_j = \hat{u}_j \hat{\boldsymbol{e}}_j \tag{2.61}
$$

式 (2.61) に対して $\boldsymbol{e}_i$ との内積をとると，式 (2.62) の座標系間の成分変換式

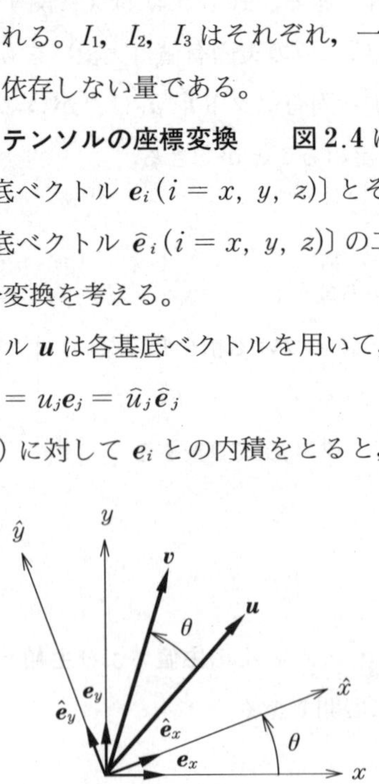


**図 2.4**　ベクトルの座標変換と回転（二次元）

を得る。

$$u_i = R_{ij}\hat{u}_j \tag{2.62}$$

ここで，$R_{ij} = \boldsymbol{e}_i \cdot \hat{\boldsymbol{e}}_j$ である。$R_{ij}$ の $i$，$j$ 成分によるマトリックス $[R]$ は座標変換マトリックスと呼ばれ，直交マトリックス（$[R]^T = [R]^{-1}$）である。式 (2.62) の座標変換式を二次元のマトリックス形式で記述すると

$$\begin{Bmatrix} u_x \\ u_y \end{Bmatrix} = \begin{Bmatrix} R_{x\hat{x}} & R_{x\hat{y}} \\ R_{y\hat{x}} & R_{y\hat{y}} \end{Bmatrix} \begin{Bmatrix} \hat{u}_x \\ \hat{u}_y \end{Bmatrix} = \begin{bmatrix} \boldsymbol{e}_x \cdot \hat{\boldsymbol{e}}_x & \boldsymbol{e}_x \cdot \hat{\boldsymbol{e}}_y \\ \boldsymbol{e}_y \cdot \hat{\boldsymbol{e}}_x & \boldsymbol{e}_y \cdot \hat{\boldsymbol{e}}_y \end{bmatrix} \begin{Bmatrix} \hat{u}_x \\ \hat{u}_y \end{Bmatrix}$$

$$= \begin{bmatrix} \cos\theta & -\sin\theta \\ \sin\theta & \cos\theta \end{bmatrix} \begin{Bmatrix} \hat{u}_x \\ \hat{u}_y \end{Bmatrix} \tag{2.63}$$

となる。同様に，式 (2.61) に対して $\hat{\boldsymbol{e}}_i$ との内積をとると，その逆の関係を得る。

$$\hat{u}_i = R_{ji}u_j \tag{2.64}$$

つぎに，2 階のテンソルの成分変換式を考える。テンソル $\boldsymbol{A}$ のディアディック表示は式 (2.65) で与えられる。

$$\boldsymbol{A} = A_{km}\boldsymbol{e}_k \otimes \boldsymbol{e}_m = \hat{A}_{rs}\hat{\boldsymbol{e}}_r \otimes \hat{\boldsymbol{e}}_s \tag{2.65}$$

式 (2.65) に左右から $\boldsymbol{e}_i$ および $\boldsymbol{e}_j$ を作用させると，成分変換式 (2.66) を得る。

$$A_{ij} = R_{ir}R_{js}\hat{A}_{rs}{}^{\dagger} \qquad (i, j, r, s = 1, 2, 3) \tag{2.66}$$

また，$\hat{\boldsymbol{e}}_i$ および $\hat{\boldsymbol{e}}_j$ を作用させることにより，逆の関係を得る。

$$\hat{A}_{ij} = R_{ki}R_{mj}A_{km} \qquad (i, j, k, m = 1, 2, 3) \tag{2.67}$$

ここで，$R_{ir} = \boldsymbol{e}_i \cdot \hat{\boldsymbol{e}}_r$ である。$\boldsymbol{A}$ および $\boldsymbol{R}$ の成分を $3 \times 3$ のマトリックス表示したものを $[A]$，$[R]$ とすれば，成分変換式 (2.66)，(2.67) はそれぞれ式 (2.68)，(2.69) で与えられる。

$$[A] = [R][\hat{A}][R]^T \tag{2.68}$$

$$[\hat{A}] = [R]^T[A][R] \tag{2.69}$$

**（f） 直交テンソルとテンソル（ベクトル）の回転**　テンソル $\boldsymbol{Q}$ が式 (2.70) の関係にあるとき，テンソル $\boldsymbol{Q}$ を直交テンソルと呼ぶ。

---

† $\boldsymbol{e}_i \cdot \boldsymbol{A} \cdot \boldsymbol{e}_j = \boldsymbol{e}_i \cdot (A_{km}\boldsymbol{e}_k \otimes \boldsymbol{e}_m) \cdot \boldsymbol{e}_j = \boldsymbol{e}_i \cdot (\hat{A}_{rs}\hat{\boldsymbol{e}}_r \otimes \hat{\boldsymbol{e}}_s) \cdot \boldsymbol{e}_j$ より，$A_{km}\delta_{ki}\delta_{mj} = \hat{A}_{rs}(\boldsymbol{e}_i \cdot \hat{\boldsymbol{e}}_r)(\hat{\boldsymbol{e}}_s \cdot \boldsymbol{e}_j)$

$$\boldsymbol{Q}\cdot\boldsymbol{Q}^T = \boldsymbol{Q}^T\cdot\boldsymbol{Q} = \boldsymbol{I} \tag{2.70}$$

ここで，$\boldsymbol{Q}^{-1} = \boldsymbol{Q}^T$，$\det \boldsymbol{Q} = \pm 1$ である。

直交テンソルは一般に 2 組の直交基底ベクトル $\boldsymbol{e}_i$, $\hat{\boldsymbol{e}}_i$ を用いて

$$\boldsymbol{Q} = \hat{\boldsymbol{e}}_i \otimes \boldsymbol{e}_i \tag{2.71}$$

で与えられる。直交テンソル $\boldsymbol{Q}$ の基底 $\{\boldsymbol{e}_k \otimes \boldsymbol{e}_m\}$ に関する成分 $Q_{km}$ は次式で与えられる。

$$Q_{km} = (\hat{\boldsymbol{e}}_i \otimes \boldsymbol{e}_i)_{km} = \boldsymbol{e}_k\cdot\hat{\boldsymbol{e}}_m \qquad (k, m = 1, 2, 3)$$

いま，直交テンソル $\boldsymbol{Q}$ を基底ベクトル $\boldsymbol{e}_p$ に作用させると式 (2.72) を得る。

$$\boldsymbol{Q}\cdot\boldsymbol{e}_p = \hat{\boldsymbol{e}}_p \tag{2.72}$$

これは直交テンソル $\boldsymbol{Q}$ によりベクトル $\boldsymbol{e}_p$ がベクトル $\hat{\boldsymbol{e}}_p$ に変換されることを表している。すなわち，ベクトルの回転を表している。

図 2.4 を参照して，基底ベクトル $\boldsymbol{e}_i$ を $\hat{\boldsymbol{e}}_i$ に回転する直交テンソルを $\boldsymbol{R} = \hat{\boldsymbol{e}}_i \otimes \boldsymbol{e}_i$ とおくと，回転後のベクトル $\boldsymbol{v}$ は式 (2.73) で与えられる。

$$\boldsymbol{v} = \boldsymbol{R}\cdot\boldsymbol{u} \tag{2.73}$$

このとき，ベクトル $\boldsymbol{v}$ の回転した座標系を参照した成分 $\hat{v}_i$ は，ベクトル $\boldsymbol{u}$ の空間固定の座標系を参照した成分 $u_i$ に一致する。すなわち

$$\hat{v}_i = u_i \tag{2.74}$$

同様に，2 階のテンソルの回転は，回転後のテンソルを $\hat{\boldsymbol{A}}$ とすれば

$$\boldsymbol{A} = \boldsymbol{R}^T\cdot\hat{\boldsymbol{A}}\cdot\boldsymbol{R} \tag{2.75}$$

$$\hat{\boldsymbol{A}} = \boldsymbol{R}\cdot\boldsymbol{A}\cdot\boldsymbol{R}^T \tag{2.76}$$

で与えられる。

**（g）　高階のテンソル**　　これまで示した 2 階のテンソルの議論を拡張して，高階のテンソルについても同じように考えることができる。ここでは，4 階のテンソルについて示す。任意の 4 階のテンソルは，基底ベクトル $\boldsymbol{e}_k$ を用いて式 (2.77) で表される。

$$\boldsymbol{C} = C_{ijkl}\boldsymbol{e}_i \otimes \boldsymbol{e}_j \otimes \boldsymbol{e}_k \otimes \boldsymbol{e}_l \tag{2.77}$$

ここで，$\boldsymbol{e}_i \otimes \boldsymbol{e}_j \otimes \boldsymbol{e}_k \otimes \boldsymbol{e}_l$ はテトラド (tetrad) と呼ばれるテンソル積で，つぎのように定義される。任意のベクトル $\boldsymbol{a}$，$\boldsymbol{b}$，$\boldsymbol{c}$，$\boldsymbol{d}$，$\boldsymbol{e}$，$\boldsymbol{f}$ について，テン

ソル積 $\boldsymbol{a}\otimes\boldsymbol{b}\otimes\boldsymbol{c}\otimes\boldsymbol{d}$ は

$$\left.\begin{aligned}(\boldsymbol{a}\otimes\boldsymbol{b}\otimes\boldsymbol{c}\otimes\boldsymbol{d}):(\boldsymbol{f}\otimes\boldsymbol{g})=(\boldsymbol{a}\otimes\boldsymbol{b})(\boldsymbol{c}\cdot\boldsymbol{f})(\boldsymbol{d}\cdot\boldsymbol{g})\\(\boldsymbol{f}\otimes\boldsymbol{g}):(\boldsymbol{a}\otimes\boldsymbol{b}\otimes\boldsymbol{c}\otimes\boldsymbol{d})=(\boldsymbol{f}\cdot\boldsymbol{a})(\boldsymbol{g}\cdot\boldsymbol{b})(\boldsymbol{c}\otimes\boldsymbol{d})\end{aligned}\right\}\tag{2.78}$$

で定義される。

以下では，本書で用いる 4 階のテンソルに関する演算を示す。

**座標変換**　基底ベクトル $\hat{\boldsymbol{e}}_i$ と $\boldsymbol{e}_j$ の座標変換マトリックスが $R_{ij}=\boldsymbol{e}_i\cdot\hat{\boldsymbol{e}}_j$ で与えられるとする。このとき，基底ベクトル $\hat{\boldsymbol{e}}_i$，$\boldsymbol{e}_j$ に関する成分をそれぞれ $\hat{C}_{pqrs}$，$C_{ijkl}$ とすると，4 階のテンソルの座標変換則は式 (2.79) で与えられる。

$$\left.\begin{aligned}\hat{C}_{pqrs}&=R_{ip}R_{jq}R_{kr}R_{ls}C_{ijkl}\\C_{ijkl}&=R_{ip}R_{jq}R_{kr}R_{ls}\hat{C}_{pqrs}\end{aligned}\right\}\tag{2.79}$$

**：積**　2 階のテンソル $\boldsymbol{D}=D_{mn}\boldsymbol{e}_m\otimes\boldsymbol{e}_n$ と 4 階のテンソル $\boldsymbol{C}=C_{ijkl}\boldsymbol{e}_i\otimes\boldsymbol{e}_j\otimes\boldsymbol{e}_k\otimes\boldsymbol{e}_l$ の：積は式 (2.80) で与えられる 2 階のテンソルである。

$$\boldsymbol{C}:\boldsymbol{D}=C_{ijkl}D_{kl}(\boldsymbol{e}_i\otimes\boldsymbol{e}_j)^{\dagger}\tag{2.80}$$

また，2 階のテンソル $\boldsymbol{A}$，$\boldsymbol{B}$ と 4 階のテンソル $\boldsymbol{C}$ の：積は式 (2.81) で与えられるスカラとなる。

$$\boldsymbol{A}:\boldsymbol{C}:\boldsymbol{B}=A_{ij}C_{ijkl}B_{kl}\tag{2.81}$$

## 2.2 有限変形理論 [3)~9)]

### 2.2.1 物体の配置と記述法

連続体力学では，物体は微小な粒子（物質点）の集合体であると考える。物質点は物体それ自体の無限小の体積を表しており，それらは三次元ユークリッド空間内の点と 1 対 1 に対応づけられるとする。このような対応関係によって表される空間内の物質点の集合状態を物体の**配置** (configuration) と呼ぶ。ここでは，時刻 $t=0$ すなわち変形前の物体が占める領域を**初期配置** (initial

† $\boldsymbol{C}:\boldsymbol{D}=C_{ijkl}(\boldsymbol{e}_i\otimes\boldsymbol{e}_j\otimes\boldsymbol{e}_k\otimes\boldsymbol{e}_l):D_{mn}(\boldsymbol{e}_m\otimes\boldsymbol{e}_n)=C_{ijkl}D_{mn}(\boldsymbol{e}_i\otimes\boldsymbol{e}_j)(\boldsymbol{e}_k\cdot\boldsymbol{e}_m)(\boldsymbol{e}_l\cdot\boldsymbol{e}_n)$
$=C_{ijkl}D_{mn}\delta_{km}\delta_{ln}(\boldsymbol{e}_i\otimes\boldsymbol{e}_j)=C_{ijkl}D_{kl}(\boldsymbol{e}_i\otimes\boldsymbol{e}_j)$

configuration)，時刻 $t = t_0$ あるいは時刻 $t = t$ に物体が占める領域をそれぞれ**基準配置** (reference configuration)，**現配置** (current configuration) と呼ぶ（**図 2.5**）。物体の変形や運動，応力などの物理量は，ある配置に対してあるいはある配置を参照して記述される。

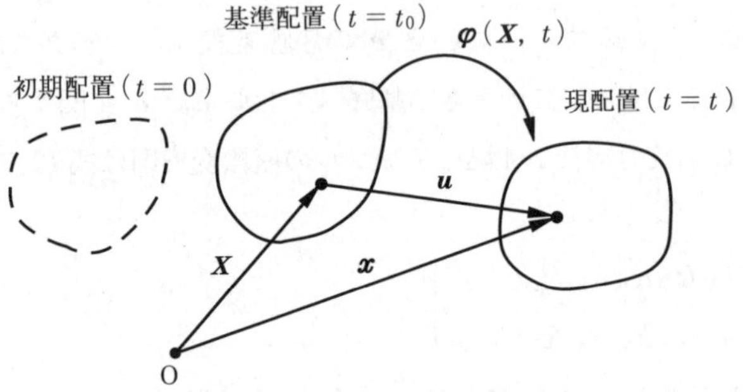


**図 2.5**　物 体 の 配 置

基準配置において物質点が占める空間内の位置を $\boldsymbol{X}$ とする。このとき，位置 $\boldsymbol{X}$ はその物質点の**名前**（label）として与えられる。物質点の運動は物質点に付けられた名前 $\boldsymbol{X}$ と時刻 $t$ の関数として記述される。

$$\boldsymbol{x} = \boldsymbol{\varphi}(\boldsymbol{X}, t) \tag{2.82}$$

ここで，$\boldsymbol{x}$ は物質点 $\boldsymbol{X}$ の時刻 $t$ における位置を表す。関数 $\boldsymbol{\varphi}(\boldsymbol{X}, t)$ は基準配置から現配置への写像を表している。

いま，基底ベクトル $\boldsymbol{e}_i$ で与えられる直交デカルト座標系を考えると，基準配置および現配置における位置ベクトルはそれぞれ式 (2.83)，(2.84) で与えられる。

$$\boldsymbol{X} = X_i \boldsymbol{e}_i \tag{2.83}$$

$$\boldsymbol{x} = x_i \boldsymbol{e}_i \tag{2.84}$$

ここで，座標 $X_i$ は基準配置の位置ベクトルの成分で，**物質座標**（material coordinates）と呼ばれている。また，$x_i$ は現配置の位置ベクトルの成分で，**空間座標**（spatial coordinates）と呼ばれている。

基準配置を初期配置として考えると，時刻 $t = 0$ における任意の物質点の位

置 $\boldsymbol{x}$ は物質点 $\boldsymbol{X}$ と一致する。

$$\boldsymbol{X} = \boldsymbol{x}(\boldsymbol{X}, 0) \equiv \boldsymbol{\varphi}(\boldsymbol{X}, 0) \tag{2.85}$$

以下の議論では，原則として変形前の状態すなわち時刻 $t = 0$ の初期配置を基準配置にとり，種々のベクトルやテンソルを定めることとする。

連続体の変形などの記述には，おもに 2 種類の記述法が使われている。一つは運動を記述する独立変数として，物質点の名前 $\boldsymbol{X}$ と時刻 $t$ を用いる記述法で，**物質表示**（material description）あるいは**ラグランジュ表示**† (Lagrange description) と呼ばれている。もう一つは独立変数として $\boldsymbol{x}$ と時刻 $t$ を用いる記述法で，**空間表示**（spatial description）あるいは**オイラー表示** (Euler description) と呼ばれている。板成形では素材の応力が変形履歴に依存するため，物質点そのものに着目したラグランジュ表示が使われることが多い。一方，オイラー表示は物質点に着目するのではなく，空間内に固定したある点に着目した記述法で，流体力学の分野で広く使われている。

### 2.2.2 変位，速度，加速度

物質点の変位 $\boldsymbol{u}(\boldsymbol{X}, t)$ は空間内の現配置と基準配置の位置の差として与えられる。

$$\boldsymbol{u}(\boldsymbol{X}, t) = \boldsymbol{\varphi}(\boldsymbol{X}, t) - \boldsymbol{\varphi}(\boldsymbol{X}, 0) \tag{2.86}$$

このとき，変位ベクトル $\boldsymbol{u} = u_i \boldsymbol{e}_i$ は，式 (2.82)，(2.85) を参照して式 (2.87) で与えられる。

$$\boldsymbol{u} = \boldsymbol{x} - \boldsymbol{X} \tag{2.87}$$

ラグランジュ表示による速度 $\boldsymbol{v}(\boldsymbol{X}, t)$ は位置ベクトルの変化速度であり，物質点 $\boldsymbol{X}$ を固定したときの時間導関数として式 (2.88) で与えられる。

$$\boldsymbol{v}(\boldsymbol{X}, t) = \frac{\partial \boldsymbol{\varphi}(\boldsymbol{X}, t)}{\partial t} \left.\frac{\partial \boldsymbol{x}}{\partial t}\right|_X \equiv \dot{\boldsymbol{u}} = \boldsymbol{v} \tag{2.88}$$

同様に，加速度 $\boldsymbol{a}(\boldsymbol{X}, t)$ は速度 $\boldsymbol{v}(\boldsymbol{X}, t)$ の時間導関数として式 (2.89) で与え

† 時刻 $t = 0$ の初期配置を参照配置とした場合をラグランジュ表示とする書物もある。

られる。

$$\boldsymbol{a}(\boldsymbol{X}, t) = \left.\frac{\partial \boldsymbol{v}(\boldsymbol{X}, t)}{\partial t}\right|_X \equiv \dot{\boldsymbol{v}} \tag{2.89}$$

式 (2.88)，(2.89) は物質点 $\boldsymbol{X}$ を固定したときの時間導関数として定義され，これらは**物質時間導関数**（material time derivative）と呼ばれている。

つぎに，オイラー表示による速度 $\boldsymbol{v}(\boldsymbol{x}, t)$ の物質時間導関数を考える。オイラー表示による速度 $\boldsymbol{v}(\boldsymbol{x}, t)$ は $\boldsymbol{X}$ と時間 $t$ の関数として $\boldsymbol{v}(\boldsymbol{\varphi}(\boldsymbol{X}, t), t)$ と表すことができる。したがって，$\boldsymbol{v}(\boldsymbol{x}, t)$ の物質時間導関数は，微分の連鎖則を用いて，式 (2.90) で与えられる。

$$\left.\frac{\partial v_i(\boldsymbol{x}, t)}{\partial t}\right|_X = \left.\frac{\partial v_i(\boldsymbol{x}, t)}{\partial t}\right|_x + \frac{\partial v_i(\boldsymbol{x}, t)}{\partial x_j} \cdot \left.\frac{\partial x_j(\boldsymbol{X}, t)}{\partial t}\right|_X = \frac{\partial v_i}{\partial t} + \frac{\partial v_i}{\partial x_j} v_j \tag{2.90}$$

ここで，$\partial v_i/\partial t|_x$ は物質点 $\boldsymbol{x}$ を固定したときの時間導関数であり，**空間時間導関数**（spatial time derivative）と呼ばれている。これは，空間に固定したある点 $\boldsymbol{x}$ における $\boldsymbol{v}$ の変化速度を表している。

式 (2.90) は任意のスカラ $f(\boldsymbol{x}, t)$，テンソル $\sigma_{ij}(\boldsymbol{x}, t)$ に対して成立し，それぞれ

$$\left.\frac{\partial f(\boldsymbol{x}, t)}{\partial t}\right|_X = \frac{\partial f}{\partial t} + \frac{\partial f}{\partial x_i} v_i = \frac{\partial f}{\partial t} + \boldsymbol{v} \cdot \mathrm{grad}\, \boldsymbol{f} \tag{2.91}$$

$$\left.\frac{\partial \sigma_{ij}(\boldsymbol{x}, t)}{\partial t}\right|_X = \frac{\partial \sigma_{ij}}{\partial t} + \frac{\partial \sigma_{ij}}{\partial x_k} v_k = \frac{\partial \boldsymbol{\sigma}}{\partial t} + \boldsymbol{v} \cdot \mathrm{grad}\, \boldsymbol{\sigma} \tag{2.92}$$

で与えられる。

本書ではおもに物質時間導関数を用いるため，それを $\dot{\boldsymbol{f}}$ あるいは $\dot{\boldsymbol{\sigma}}$ などで表すこととする。

### 2.2.3　変形こう配テンソル

物体の運動に際して，物体中の二つの物質点間の距離が変化するとき変形が生じる。**図 2.6** に示すように，基準配置を初期配置（時刻 $t = 0$）として物体の変形を考える。基準配置における任意の物質点 $\boldsymbol{X}$ とその近傍の点 $\boldsymbol{X} + d\boldsymbol{X}$

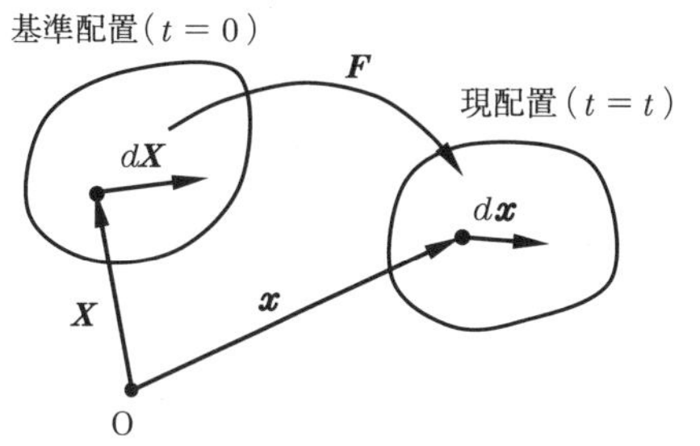


**図 2.6**　変形こう配テンソル $\boldsymbol{F}$ の概念図

を結ぶ微小線素ベクトル $d\boldsymbol{X}$ は，運動の結果，現配置（時刻 $t = t$）において $d\boldsymbol{x}$ の位置を占めるとする。このとき，$d\boldsymbol{X}$ が微小であれば基準配置における線素 $d\boldsymbol{X}$ を現配置の線素 $d\boldsymbol{x}$ に写像する線形変換は

$$d\boldsymbol{x} = \boldsymbol{F}\cdot d\boldsymbol{X} \tag{2.93}$$

として定義される。ここで，$\boldsymbol{F}$ は**変形こう配テンソル**（deformation gradient tensor）と呼ばれ，物質点近傍の局所的な変形を表したものである。$\boldsymbol{F}$ は 2 階のテンソルであり，基底 $\{\boldsymbol{e}_i \otimes \boldsymbol{e}_j\}$ に関するディアディック表示は式 (2.94) で与えられる。

$$\boldsymbol{F} = \frac{\partial \boldsymbol{\varphi}}{\partial \boldsymbol{X}} = \frac{\partial \boldsymbol{x}}{\partial \boldsymbol{X}} = \frac{\partial x_i}{\partial X_j}\boldsymbol{e}_i \otimes \boldsymbol{e}_j \equiv F_{ij}\boldsymbol{e}_i \otimes \boldsymbol{e}_j \tag{2.94}$$

また，変形こう配テンソルの行列式は基準配置と現配置の体積変化率を表している。

$$\frac{dV}{dV_0} = \left| \frac{\partial \boldsymbol{x}}{\partial \boldsymbol{X}} \right| = \det \boldsymbol{F} \equiv J \tag{2.95}$$

ここで，$dV_0$ および $dV$ はそれぞれ基準配置および現配置の微小体積要素，$J$ は物体の体積変化率を表す**ヤコビアン**（Jacobian）である。本書で対象とする板成形では物体の体積が 0 になることは非現実な現象であるため，変形こう配テンソル $\boldsymbol{F}$ の行列式は特異であってはならず，すなわち $\det \boldsymbol{F} \neq 0$ であり，ここでは式 (2.93) の逆の関係

$$d\boldsymbol{X} = \boldsymbol{F}^{-1}\cdot d\boldsymbol{x} \tag{2.96}$$

が存在する変形のみを考えることとする。これは物質点が変形の前後で 1 対 1

に対応することに相当する。

変形こう配テンソル $\boldsymbol{F}$ が特異でないとき，$\boldsymbol{F}$ は直交テンソル $\boldsymbol{R}$ および正定値対称テンソル $\boldsymbol{U}$ を用いて†

$$\boldsymbol{F} = \boldsymbol{R} \cdot \boldsymbol{U} \tag{2.97}$$

の形に分解することができる。これを変形こう配テンソルの右極分解と呼ぶ。ここで，新たに**右コーシー・グリーン変形テンソル**（right Cauchy-Green deformation tensor）$\boldsymbol{C}$ を式 (2.98) で定義する。

$$\boldsymbol{C} \equiv \boldsymbol{F}^T \cdot \boldsymbol{F} \tag{2.98}$$

このとき，$\boldsymbol{U}$ および $\boldsymbol{R}$ は

$$\boldsymbol{U} \equiv \boldsymbol{C}^{1/2} \tag{2.99}$$

$$\boldsymbol{R} \equiv \boldsymbol{F} \cdot \boldsymbol{U}^{-1} \tag{2.100}$$

で定義される。ここで，$\boldsymbol{U}$ を**右ストレッチテンソル**（right stretch tensor）と呼ぶ。変形こう配テンソル $\boldsymbol{F}$ の右極分解は，**図 2.7** に示すように，微小ベクトル $d\boldsymbol{X}$ が，まず $\boldsymbol{U}$ により $\boldsymbol{C}$ の主軸方向に $\sqrt{\lambda_i}$ 倍に伸縮され，つぎに剛体回転 $\boldsymbol{R}$ を受けて $d\boldsymbol{x}$ となることを表している。ここで，$\lambda_i$ は右コーシー・グリーン変形テンソル $\boldsymbol{C}$ の固有値である。

同様に，特異でない任意のテンソルに対して，左極分解もつねに成り立ち，$\boldsymbol{V}$ を正定値対称テンソル，$\boldsymbol{R}$ を右極分解の場合と同一な直交テンソルとすれば

$$\boldsymbol{F} = \boldsymbol{V} \cdot \boldsymbol{R} \tag{2.101}$$

の形に分解することができる。ここで，$\boldsymbol{V}$ は**左ストレッチテンソル**（left stretch tensor）と呼ばれ，右極分解と同様に

$$\boldsymbol{B} \equiv \boldsymbol{F} \cdot \boldsymbol{F}^T \tag{2.102}$$

で定義される正定値対称テンソル $\boldsymbol{B}$〔**左コーシー・グリーン変形テンソル**（left Cauchy-Green deformation tensor）〕を用いて

† 任意のベクトル $\boldsymbol{u} \neq \boldsymbol{0}$ に対して，$\boldsymbol{u} \cdot \boldsymbol{A} \cdot \boldsymbol{u} > 0$ となるテンソル $\boldsymbol{A}$ を正定値テンソルという。

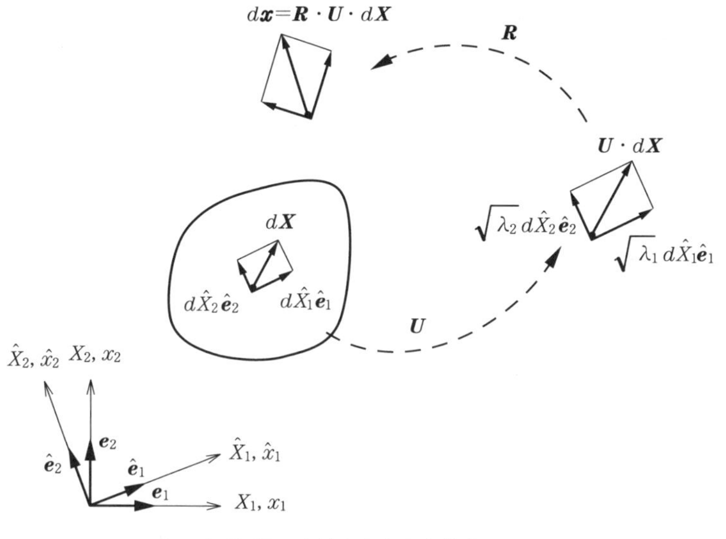


**図 2.7**　変形こう配テンソルの右極分解の概念図（二次元）

$$\boldsymbol{V} \equiv \boldsymbol{B}^{1/2} \tag{2.103}$$

で定義される。左極分解は**図 2.8** に示すように，微小ベクトル $d\boldsymbol{X}$ が，まず右極分解と同量の剛体回転 $\boldsymbol{R}$ を受け，つぎに，$\boldsymbol{V}$ の主軸方向に $\sqrt{\lambda_i}$ 倍に伸縮されて $d\boldsymbol{x}$ となることを表している。ただし，$\boldsymbol{V}$ の固有値は $\boldsymbol{U}$ の固有値と等しく，$\boldsymbol{V}$ の主軸は $\boldsymbol{U}$ の主軸を $\boldsymbol{R}$ だけ回転させたものに等しい。

さて，これまで基準配置（時刻 $t=0$）から現配置（時刻 $t=t$）に至る変形に着目して変形こう配テンソル $\boldsymbol{F}\,(\equiv \boldsymbol{F}_0(t))$ を定義した。この議論は，例えば現配置を基準として任意の時刻 $t=\tau$ までの変形こう配テンソル $\boldsymbol{F}_t(\tau)$，あるいは時刻 $t=0$ から時刻 $t=\tau$ までの変形こう配テンソル $\boldsymbol{F}_0(\tau)$ などについても同様に考えることができる。ここでは，それらを**相対変形こう配テンソル**と呼ぶ。ここで，それら相対変形こう配テンソルの関係とその物質時間導関数について考える。

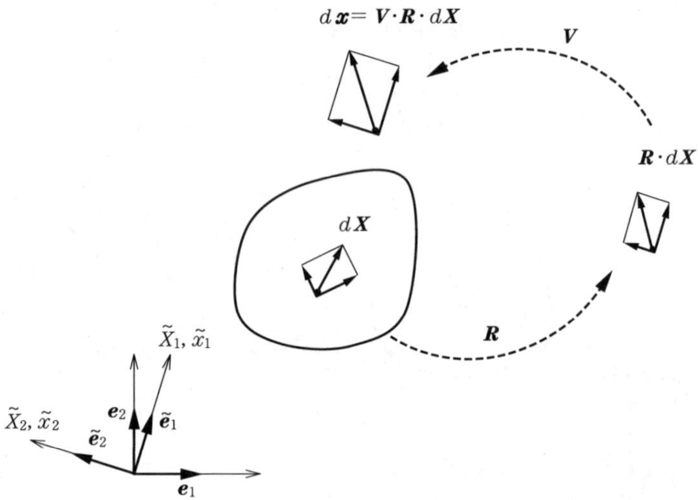


$\tilde{\boldsymbol{e}}_1$，$\tilde{\boldsymbol{e}}_2$ は $V$ の主軸方向を表す基底ベクトル

**図 2.8**　変形こう配テンソルの左極分解の概念図（二次元）

時刻 $t=0$，$t$，$\tau$ における物質点の位置がそれぞれ式 (2.104) で与えられるとする。

$$\boldsymbol{X} = \boldsymbol{\varphi}(\boldsymbol{X}, 0),\ \ \boldsymbol{x}(t) = \boldsymbol{\varphi}(\boldsymbol{X}, t),\ \ \boldsymbol{x}(\tau) = \boldsymbol{\varphi}(\boldsymbol{X}, \tau) \tag{2.104}$$

このとき，相対変形こう配テンソルの直交デカルト座標系に関する成分はそれぞれ式 (2.105) で与えられる。

$$F_0(t)_{ij} = \frac{\partial x(t)_i}{\partial X_j},\ \ F_0(\tau)_{ij} = \frac{\partial x(\tau)_i}{\partial X_j},\ \ F_t(\tau)_{ij} = \frac{\partial x(\tau)_i}{\partial x(t)_j} \tag{2.105}$$

また，微分の連鎖則より，式 (2.106) の関係を得る。

$$\frac{\partial x(\tau)_i}{\partial X_j} = \frac{\partial x(\tau)_i}{\partial x(t)_k}\frac{\partial x(t)_k}{\partial X_j} \tag{2.106}$$

このとき，各相対変形こう配テンソルの関係は式 (2.107) で与えられる。

$$\boldsymbol{F}_0(\tau) = \boldsymbol{F}_t(\tau)\cdot\boldsymbol{F}_0(t) \tag{2.107}$$

つぎに，相対変形こう配テンソルの式 (2.107) の時刻 $\tau$ に関する物質時間導関数を考える。

$$\frac{\partial \boldsymbol{F}_0(\tau)}{\partial \tau} = \frac{\partial \boldsymbol{F}_t(\tau)}{\partial \tau} \cdot \boldsymbol{F}_0(t) \tag{2.108}$$

ここで，式 (2.108) の物質時間導関数について，$\tau = t$ で評価したものを

$$\dot{\boldsymbol{F}}(t) \equiv \left.\frac{\partial \boldsymbol{F}_0(\tau)}{\partial \tau}\right|_{\tau=t} \tag{2.109}$$

$$\dot{\boldsymbol{F}}_t(t) \equiv \left.\frac{\partial \boldsymbol{F}_t(\tau)}{\partial \tau}\right|_{\tau=t} \tag{2.110}$$

として定義すれば，相対変形こう配テンソルとその物質時間導関数の関係は式 (2.111) で与えられる。

$$\dot{\boldsymbol{F}}(t) = \dot{\boldsymbol{F}}_t(t) \cdot \boldsymbol{F}_0(t) \tag{2.111}$$

### 2.2.4 剛体運動

非線形連続体力学において，その定式の複雑さは剛体運動に起因するものがほとんどである。したがって，物体の剛体回転あるいは剛体運動について考えることは非常に重要である。

式 (2.73) はベクトルの回転の一般式であり，平行移動 $\boldsymbol{x}_T(t)$ を考慮すれば，現時刻 $t = t$ における物質点の剛体運動の式 (2.112) が与えられる。

$$\boldsymbol{x}(\boldsymbol{X}, t) = \boldsymbol{R}(t) \cdot \boldsymbol{X} + \boldsymbol{x}_T(t) \tag{2.112}$$

ここで，$\boldsymbol{R}(t)$ は回転テンソルと呼ばれる直交テンソルである。

$$\boldsymbol{R}^T \cdot \boldsymbol{R} = \boldsymbol{I} \tag{2.113}$$

剛体運動の速度は式 (2.112) の物質時間導関数として与えられる。

$$\dot{\boldsymbol{x}}(\boldsymbol{X}, t) = \dot{\boldsymbol{R}}(t) \cdot \boldsymbol{X} + \dot{\boldsymbol{x}}_T(t) \tag{2.114}$$

式 (2.112) より $\boldsymbol{X}$ を求め，式 (2.114) に代入すると

$$\boldsymbol{v} \equiv \dot{\boldsymbol{x}} = \dot{\boldsymbol{R}} \cdot \boldsymbol{R}^T \cdot (\boldsymbol{x} - \boldsymbol{x}_T) + \dot{\boldsymbol{x}}_T = \boldsymbol{\Omega} \cdot (\boldsymbol{x} - \boldsymbol{x}_T) + \dot{\boldsymbol{x}}_T \tag{2.115}$$

を得る。ここで

$$\boldsymbol{\Omega} = \dot{\boldsymbol{R}} \cdot \boldsymbol{R}^T \tag{2.116}$$

は剛体スピンと呼ばれ，物質点のスピンを表している。式 (2.113) の時間導関数は

$$\dot{\boldsymbol{R}} \cdot \boldsymbol{R}^T + \boldsymbol{R} \cdot \dot{\boldsymbol{R}}^T = \boldsymbol{0} \tag{2.117}$$

で与えられるので

$$\boldsymbol{\Omega} = -\boldsymbol{\Omega}^T \tag{2.118}$$

の関係が成立し，剛体スピン $\boldsymbol{\Omega}$ は反対称テンソルである。2 階の反対称テンソルは任意のベクトル $\boldsymbol{r}$ に対して

$$\boldsymbol{\Omega}\cdot\boldsymbol{r} = \boldsymbol{\omega} \times \boldsymbol{r} \tag{2.119}$$

の関係が成立する。ここで，$\boldsymbol{\omega}$ は軸性ベクトルである。$\boldsymbol{\Omega}\cdot\boldsymbol{r}$ は，**図 2.9** に示すように，軸性ベクトル $\boldsymbol{\omega}$ による物質点の剛体回転速度ベクトルを表している。

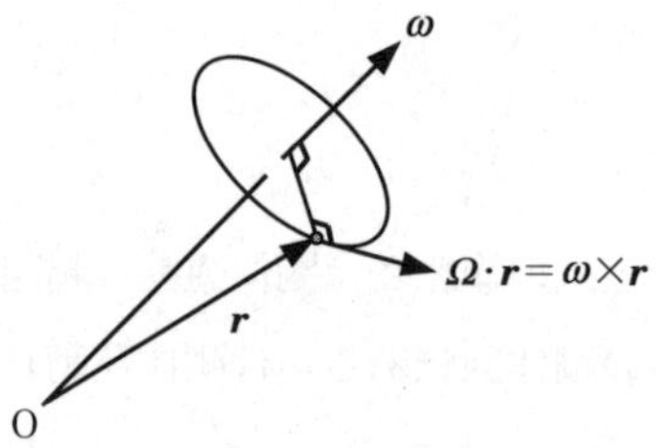


図 2.9　軸性ベクトル $\boldsymbol{\omega}$

式 (2.119) を参照すれば，物体の剛体運動の速度式 (2.115) は軸性ベクトルを用いて表すこともできる。

$$\boldsymbol{v} \equiv \dot{\boldsymbol{x}} = \boldsymbol{\omega} \times (\boldsymbol{x} - \boldsymbol{x}_T) + \boldsymbol{v}_T \tag{2.120}$$

## 2.3　ひずみとひずみ速度 [3)~9)]

非線形連続体力学では，ひずみやひずみ速度に関して多くの定式がなされているが，ここでは弾塑性有限要素法で一般的に使われている，二つのひずみ（ひずみ速度）について示す。

### 2.3.1　グリーン・ラグランジュひずみテンソル

**図 2.10** に示すように，基準配置における微小線素ベクトル $d\boldsymbol{X}$（長さ $dl_0$）が変形後，現配置において $d\boldsymbol{x}$（長さ $dl$）になったとする。**グリーン・ラグランジュひずみテンソル** (Green-Lagrange strain tensor) $\boldsymbol{E}$ は，基準配置に

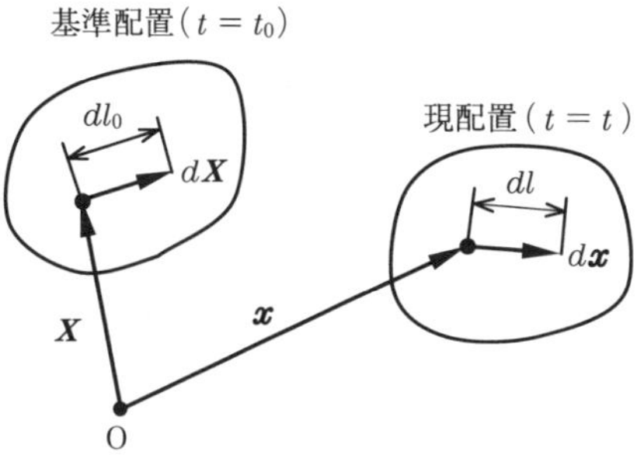


**図 2.10**　基準配置と現配置の微小線素ベクトル

おける微小線素ベクトルの長さの 2 乗の変化量として定義される。

$$dl^2 - dl_0^2 = 2\, d\boldsymbol{X} \cdot \boldsymbol{E} \cdot d\boldsymbol{X} \tag{2.121}$$

基準配置および現配置における微小線素ベクトルの長さの 2 乗 $dl_0^2 = |d\boldsymbol{X}|^2$ および $dl^2 = |d\boldsymbol{x}|^2$ は $d\boldsymbol{X}$ を用いてそれぞれ式 (2.122)，(2.123) で与えられる。

$$|d\boldsymbol{X}|^2 = d\boldsymbol{X} \cdot \boldsymbol{I} \cdot d\boldsymbol{X} \tag{2.122}$$

$$|d\boldsymbol{x}|^2 = d\boldsymbol{x} \cdot d\boldsymbol{x} = (\boldsymbol{F} \cdot d\boldsymbol{X}) \cdot (\boldsymbol{F} \cdot d\boldsymbol{X}) = d\boldsymbol{X} \cdot \boldsymbol{F}^T \cdot \boldsymbol{F} \cdot d\boldsymbol{X} = d\boldsymbol{X} \cdot \boldsymbol{C} \cdot d\boldsymbol{X} \tag{2.123}$$

式 (2.122)，(2.123) を式 (2.121) に代入して

$$d\boldsymbol{X} \cdot (\boldsymbol{F}^T \cdot \boldsymbol{F} - \boldsymbol{I} - 2\,\boldsymbol{E}) \cdot d\boldsymbol{X} = d\boldsymbol{X} \cdot (\boldsymbol{C} - \boldsymbol{I} - 2\,\boldsymbol{E}) \cdot d\boldsymbol{X} = 0 \tag{2.124}$$

を得る。式 (2.124) は任意の $d\boldsymbol{X}$ について成立するので，グリーン・ラグランジュひずみテンソル $\boldsymbol{E}$ は式 (2.125) で与えられる。

$$\boldsymbol{E} = \frac{1}{2}(\boldsymbol{F}^T \cdot \boldsymbol{F} - \boldsymbol{I}) = \frac{1}{2}(\boldsymbol{C} - \boldsymbol{I}) \tag{2.125}$$

$\boldsymbol{E}$ は 2 階のテンソルであり，変位ベクトル $\boldsymbol{u}$ を用いてディアディック表示すれば

$$\boldsymbol{E} = \frac{1}{2}\left(\frac{\partial u_i}{\partial X_j} + \frac{\partial u_j}{\partial X_i} + \frac{\partial u_k}{\partial X_i}\frac{\partial u_k}{\partial X_j}\right)\boldsymbol{e}_i \otimes \boldsymbol{e}_j \tag{2.126}$$

となる。微小変形を仮定すれば，すなわち $\partial u_k/\partial X_i \ll 1$ のとき，式 (2.126) の二次の項は無視することができる。

$$\boldsymbol{E} = \frac{1}{2}\left(\frac{\partial u_i}{\partial X_j} + \frac{\partial u_j}{\partial X_i}\right)\boldsymbol{e}_i \otimes \boldsymbol{e}_j \tag{2.127}$$

これは線形理論における微小ひずみテンソルに一致する。

物体が剛体回転のみであった場合について考えると，変形こう配テンソル $\boldsymbol{F}$ は極分解より $\boldsymbol{F} = \boldsymbol{R}$ で与えられる。このとき，式 (2.125) に代入して式 (2.128) を得る。

$$\boldsymbol{E} = \frac{1}{2}(\boldsymbol{R}^T \cdot \boldsymbol{R} - \boldsymbol{I}) = \frac{1}{2}(\boldsymbol{I} - \boldsymbol{I}) = \boldsymbol{0} \tag{2.128}$$

すなわち，グリーン・グランジュひずみテンソル $\boldsymbol{E}$ は任意の剛体回転に依存しない量である。

### 2.3.2　ひずみ速度テンソル

変形量の尺度として，速度形で表されるひずみ速度テンソルを考える。ひずみ速度テンソルの導出に際し，まず，**速度こう配テンソル**（velocity gradient tensor）$\boldsymbol{L}$ を定義する。**図 2.11** に示すように，二つの物質点 $\boldsymbol{X}$ および $\boldsymbol{X} + d\boldsymbol{X}$ について考える。時刻 $t$ の現配置において二つの物質点は $\boldsymbol{x}$ と $\boldsymbol{x} + d\boldsymbol{x}$ に位置し，その速度がそれぞれ $\boldsymbol{v}$ および $\boldsymbol{v} + d\boldsymbol{v}$ で与えられるとする。このとき，二つの物質点の相対速度 $d\boldsymbol{v}$ は

$$d\boldsymbol{v} = \boldsymbol{L} \cdot d\boldsymbol{x} \tag{2.129}$$

で与えられる。ここで，$\boldsymbol{L}$ は速度こう配テンソルと呼ばれ，現時刻 $t$ におけ

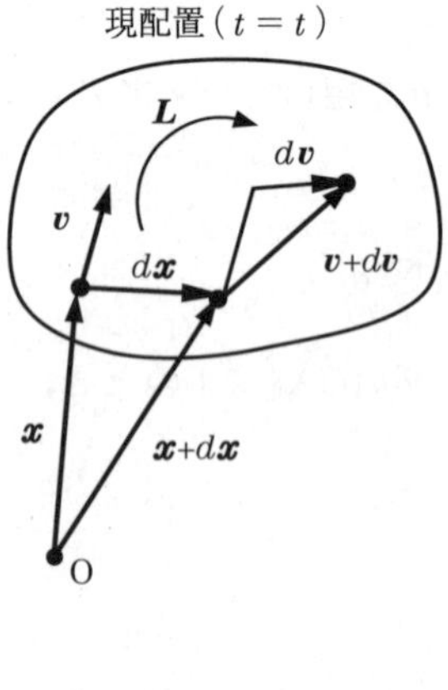


**図 2.11**　変形こう配テンソル $\boldsymbol{L}$ の概念図

る速度場 $\boldsymbol{v}$ のこう配を表す。$\boldsymbol{L}$ は2階のテンソルであり，基底 $\{\boldsymbol{e}_i \otimes \boldsymbol{e}_j\}$ に関するディアディック表示は式 (2.130) で与えられる。

$$\boldsymbol{L} = \frac{\partial \boldsymbol{v}}{\partial \boldsymbol{x}} = \frac{\partial v_i}{\partial x_j}\,\boldsymbol{e}_i \otimes \boldsymbol{e}_j \equiv L_{ij}\,\boldsymbol{e}_i \otimes \boldsymbol{e}_j \tag{2.130}$$

速度こう配テンソル $\boldsymbol{L}$ は対称テンソル部分と反対称テンソル部分に分割することができる。

$$\boldsymbol{L} = \underbrace{\frac{1}{2}(\boldsymbol{L} + \boldsymbol{L}^T)}_{\text{対称部分}} + \underbrace{\frac{1}{2}(\boldsymbol{L} - \boldsymbol{L}^T)}_{\text{反対称部分}},\quad L_{ij} = \frac{1}{2}(L_{ij} + L_{ji}) + \frac{1}{2}(L_{ij} - L_{ji}) \tag{2.131}$$

ここで，$\boldsymbol{L}$ の対称部分は**変形速度テンソル** (deformation rate tensor) あるいは**ひずみ速度テンソル** (strain rate tensor)，反対称部分は**スピンテンソル** (spin tensor) と呼ばれ，それぞれ $\boldsymbol{D}$ および $\boldsymbol{W}$ として，式 (2.132)～(2.134) で定義される。

$$\boldsymbol{L} = \boldsymbol{D} + \boldsymbol{W} \tag{2.132}$$

$$\boldsymbol{D} = \frac{1}{2}(\boldsymbol{L} + \boldsymbol{L}^T) \tag{2.133}$$

$$\boldsymbol{W} = \frac{1}{2}(\boldsymbol{L} - \boldsymbol{L}^T) \tag{2.134}$$

$\boldsymbol{D}$ および $\boldsymbol{W}$ のディアディック表示は，それぞれ式 (2.135)，(2.136) で与えられる。

$$\boldsymbol{D} = \frac{1}{2}\left(\frac{\partial v_i}{\partial x_j} + \frac{\partial v_j}{\partial x_i}\right)\boldsymbol{e}_i \otimes \boldsymbol{e}_j \equiv D_{ij}\boldsymbol{e}_i \otimes \boldsymbol{e}_j \tag{2.135}$$

$$\boldsymbol{W} = \frac{1}{2}\left(\frac{\partial v_i}{\partial x_j} - \frac{\partial v_j}{\partial x_i}\right)\boldsymbol{e}_i \otimes \boldsymbol{e}_j \equiv W_{ij}\boldsymbol{e}_i \otimes \boldsymbol{e}_j \tag{2.136}$$

ここで，速度こう配テンソル $\boldsymbol{L}$ と変形こう配テンソル $\boldsymbol{F}$ の関係を考えてみる。速度こう配テンソル $\boldsymbol{L}$ は微分の連鎖則より

$$\boldsymbol{L} = \frac{d\boldsymbol{v}}{d\boldsymbol{x}} = \frac{d\boldsymbol{v}}{d\boldsymbol{X}}\cdot\frac{d\boldsymbol{X}}{d\boldsymbol{x}} \tag{2.137}$$

で与えられる。変形こう配テンソルの物質時間導関数は

$$\dot{\boldsymbol{F}} = \frac{\partial}{\partial t}\left(\frac{\partial \boldsymbol{\varphi}(\boldsymbol{X}, t)}{\partial \boldsymbol{X}}\right) = \frac{\partial \boldsymbol{v}}{\partial \boldsymbol{X}} \tag{2.138}$$

で与えられ，さらに，変形こう配テンソルの定義式より

$$\boldsymbol{F}^{-1} = \frac{\partial \boldsymbol{X}}{\partial \boldsymbol{x}} \tag{2.139}$$

の関係を得る。式 (2.138)，(2.139) を式 (2.137) に代入すると，速度こう配テンソル $\boldsymbol{F}$ と変形こう配テンソル $\boldsymbol{F}$ の関係を得る。

$$\boldsymbol{L} = \dot{\boldsymbol{F}} \cdot \boldsymbol{F}^{-1} \tag{2.140}$$

また，相対変形こう配テンソルを用いて表すと $d\boldsymbol{x}(\tau) = \boldsymbol{F}_t(\tau) \cdot d\boldsymbol{x}$ の関係より

$$d\boldsymbol{v} = \left.\frac{\partial d\boldsymbol{x}(\tau)}{\partial \tau}\right|_{\tau=t} = \left.\frac{\partial \boldsymbol{F}_t(\tau)}{\partial \tau}\right|_{\tau=t} \cdot d\boldsymbol{x} = \dot{\boldsymbol{F}}_t(t) \cdot d\boldsymbol{x} \tag{2.141}$$

を得る。したがって，式 (2.142) の関係を得る。

$$\boldsymbol{L} = \dot{\boldsymbol{F}}_t(t) \tag{2.142}$$

いま，相対変形こう配テンソルの極分解が式 (2.143) で与えられるとする。

$$\boldsymbol{F}_t(\tau) = \boldsymbol{R}_t(\tau) \cdot \boldsymbol{U}_t(\tau) = \boldsymbol{V}_t(\tau) \cdot \boldsymbol{R}_t(\tau) \tag{2.143}$$

式 (2.143) の物質時間導関数は式 (2.144) で与えられるので

$$\dot{\boldsymbol{F}}_t(\tau) = \dot{\boldsymbol{R}}_t(\tau) \cdot \boldsymbol{U}_t(\tau) + \boldsymbol{R}_t(\tau) \cdot \dot{\boldsymbol{U}}_t(\tau) = \dot{\boldsymbol{V}}_t(\tau) \cdot \boldsymbol{R}_t(\tau) + \boldsymbol{V}_t(\tau) \cdot \dot{\boldsymbol{R}}(\tau) \tag{2.144}$$

$\tau = t$ で $\boldsymbol{R}_t(t) = \boldsymbol{I}$，$\boldsymbol{U}_t(t) = \boldsymbol{V}_t(t) = \boldsymbol{I}$ の関係を考慮して

$$\dot{\boldsymbol{F}}_t(t) = \dot{\boldsymbol{R}}_t(t) + \dot{\boldsymbol{U}}_t(t) = \dot{\boldsymbol{V}}_t(t) + \dot{\boldsymbol{R}}_t(t) \tag{2.145}$$

を得る。$\boldsymbol{U}_t$，$\boldsymbol{V}_t$ が対称テンソルであること，および $\dot{\boldsymbol{R}}_t(t)$ が式 (2.117) の関係から，反対称テンソルであることより，式 (2.146)～(2.148) の関係を得る。

$$\dot{\boldsymbol{F}}_t(t) = \boldsymbol{L} = \boldsymbol{D} + \boldsymbol{W} \tag{2.146}$$

$$\boldsymbol{D} = \dot{\boldsymbol{U}}_t(t) = \dot{\boldsymbol{V}}_t(t) \tag{2.147}$$

$$\boldsymbol{W} = \dot{\boldsymbol{R}}_t(t) \tag{2.148}$$

これは，ひずみ速度テンソル $\boldsymbol{D}$ が現時刻 $t$ における微小線素の変化速度，$\boldsymbol{W}$ が基準配置から現配置に至る剛体回転 $\boldsymbol{R}$ の現時刻 $t$ における物質点の剛体回転速度（スピン）であることを表している。

# 2.4 応力と応力速度[3)~9)]

非線形問題ではさまざまな応力の評価法がある。ここでは，コーシー(Cauchy) 応力テンソル $\boldsymbol{\sigma}$，キルヒホッフ (Kirchhoff) 応力テンソル $\boldsymbol{\tau}$，公称応力テンソル $\boldsymbol{\Pi}$ (第1 Piola-Kirchhoff 応力テンソル $\boldsymbol{P}$) および第2 Piola-Kirchhoff 応力テンソル $\boldsymbol{S}$ について示す。

## 2.4.1 各種応力の定義

**〔1〕 コーシー応力テンソル $\boldsymbol{\sigma}$** **図 2.12** に示すように，現配置 $(t = t)$ において外向き単位法線ベクトル $\boldsymbol{n}$ の微小表面 $dS$ に $d\boldsymbol{f}_n$ の力が作用しているとする。このとき，式 (2.149) で定義される単位面積当りの力 $\boldsymbol{t}_n$ を応力ベクトルと呼ぶ。

$$\boldsymbol{t}_n = \frac{d\boldsymbol{f}_n}{dS} \tag{2.149}$$

$d\boldsymbol{f}_n$ および $\boldsymbol{t}_n$ は共に微小表面の法線ベクトル $\boldsymbol{n}$ に依存する。

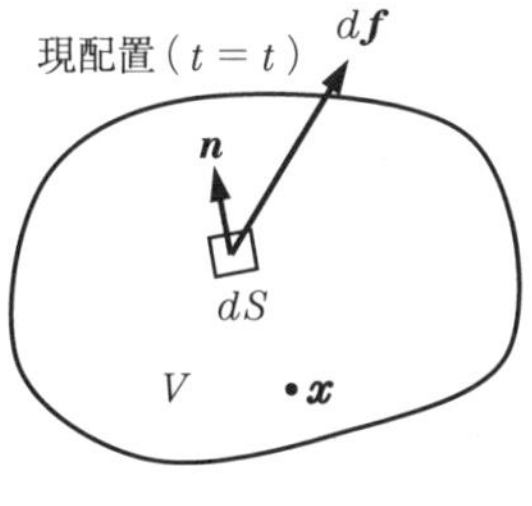


**図 2.12** コーシー応力テンソル $\boldsymbol{\sigma}$ の概念図

いま，**図 2.13** (a) に示すような直交デカルト座標系の基底ベクトル $\boldsymbol{e}_i$ $(i = 1, 2, 3)$ を外向き法線ベクトルにもつ微小六面体を考える。微小六面体の各面に作用する応力ベクトル $\boldsymbol{t}_i$ $(i = 1, 2, 3)$ を座標軸に平行な成分で分解すると式(2.150)で表される。

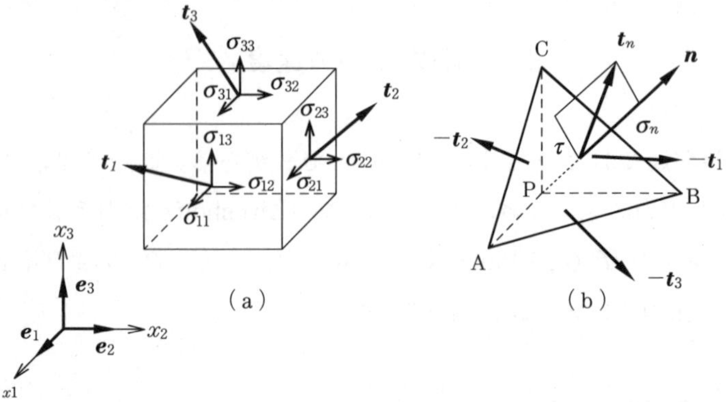


図 2.13　応力ベクトルと応力の成分

$$\begin{cases} \boldsymbol{t}_1 = \sigma_{11}\boldsymbol{e}_1 + \sigma_{12}\boldsymbol{e}_2 + \sigma_{13}\boldsymbol{e}_3 \\ \boldsymbol{t}_2 = \sigma_{21}\boldsymbol{e}_1 + \sigma_{22}\boldsymbol{e}_2 + \sigma_{23}\boldsymbol{e}_3, \\ \boldsymbol{t}_3 = \sigma_{31}\boldsymbol{e}_1 + \sigma_{32}\boldsymbol{e}_2 + \sigma_{33}\boldsymbol{e}_3 \end{cases}$$

$$\boldsymbol{t}_i = \sigma_{ij}\boldsymbol{e}_j \tag{2.150}$$

ここで，成分 $\sigma_{ij}$ の添字の最初の文字は作用する面の方向を，つぎの文字は応力の作用する方向を表すものとする。

コーシー応力テンソル $\boldsymbol{\sigma}$ はこれら成分 $\sigma_{ij}$ を用いて，式 (2.151) で与えられる。

$$\boldsymbol{\sigma} = \sigma_{ij}\boldsymbol{e}_i \otimes \boldsymbol{e}_j \tag{2.151}$$

つぎに，図 (b) に示すような法線ベクトル $\boldsymbol{n}$ の面をもつ微小四面体 P-ABC（体積 $\Delta V$）を考える。面PBC，PAC，PAB（面積 $\Delta S_1$，$\Delta S_2$，$\Delta S_3$）は座標平面に平行な面，面ABC（面積 $\Delta S$）は法線ベクトル $\boldsymbol{n}$ の面である。各平面にはそれぞれ $-\boldsymbol{t}_1$，$-\boldsymbol{t}_2$，$-\boldsymbol{t}_3$ および $\boldsymbol{t}_n$ の応力ベクトルが作用しているとする。

応力ベクトル $\boldsymbol{t}_n$ を微小表面素 $dS$ の法線方向成分 $\sigma_n$ および接線方向の成分 $\tau$ に分割するとき，面に垂直な成分 $\sigma_n$ を垂直応力，面に平行な成分 $\tau$ をせん断応力と呼ぶ。したがって，式 (2.150) の応力成分について，$\sigma_{ii}$（$i$ について和をとらない）は垂直応力，$\sigma_{ij}\,(i \neq j)$ はせん断応力である。

物体に作用する体積力を $\boldsymbol{b}$ とすれば，微小四面体について，力の釣合い式(2.152)が成立する。

$$-\boldsymbol{t}_1\varDelta S_1-\boldsymbol{t}_2\varDelta S_2-\boldsymbol{t}_3\varDelta S_3+\boldsymbol{t}_n\varDelta S+\boldsymbol{b}\varDelta V=\boldsymbol{0} \tag{2.152}$$

面ABCの法線ベクトル $\boldsymbol{n}$ は直交デカルト基底 $\{\boldsymbol{e}_i\}$ を用いて，$\boldsymbol{n}=n_1\boldsymbol{e}_1+n_2\boldsymbol{e}_2+n_3\boldsymbol{e}_3$ の形に分解できる。このとき，面PBC，PAC，PABの面積は式(2.153)で与えられる。

$$\varDelta S_i=n_i\varDelta S \tag{2.153}$$

式(2.150)および式(2.153)を式(2.152)に代入して式(2.154)を得る。

$$\boldsymbol{t}_n=\sigma_{ij}n_j\boldsymbol{e}_i-\boldsymbol{b}\frac{\varDelta V}{\varDelta S}\qquad(i,j=1,2,3) \tag{2.154}$$

四面体P-ABCを点Pに収縮すると，$\varDelta V/\varDelta S\to 0$ となるので，式(2.155)を得る。

$$\boldsymbol{t}_n=\sigma_{ij}n_j\boldsymbol{e}_i \tag{2.155}$$

これをマトリックス形式で表すと式(2.156)を得る。

$$\begin{Bmatrix} t_{n1}\\ t_{n2}\\ t_{n3}\end{Bmatrix}=\begin{bmatrix}\sigma_{11} & \sigma_{21} & \sigma_{31}\\ \sigma_{12} & \sigma_{22} & \sigma_{32}\\ \sigma_{13} & \sigma_{23} & \sigma_{33}\end{bmatrix}\begin{Bmatrix} n_1\\ n_2\\ n_3\end{Bmatrix} \tag{2.156}$$

式(2.155)は式(2.151)のコーシー応力テンソル $\boldsymbol{\sigma}$ を用いて

$$\boldsymbol{t}_n=\boldsymbol{\sigma}^T\cdot\boldsymbol{n}^{\dagger} \tag{2.157}$$

と表すことができる。これはコーシー応力テンソル $\boldsymbol{\sigma}^T$ が現配置の任意の面の法線ベクトル $\boldsymbol{n}$ に作用して，その面に作用する応力ベクトル $\boldsymbol{t}_n$ に線形変換するテンソルであることを表している。また，角運動量の法則より，コーシー応力テンソルは対称テンソルとなる（証明は2.6.2項を参照）。

$$\boldsymbol{\sigma}=\boldsymbol{\sigma}^T \tag{2.158}$$

**主応力と応力の主軸**　図2.13（b）に示す法線ベクトル $\boldsymbol{n}$ の面を変化させると応力ベクトル $\boldsymbol{t}_n$ のせん断成分 $\tau$ が0となる面が存在する。このような面

---

† $\boldsymbol{t}_n=\sigma_{ij}n_i\boldsymbol{e}_j=\sigma_{ij}n_k\delta_{ik}\boldsymbol{e}_j=\sigma_{ij}n_k(\boldsymbol{e}_i\cdot\boldsymbol{e}_k)\boldsymbol{e}_j=\sigma_{ij}(\boldsymbol{e}_j\otimes\boldsymbol{e}_i)\cdot n_k\boldsymbol{e}_k=\boldsymbol{\sigma}^T\cdot\boldsymbol{n}$

を主応力面と呼ぶ。主応力面では垂直応力 $\sigma_n$ のみとなり，応力ベクトル $\boldsymbol{t}_n$ は式 (2.159) で表される。

$$\boldsymbol{t}_n = \sigma_n \boldsymbol{I}\cdot\boldsymbol{n} \tag{2.159}$$

式 (2.157) および (2.159) を組み合わせると

$$(\boldsymbol{\sigma} - \sigma_n \boldsymbol{I})\cdot\boldsymbol{n} = \boldsymbol{0} \tag{2.160}$$

を得る。ただし，式 (2.160) の導出ではコーシー応力テンソルの対称性 $\boldsymbol{\sigma} = \boldsymbol{\sigma}^T$ を用いた。式 (2.160) が自明でない解（$\boldsymbol{n} \neq \boldsymbol{0}$）をもつための条件は式 (2.161) で与えられる。

$$\begin{vmatrix} \sigma_{11} - \sigma_n & \sigma_{12} & \sigma_{13} \\ \sigma_{21} & \sigma_{22} - \sigma_n & \sigma_{23} \\ \sigma_{31} & \sigma_{32} & \sigma_{33} - \sigma_n \end{vmatrix} = \det(\boldsymbol{\sigma} - \sigma_n \boldsymbol{I}) = 0 \tag{2.161}$$

式 (2.161) の解として求まる $\sigma_n$ は主応力面に生じる垂直応力であり，これを**主応力**と呼ぶ。さらに，$\sigma_n$ を式 (2.160) に代入すれば，主応力面の法線ベクトルが定まり，これを**応力の主軸**と呼ぶ。式 (2.161) は 2.1.2 項に示したテンソルの主値を求める式 (2.54) に相当する。すなわち，主応力，応力の主軸はそれぞれ，テンソル $\boldsymbol{\sigma}$ の固有値および固有ベクトルである。

式 (2.161) より得られる $\sigma_n$ に関する三次方程式が式 (2.162) で与えられるとする。

$$-\sigma_n{}^3 + J_1\sigma_n{}^2 - J_2\sigma_n + J_3 = 0 \tag{2.162}$$

式 (2.162) の解として求まる三つの主応力を $\sigma_1$，$\sigma_2$，$\sigma_3$ とすれば，応力の主不変量 $J_1$，$J_2$，$J_3$ はそれぞれ式 (2.163) で与えられる。

$$\left\{\begin{aligned} J_1 &= \sigma_1 + \sigma_2 + \sigma_3 \\ J_2 &= \sigma_1\sigma_2 + \sigma_2\sigma_3 + \sigma_3\sigma_1 \\ J_3 &= \sigma_1\sigma_2\sigma_3 \end{aligned}\right. \tag{2.163}$$

〔２〕 **キルヒホッフ応力テンソル $\boldsymbol{\tau}$**　　キルヒホッフ応力テンソル $\boldsymbol{\tau}$ は式 (2.164) で定義される。

$$\boldsymbol{\tau} = \frac{dV}{dV_0}\cdot\boldsymbol{\sigma} = J\cdot\boldsymbol{\sigma} \tag{2.164}$$

ここで，$J$ はヤコビアンである。キルヒホッフ応力テンソル $\boldsymbol{\tau}$ は基準配置から現配置に至る体積変化率 $J$ を用いて定義される応力テンソルである。

〔3〕 **公称応力テンソル $\boldsymbol{\Pi}$（第1 Piola-Kirchhoff 応力テンソル $\boldsymbol{P}$）** 公称応力テンソル $\boldsymbol{\Pi}$ は式 (2.165) で定義される。

$$\boldsymbol{t}_0 = \boldsymbol{\Pi}^T \cdot \boldsymbol{N} \tag{2.165}$$

ここで，$\boldsymbol{N}$ は，**図2.14** に示すように，基準配置の微小表面 $dS_0$ の外向き単位法線ベクトル，$\boldsymbol{t}_0$ は現配置の微小表面 $dS$ に作用する力 $d\boldsymbol{f}$ を基準配置の微小表面 $dS_0$ に平行移動して作用させた応力ベクトルとして，式 (2.166) で定義される。

$$\boldsymbol{t}_0 = \frac{d\boldsymbol{f}}{dS_0} \tag{2.166}$$

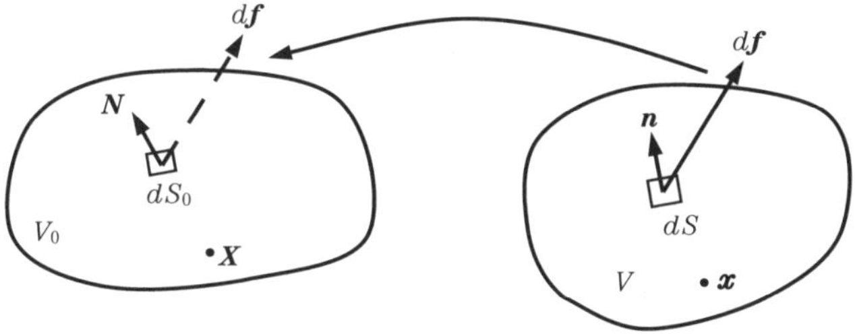


図 2.14 公称応力テンソル $\boldsymbol{\Pi}$ の概念図

また，第1 Piola-Kirchhoff 応力テンソル $\boldsymbol{P}$ は公称応力テンソル $\boldsymbol{\Pi}$ を転置したテンソルとして定義される。

$$\boldsymbol{P} = \boldsymbol{\Pi}^T \tag{2.167}$$

〔4〕 **第2 Piola-Kirchhoff 応力テンソル $\boldsymbol{S}$** 第2 Piola-Kirchhoff 応力テンソル $\boldsymbol{S}$ は式 (2.168) で定義される。

$$\tilde{\boldsymbol{t}} = \boldsymbol{S} \cdot \boldsymbol{N} \tag{2.168}$$

ここで，$\tilde{\boldsymbol{t}}$ は，**図2.15** に示すように，現配置の微小表面 $dS$ に作用する力 $d\boldsymbol{f}$ を，変形こう配テンソル $\boldsymbol{F}$ を用いて

$$d\tilde{\boldsymbol{f}} = \boldsymbol{F}^{-1} \cdot d\boldsymbol{f} \tag{2.169}$$

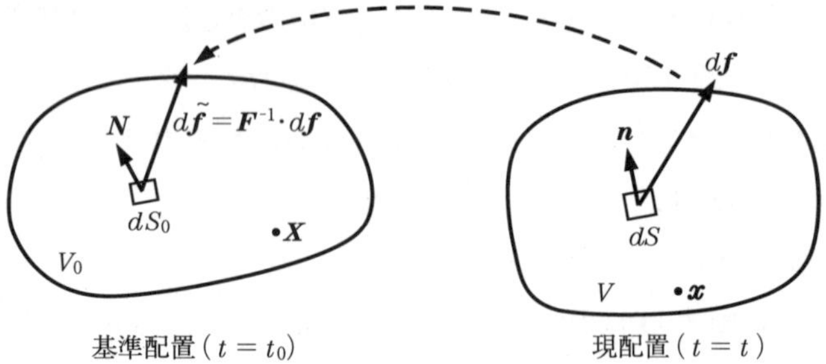


**図 2.15**　第 2 Piola-Kirchhoff 応力テンソル $\boldsymbol{S}$ の概念図

と変換して基準配置の微小表面 $dS_0$ に作用させた応力ベクトルであり

$$\tilde{\boldsymbol{t}} = \frac{d\tilde{\boldsymbol{f}}}{dS_0} = \frac{\boldsymbol{F}^{-1}\cdot d\boldsymbol{f}}{dS_0} \tag{2.170}$$

で定義される。

〔5〕 **各種応力テンソルの関係**　　まず，公称応力テンソル $\boldsymbol{\Pi}$ とコーシー応力テンソル $\boldsymbol{\sigma}$ の関係を考える。現配置の微小表面 $dS$ に作用する力 $d\boldsymbol{f}$ は，$\boldsymbol{\Pi}$ および $\boldsymbol{\sigma}$ を用いて式 (2.171) で与えられる。

$$d\boldsymbol{f} = \boldsymbol{\sigma}^T\cdot \boldsymbol{n}dS = \boldsymbol{\Pi}^T\cdot \boldsymbol{N}dS_0 \tag{2.171}$$

ここで，基準配置および現配置の微小表面 $dS_0$，$dS$ の関係は，Nanson の公式より，式 (2.172) で与えられる。

$$\boldsymbol{n}dS = J\boldsymbol{F}^{-T}\cdot \boldsymbol{N}dS_0 \tag{2.172}$$

式 (2.172) を式 (2.171) に代入して

$$J\boldsymbol{\sigma}^T\cdot \boldsymbol{F}^{-T}\cdot \boldsymbol{N}dS = \boldsymbol{\Pi}^T\cdot \boldsymbol{N}dS \tag{2.173}$$

を得る。したがって，公称応力テンソル $\boldsymbol{\Pi}$ とコーシー応力テンソル $\boldsymbol{\sigma}$ さらに第 1 Piola-Kirchhoff 応力テンソル $\boldsymbol{P}$ の関係は式 (2.174) で与えられる。

$$\boldsymbol{\Pi} = \boldsymbol{P}^T = J\boldsymbol{F}^{-1}\cdot \boldsymbol{\sigma} \tag{2.174}$$

つぎに，公称応力テンソル $\boldsymbol{\Pi}$ と第 2 Piola-Kirchhoff 応力テンソル $\boldsymbol{S}$ の関係を考える。式 (2.171) を式 (2.170) に代入し，その結果を応力ベクトルの式 (2.168) に代入すれば

$$\boldsymbol{S}\cdot \boldsymbol{N} = \boldsymbol{F}^{-1}\cdot \boldsymbol{\Pi}^T\cdot \boldsymbol{N} \tag{2.175}$$

を得る。したがって，公称応力テンソル $\boldsymbol{\Pi}$ と第 2 Piola-Kirchhoff 応力テンソル $\boldsymbol{S}$ の関係は式 (2.176) で与えられる。

$$\boldsymbol{\Pi} = \boldsymbol{S}\cdot\boldsymbol{F}^T \tag{2.176}$$

コーシー応力テンソル $\boldsymbol{\sigma}$ と第 2 Piola-Kirchhoff 応力テンソル $\boldsymbol{S}$ の関係は式 (2.174) を式 (2.176) に代入して，式 (2.177) で与えられる。

$$\boldsymbol{\sigma} = J^{-1}\boldsymbol{F}\cdot\boldsymbol{S}\cdot\boldsymbol{F}^T \tag{2.177}$$

第 2 Piola-Kirchhoff 応力テンソル $\boldsymbol{S}$ とコーシー応力テンソル $\boldsymbol{\sigma}$ の関係は式 (2.178) で与えられる。

$$\boldsymbol{S} = J\boldsymbol{F}^{-1}\cdot\boldsymbol{\sigma}\cdot\boldsymbol{F}^{-T} \tag{2.178}$$

式 (2.174)，(2.178) で与えられるように，公称応力テンソル $\boldsymbol{\Pi}$ および第 2 Piola-Kirchhoff 応力テンソル $\boldsymbol{S}$ とコーシー応力テンソル $\boldsymbol{\sigma}$ の関係は変形こう配テンソル $\boldsymbol{F}$ とヤコビアン ($J = \det \boldsymbol{F}$) にのみ依存する。したがって，変形（実際には変形こう配テンソル $\boldsymbol{F}$）がわかれば，応力状態は各種応力テンソルを用いて表すことができる。また，式 (2.178) より，コーシー応力テンソルが対称テンソルであれば，第 2 Piola-Kirchhoff 応力テンソルも対称テンソルとなることがわかる。2.6 節で示すが，実際，コーシー応力テンソルは対称テンソルでなければならない。したがって，キルヒホッフ応力テンソルおよび第 2 Piola-Kirchhoff 応力テンソルも対称テンソルとなる。一方，公称応力テンソル $\boldsymbol{\Pi}$（第 1 Piola-Kirchhoff 応力テンソル $\boldsymbol{P}$）は，式 (2.176) より対称テンソルではないことがわかる。

### 2.4.2　共回転応力テンソル

物体内の各点において，基底ベクトル $\hat{\boldsymbol{e}}_i$ で与えられる物体とともに回転する座標系を考える。この座標系を**共回転座標系**（co-rotational coordinate system）と呼ぶ。共回転座標系を参照するテンソルを用いると，異方性材料の扱い（2.5 節参照）あるいはシェル要素の記述（3 章参照）が簡便になる。ここでは，共回転座標系を参照するテンソルを**共回転テンソル**と呼ぶ。

共回転コーシー応力テンソル $\hat{\boldsymbol{\sigma}}$ の成分は式 (2.179) で定義される。

$$\widehat{\boldsymbol{\sigma}} = \boldsymbol{R}^T \cdot \boldsymbol{\sigma} \cdot \boldsymbol{R}, \quad \widehat{\sigma}_{ij} = R^T_{ik} \sigma_{kl} R_{lj} \tag{2.179}$$

ここで，$\sigma_{kl}$ は空間固定の座標系（直交デカルト座標系）を参照したコーシー応力の成分である。$\boldsymbol{R}$ は空間固定の座標系と共回転座標系間の回転テンソルである。$\boldsymbol{R}$ は有限要素の選択にもよるが，変形こう配テンソル $\boldsymbol{F}$ の極分解などから求めることができる。注意すべき点は，コーシー応力テンソルと共回転コーシー応力テンソルが同じテンソルということである。異なる点は，共回転コーシー応力テンソル $\widehat{\boldsymbol{\sigma}}$ の成分は物体とともに回転する共回転座標系を参照していることである。

同様の議論はひずみ速度テンソル $\boldsymbol{D}$ についても考えることができる。共回転ひずみ速度テンソル $\widehat{\boldsymbol{D}}$ の成分は

$$\widehat{\boldsymbol{D}} = \boldsymbol{R}^T \cdot \boldsymbol{D} \cdot \boldsymbol{R}, \quad \widehat{D}_{ij} = R^T_{ik} D_{kl} R_{lj} \tag{2.180}$$

で与えられる。また，共回転ひずみ速度テンソルの成分は速度場から直接求めることもできる。

$$\widehat{D}_{ij} = \frac{1}{2}\left(\frac{\partial \widehat{v}_i}{\partial \widehat{x}_j} + \frac{\partial \widehat{v}_j}{\partial \widehat{x}_i}\right) \widehat{\boldsymbol{e}}_i \otimes \widehat{\boldsymbol{e}}_j \tag{2.181}$$

ここで，$\widehat{v}_i$ は共回転座標系を参照した速度場の成分である。

### 2.4.3 応力速度テンソル

弾塑性問題はひずみ履歴依存性のある問題である。したがって，弾塑性構成式は一般にコーシー応力テンソル $\boldsymbol{\sigma}$ またはキルヒホッフ応力テンソル $\boldsymbol{\tau}$ の速度形で与えられる。そこで，応力速度すなわち応力の物質時間導関数について考える。

材料の応力-ひずみ関係を表す構成式には，任意の剛体回転に対して物質の構成関係（応力-ひずみ関係あるいはその速度形）が変化しないという**物質客観性の条件**が課される（物質客観性については 2.5 節参照）。例えば，**図 2.16** に示すような，初期配置において，$\sigma_x = \sigma_0$，$\sigma_y = 0$ の初期応力が与えられている棒に，変形することなく回転のみが与えられた場合を考える。これは棒の剛体回転である。このとき，物体とともに回転する観測者からは応力は $\widehat{\sigma}_x =$

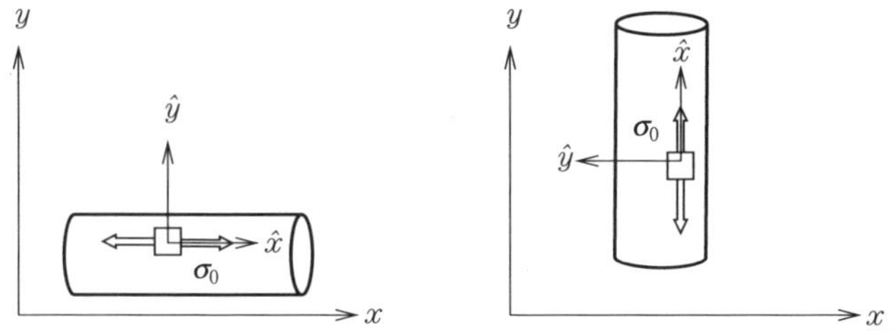


(a) $\sigma_x = \sigma_0, \quad \sigma_y = 0$　　(b) $\sigma_x = \sigma, \quad \sigma_y = \sigma_0$

**図 2.16** 剛体回転する物体の応力

$\sigma_0$ で変化しない。しかしながら，ある固定された座標系から観察されるコーシー応力の成分は回転とともに変化する。つまり，回転後に $\sigma_x = 0$，$\sigma_y = \sigma_0$ と観察されることになる。

構成式を表現するコーシー応力テンソル $\boldsymbol{\sigma}$ の速度形も客観性の条件を満足する必要がある。すなわち，剛体回転に影響を受けないテンソルとして定義しなければならない。このような客観性を満足するコーシー応力テンソル $\boldsymbol{\sigma}$ の速度形の代表例には共回転速度がある。ここでは，板成形の有限要素解析において広く使われているコーシー応力の Jaumann 速度 $\overset{\circ}{\boldsymbol{\sigma}}{}^J$ を示す†。

コーシー応力の Jaumann 速度は式 (2.182) で定義される。

$$\overset{\circ}{\boldsymbol{\sigma}}{}^J = \dot{\boldsymbol{\sigma}} - \boldsymbol{W}\cdot\boldsymbol{\sigma} - \boldsymbol{\sigma}\cdot\boldsymbol{W}^T \tag{2.182}$$

ここで，$\dot{\boldsymbol{\sigma}}$ はコーシー応力テンソルの物質時間導関数，$\boldsymbol{W}$ はスピンテンソルである。

物質の弾塑性関係が

$$\overset{\circ}{\boldsymbol{\sigma}}{}^J = \boldsymbol{C} : \boldsymbol{D} \tag{2.183}$$

で与えられるとすれば，コーシー応力テンソルの物質時間導関数は

$$\dot{\boldsymbol{\sigma}} = \overset{\circ}{\boldsymbol{\sigma}}{}^J + \boldsymbol{W}\cdot\boldsymbol{\sigma} + \boldsymbol{\sigma}\cdot\boldsymbol{W}^T = \underbrace{\boldsymbol{C} : \boldsymbol{D}}_{\text{材 料}} + \underbrace{\boldsymbol{W}\cdot\boldsymbol{\sigma} + \boldsymbol{\sigma}\cdot\boldsymbol{W}^T}_{\text{回 転}} \tag{2.184}$$

---

† 客観性のある応力速度は，Jaumann 速度のほかにも，Truesdell 速度，Green-Naghdi 速度，Oldroyd 速度などがある。

となる。このとき，この物質時間導関数は材料の応答を表す部分〔式 (2.184) の材料部分〕と回転に伴う応力変化〔式 (2.184) の回転部分〕を表す部分からなることがわかる。

ここで，共回転コーシー応力テンソル $\hat{\boldsymbol{\sigma}}$ の物質時間導関数とコーシー応力の Jaumann 速度 $\overset{\circ}{\boldsymbol{\sigma}}{}^J$ の関係を考えてみる。共回転コーシー応力テンソルの物質時間導関数は，式 (2.179) を参照して式 (2.185) で与えられる。

$$\dot{\hat{\boldsymbol{\sigma}}} = \frac{\partial}{\partial t}\boldsymbol{R}^T\cdot\boldsymbol{\sigma}\cdot\boldsymbol{R} = \frac{\partial \boldsymbol{R}^T}{\partial t}\cdot\boldsymbol{\sigma}\cdot\boldsymbol{R} + \boldsymbol{R}^T\cdot\dot{\boldsymbol{\sigma}}\cdot\boldsymbol{R} + \boldsymbol{R}^T\cdot\boldsymbol{\sigma}\cdot\frac{\partial \boldsymbol{R}}{\partial t} \qquad (2.185)$$

ここで，共回転座標系がスピン $\boldsymbol{W}$ で回転する座標系と一致すると仮定すれば

$$\boldsymbol{R} = \boldsymbol{I}, \quad \frac{\partial \boldsymbol{R}}{\partial t} = \boldsymbol{W} \qquad (2.186)$$

である。式 (2.186) を式 (2.185) に代入し，初期配置において共回転座標系が空間に固定した座標系に一致すると仮定すると，共回転コーシー応力速度は式 (2.187) で与えられる。

$$\dot{\hat{\boldsymbol{\sigma}}} = \dot{\boldsymbol{\sigma}} + \boldsymbol{W}^T\cdot\boldsymbol{\sigma} + \boldsymbol{\sigma}\cdot\boldsymbol{W} \qquad (2.187)$$

すなわち，式 (2.187) 右辺第 2 項および第 3 項は Jaumann 速度の回転の補正項と一致する。したがって，共回転座標系がスピン $\boldsymbol{W}$ で回転する座標系と一致するならば，コーシー応力の Jaumann 速度は物体とともに回転する座標系（共回転座標系）を参照した応力速度を表していることになる。

## 2.5　材 料 構 成 式 [3)〜10)]

2.4 節までに述べたひずみや応力の定義および変形の幾何学的条件は材料の特性に直接関係なく，物体が連続体であれば成立するものである。一方，物体を構成する物質の力学的特性（応力とひずみの関係）は物質ごとに異なり，その力学的挙動を記述する方程式が構成式である。ここでは，弾性構成式から出発して，板成形の FEM 解析において広く使われている，等方性材料，異方性材料，**バウシンガー効果** (Bauschinger effect) を考慮した弾塑性構成式の導出を示す。

### 2.5.1 物質客観性の原理

構成式は相対的に運動する2人の観測者からみて，同じ形で与えられなければならない。これは**物質客観性の原理**と呼ばれている。ここではこれら観測者を**基準枠**[†]と呼ぶ。

いま，時刻 $t=0$ で一致していた2人の観測者（基準枠Oと$\mathrm{O}^*$）が，時刻 $t=t$ の現時刻において，**図2.17**に示す関係になったとする。このとき，2人の観測者の相対運動は，回転 $\boldsymbol{Q}$ と平行移動 $\boldsymbol{c}$ により

$$\boldsymbol{x}^* = \boldsymbol{Q}(t)\cdot\boldsymbol{x} + \boldsymbol{c}(t) \tag{2.188}$$

で与えられる。ここで，$\boldsymbol{x}$ および $\boldsymbol{x}^*$ は基準枠Oおよび$\mathrm{O}^*$が観測する位置ベクトル，また，$\boldsymbol{Q}^{-1}=\boldsymbol{Q}^T$，$\boldsymbol{Q}(0)=\boldsymbol{I}$，$\boldsymbol{c}(0)=\boldsymbol{0}$ である。

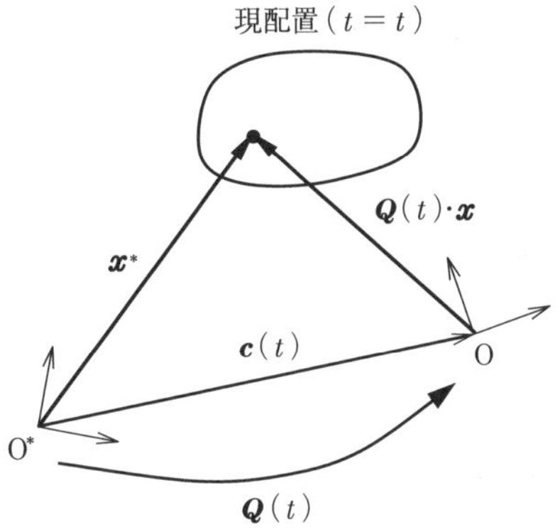


**図2.17**　基準枠間の相対的な運動

式 (2.188) は観測者の相対運動，すなわち二つの基準枠の変換を表している。また，現時刻における物体の剛体運動の式とも等価である〔式 (2.112) 参照〕。したがって，物質客観性の原理は“物体の任意の剛体運動に対して構成式は不変でなければならない”と言い換えることもできる。

さて，各種ベクトルやテンソルの基準枠の変換を考えてみる。例えば，微小線素ベクトル $d\boldsymbol{x}$ の基準枠の変換は式 (2.189) で与えられる。

---

[†] 基準枠とは事象と呼ばれる空間内の点 $\boldsymbol{x}$ と時間 $t$ の組 $\{\boldsymbol{x},\ t\}$ を観察する観測者のことである。一つの基準枠において，そこで観察されるベクトルは唯一であるが，座標系は任意にとることができる。一方，基準枠が異なるとベクトル自体も違うものとして観察される。

$$d\boldsymbol{x}^* = \boldsymbol{Q}\cdot d\boldsymbol{x} = \boldsymbol{Q}\cdot\boldsymbol{F}\cdot d\boldsymbol{X} = \boldsymbol{F}^*\cdot d\boldsymbol{X} \tag{2.189}$$

式 (2.189) は任意の $d\boldsymbol{X}$ について成立するので，変形こう配テンソル $\boldsymbol{F}$ の基準枠の変換は

$$\boldsymbol{F}^* = \boldsymbol{Q}\cdot\boldsymbol{F} \tag{2.190}$$

となる。そのほか，式 (2.188) の物質時間導関数，右コーシー・グリーンひずみテンソル $\boldsymbol{C}$，速度こう配テンソル $\boldsymbol{L}$，ひずみ速度テンソル $\boldsymbol{D}$ およびスピンテンソル $\boldsymbol{W}$ について基準枠の変換を考えると，それぞれ

$$\boldsymbol{v}^* = \boldsymbol{Q}\cdot\boldsymbol{v} + \dot{\boldsymbol{Q}}\cdot\boldsymbol{x} + \dot{\boldsymbol{c}} \tag{2.191}$$

$$\boldsymbol{C}^* = \boldsymbol{F}^{*T}\cdot\boldsymbol{F}^* = \boldsymbol{F}^T\cdot\boldsymbol{Q}^T\cdot\boldsymbol{Q}\cdot\boldsymbol{F} = \boldsymbol{F}^T\cdot\boldsymbol{F} = \boldsymbol{C} \tag{2.192}$$

$$\boldsymbol{L}^* = \dot{\boldsymbol{F}}^*\cdot\boldsymbol{F}^{*-1} = \boldsymbol{Q}\cdot\boldsymbol{L}\cdot\boldsymbol{Q}^T + \dot{\boldsymbol{Q}}\cdot\boldsymbol{Q}^T \tag{2.193}$$

$$\boldsymbol{D}^* = \boldsymbol{Q}\cdot\boldsymbol{D}\cdot\boldsymbol{Q}^T \tag{2.194}$$

$$\boldsymbol{W}^* = \boldsymbol{Q}\cdot\boldsymbol{W}\cdot\boldsymbol{Q}^T + \dot{\boldsymbol{Q}}\cdot\boldsymbol{Q}^T \tag{2.195}$$

で与えられる。式 (2.190)～(2.195) で与えられるように，ベクトルあるいはテンソルは基準枠の変換に対して，さまざまな変換式で与えられていることがわかる。そこで，つぎに客観性のあるテンソルは基準枠の変換に対してどのような変形で与えられるべきなのかを考える。

基準配置（初期配置）において定義されるベクトル，例えば線素ベクトル $d\boldsymbol{X}$ をラグランジュベクトルと呼ぶ。ラグランジュベクトル場を結ぶ関係として定義される 2 階のテンソル，例えばグリーン・ラグランジュひずみテンソル $\boldsymbol{E}$ を 2 階のラグランジュテンソルと呼ぶ。ラグランジュテンソル場では，基準枠の変換のもとに，そのテンソルが変化しない場合に客観性があるといえる。すなわち，式 (2.188) は時刻 $t = 0$ において

$$d\boldsymbol{X}^* = d\boldsymbol{X} \tag{2.196}$$

が成り立つので，これは客観性のあるベクトルである。同様に，$\boldsymbol{C}$ も客観性のある 2 階のテンソルである。一般的に，ラグランジュベクトル $\boldsymbol{a}_0$ および 2 階のラグランジュテンソル $\boldsymbol{A}_0$ について

$$\boldsymbol{a}_0^* = \boldsymbol{a}_0 \tag{2.197}$$

$$\boldsymbol{A}_0^* = \boldsymbol{A}_0 \tag{2.198}$$

が成り立つ場合に客観性があるという。各基準枠に固定され，観測者とともに回転する直交デカルト座標系 $\boldsymbol{e}_i^* = \boldsymbol{Q}\cdot\boldsymbol{e}_i$ を考えると，それらベクトルおよびテンソルの客観性は式 (2.199)，(2.200) のように成分表示される。

$$a_{0i}^* = \boldsymbol{e}_i\cdot\boldsymbol{a}_0^* = \boldsymbol{e}_i\cdot\boldsymbol{a}_0 = a_{0i} \tag{2.199}$$

$$A_{0ij}^* = \boldsymbol{e}_i\cdot\boldsymbol{A}_0^*\cdot\boldsymbol{e}_j = \boldsymbol{e}_i\cdot\boldsymbol{A}_0\cdot\boldsymbol{e}_j = A_{0ij} \tag{2.200}$$

一方，現配置において定義されるベクトル，例えば線素ベクトル $d\boldsymbol{x}$ をオイラーベクトルと呼ぶ。オイラーベクトル場を結ぶ関係として定義される 2 階のテンソル，例えば速度こう配テンソル $\boldsymbol{L}$ を 2 階のオイラーテンソルと呼ぶ。オイラーテンソル場では，変換されたテンソルの物体とともに回転した座標系を参照した成分と変換前のテンソルの回転前の座標系を参照した成分が一致する場合に客観性があるという。微小線素ベクトル $d\boldsymbol{x}$ およびひずみ速度テンソル $\boldsymbol{D}$ の成分表示は式 (2.201)，(2.202) で与えられる。

$$dx_i^* = \boldsymbol{e}_i^*\cdot d\boldsymbol{x} = \boldsymbol{e}_i\cdot\boldsymbol{Q}^T\cdot\boldsymbol{Q}\cdot d\boldsymbol{x} = dx_i \tag{2.201}$$

$$D_{ij}^* = \boldsymbol{e}_i^*\cdot\boldsymbol{D}\cdot\boldsymbol{e}_j = \boldsymbol{e}_i\cdot\boldsymbol{Q}^T\cdot\boldsymbol{Q}\cdot\boldsymbol{D}\cdot\boldsymbol{Q}^T\cdot\boldsymbol{Q}\cdot\boldsymbol{e}_j = D_{ij} \tag{2.202}$$

したがって，$d\boldsymbol{x}$ は客観性のあるオイラーベクトル，$\boldsymbol{D}$ は客観性のあるオイラーテンソルである。一方，$\boldsymbol{v}$，$\boldsymbol{L}$ および $\boldsymbol{W}$ は客観性のないテンソルである。一般的に，現配置で定義されるオイラーベクトル $\boldsymbol{a}$ および 2 階のオイラーテンソル $\boldsymbol{A}$ について

$$\boldsymbol{a}^* = \boldsymbol{Q}\cdot\boldsymbol{a} \tag{2.203}$$

$$\boldsymbol{A}^* = \boldsymbol{Q}\cdot\boldsymbol{A}\cdot\boldsymbol{Q}^T \tag{2.204}$$

が成り立つ場合に客観性があるという。

2.4 節に示すコーシー応力の Jaumann 速度 $\mathring{\boldsymbol{\sigma}}^J$ は，基準枠の変換に対して

$$\mathring{\boldsymbol{\sigma}}^{J*} = \boldsymbol{R}\cdot\mathring{\boldsymbol{\sigma}}^J\cdot\boldsymbol{R}^T \tag{2.205}$$

で与えられるので，これは客観性のあるオイラーテンソルである。

また，変形こう配テンソル $\boldsymbol{F}$ のように，オイラーベクトルとラグランジュベクトルを結ぶ関係として定義される 2 階のテンソルをオイラー・ラグランジュテンソルと呼ぶ。2 階のオイラー・ラグランジュテンソル場では，式 (2.206) が成り立つときに客観性があるという。

$$\boldsymbol{F}^* = \boldsymbol{Q}\cdot\boldsymbol{F} \tag{2.206}$$

したがって，変形こう配テンソル $\boldsymbol{F}$ は客観性のあるオイラー・ラグランジュテンソルである。

### 2.5.2　等方弾性構成式

構成式が満たすべき原理には，先に述べた物質客観性の原理のほか，**応力決定の原理**および**局所作用の原理**がある。応力決定の原理とは，“物体の応力は物体の運動の履歴により決定される”，局所作用の原理とは，“物質点 $\boldsymbol{X}$ の応力は $\boldsymbol{X}$ の近傍の運動のみ関与する”ということを示している。

いま，これらを簡略化してコーシー応力テンソル$\boldsymbol{\sigma}$ が現時刻 $t$ での変形こう配 $\boldsymbol{F}$ のみに依存する物質を弾性体と定義する。したがって，弾性体の構成式は式 (2.207) で与えられる。

$$\boldsymbol{\sigma} = f\,(\boldsymbol{F}\,(\boldsymbol{X}, t)) \tag{2.207}$$

ここで，$f$ は物質の**応答関数**（response function）と呼ばれるテンソル値テンソル関数である。ここでは弾性体は等方であると仮定する。物質対称性の概念より，応答関数 $f$ について

$$f\,(\boldsymbol{F}) = f\,(\boldsymbol{F}\cdot\boldsymbol{P}) \tag{2.208}$$

が任意の直交テンソル $\boldsymbol{P}$ に対して成立するとき，この物質は等方であるという。

いま，変形こう配テンソルの左極分解 $\boldsymbol{F} = \boldsymbol{V}\cdot\boldsymbol{R}$ より $\boldsymbol{P} = \boldsymbol{R}^T$ とおけば

$$\boldsymbol{\sigma} = f(\boldsymbol{V}) \tag{2.209}$$

を得る。したがって，等方弾性構成式は左ストレッチテンソル $\boldsymbol{V}$ の関数として与えられる。これは等方弾性物質の応力が任意の回転の後に作用するストレッチのみに依存することを示している。式 (2.209) は物質客観性の原理を満足する必要がある。すなわち，物質客観性の原理は式 (2.210) を満足することを課している。

$$f\,(\boldsymbol{V}^*) = f\,(\boldsymbol{Q}\cdot\boldsymbol{V}\cdot\boldsymbol{Q}^T) = \boldsymbol{Q}\cdot f\,(\boldsymbol{V})\cdot\boldsymbol{Q}^T \tag{2.210}$$

このような関係を満たす関数 $f$ は等方テンソル関数と呼ばれている。テンソ

ル $\boldsymbol{\sigma}$ および $\boldsymbol{V}$ が対称テンソルのとき，等方テンソル関数 $f$ は $\boldsymbol{V}$ の主不変量の関数として与えられる。

$$= f(I_1(\boldsymbol{V}), I_2(\boldsymbol{V}), I_3(\boldsymbol{V}))$$

$$f(\boldsymbol{V}) = \varphi_0(I_1, I_2, I_3)\boldsymbol{I} + \varphi_1(I_1, I_2, I_3)\boldsymbol{V} + \varphi_2(I_1, I_2, I_3)\boldsymbol{V}^2 \qquad (2.211)$$

ここで，$I_i(\boldsymbol{V})$ は式 (2.212) で定義される $\boldsymbol{V}$ の第 $i$ 主不変量，$\varphi_k$ は不変量のスカラ関数である。

$$\left.\begin{aligned} I_1(\boldsymbol{V}) &= \mathrm{tr}(\boldsymbol{V}) = V_{ii} \\ I_2(\boldsymbol{V}) &= \frac{1}{2}\{(\mathrm{tr}(\boldsymbol{V}))^2 - \mathrm{tr}(\boldsymbol{V}_2)\} = \frac{1}{2}\{(V_{ii})^2 - V_{ij}V_{ji}\} \\ I_3(\boldsymbol{V}) &= \det \boldsymbol{V} = \varepsilon_{ijk}V_{i1}V_{i2}V_{i3} \end{aligned}\right\} \qquad (2.212)$$

微小変形を仮定し，物質座標 $X_i$ と空間座標 $x_i$ の区別はないものとすれば，左ストレッチテンソル $\boldsymbol{V}$ は式 (2.213) で近似できる。

$$\boldsymbol{V} \cong \boldsymbol{I} + \boldsymbol{E}' \qquad (2.213)$$

応力とひずみの関係が線形同次で与えられるとすれば，式 (2.213) を式 (2.214) に代入して

$$\boldsymbol{\sigma} = \lambda\,\mathrm{tr}(\boldsymbol{E}')\boldsymbol{I} + 2\mu\boldsymbol{E}' = (\lambda\boldsymbol{I}\otimes\boldsymbol{I} + 2\mu\boldsymbol{I}):\boldsymbol{E}' = \boldsymbol{C}^e:\boldsymbol{E}' \qquad (2.214)$$

で与えられる等方弾性構成式を得る。

ここで，$\boldsymbol{\sigma}$ はコーシー応力テンソル，$\boldsymbol{E}'$ はグリーン・ラグランジュひずみテンソル $\boldsymbol{E}$ の二次の項を無視したものである。$\boldsymbol{C}^e$ は 4 階のテンソルで，式 (2.215) で与えられる弾性係数である。

$$\begin{aligned} \boldsymbol{C}^e &= \lambda\boldsymbol{I}\otimes\boldsymbol{I} + 2\mu\boldsymbol{I}, \\ C_{ijkl} &= \lambda\delta_{ij}\delta_{kl} + \mu(\delta_{ik}\delta_{jl} + \delta_{il}\delta_{jk}) \end{aligned} \qquad (2.215)$$

ここで，$\lambda$ および $\mu$ はラーメ（Lamé）の定数であり，それぞれ式 (2.216) で与えられる。

$$\mu = \frac{E}{2(1+v)}, \quad \lambda = \frac{vE}{(1+v)(1-2v)} \qquad (2.216)$$

ここで，$E$ はヤング（Young）率，$v$ はポアソン（Poisson）比である。等方弾性構成式をマトリックス形式で表すと

$$\begin{Bmatrix} \sigma_{11} \\ \sigma_{22} \\ \sigma_{33} \\ \sigma_{12} \\ \sigma_{23} \\ \sigma_{31} \end{Bmatrix} = \begin{bmatrix} \lambda+2\mu & \lambda & \lambda & 0 & 0 & 0 \\ \lambda & \lambda+2\mu & \lambda & 0 & 0 & 0 \\ \lambda & \lambda & \lambda+2\mu & 0 & 0 & 0 \\ 0 & 0 & 0 & \mu & 0 & 0 \\ 0 & 0 & 0 & 0 & \mu & 0 \\ 0 & 0 & 0 & 0 & 0 & \mu \end{bmatrix} \begin{Bmatrix} E'_{11} \\ E'_{22} \\ E'_{33} \\ 2E'_{12} \\ 2E'_{23} \\ 2E'_{31} \end{Bmatrix} \qquad (2.217)$$

で与えられ，これは一般化されたフック（Hooke）の法則にほかならない。

つぎに，弾塑性変形を扱う場合を考える。弾塑性問題では，物体の応力は変形履歴に依存するため，時間の概念を導入する必要がある。そこで，弾性構成式を応力速度とひずみ速度の関係で表すことにする。このとき，構成式は物質客観性の原理を満足しなければならないため，客観性のある応力速度とひずみ速度テンソルを用いるべきである。そこで，物質の弾性構成式が応力速度とひずみ速度の線形関係として式 (2.218) で与えられるとする。

$$\overset{\circ}{\boldsymbol{\sigma}} = \boldsymbol{C}^e : \boldsymbol{D}^e, \quad \overset{\circ}{\sigma}_{ij} = C^e_{ijkl} D^e_{kl} \qquad (2.218)$$

ここで，$\overset{\circ}{\boldsymbol{\sigma}}$ は客観性のある応力速度，$\boldsymbol{D}^e$ は弾性ひずみ速度テンソルである。これらは共に客観性のあるオイラーテンソルである。$\boldsymbol{C}^e$ は弾性係数で 4 階のテンソルである。例えば，客観性のある応力速度にコーシー応力の Jaumann 速度を用いることとするとすれば式 (2.219) の関係で与えられる。

$$\overset{\circ}{\boldsymbol{\sigma}}{}^J = \boldsymbol{C}^e : \boldsymbol{D}^e, \quad \overset{\circ}{\sigma}{}^J_{ij} = C^e_{ijkl} D^e_{kl} \qquad (2.219)$$

さて，式 (2.219) は物質客観性の原理を満足しなければならない。そこで，物質客観性の原理が弾性係数に課す条件を考えてみる。弾性係数 $\boldsymbol{C}^e$ を一定と仮定すれば，物質客観性の原理は式 (2.220) が成立することを課している。

$$\overset{\circ}{\boldsymbol{\sigma}}{}^{J*} = \boldsymbol{C}^e : \boldsymbol{D}^{e*}, \quad \overset{\circ}{\sigma}{}^{J*}_{ij} = C^e_{ijkl} D^{e*}_{kl} \qquad (2.220)$$

これを成分表示すれば式 (2.221) となる。

$$Q_{im} Q_{jn} \overset{\circ}{\sigma}{}^{J*}_{mn} = (C^e_{ijkl})\, Q_{kr} Q_{ls} D^{e*}_{rs} \qquad (2.221)$$

ここで，$Q_{ij}$ は回転マトリックスである。さらに変形して式 (2.222) を得る。

$$\overset{\circ}{\sigma}{}^J_{mn} = (Q_{mi} Q_{nj} Q_{pq} Q_{ql}\,(C^e_{mnqp}))\, D^e_{kl} \qquad (2.222)$$

ここで，式 (2.219)を考慮すると，式 (2.223) の関係を得る。

$$C^e_{ijkl} = Q_{mi}Q_{nj}Q_{pq}Q_{ql}(C^e_{mnqp}) \tag{2.223}$$

物質客観性の原理は式 (2.223) が任意の回転マトリックスに対して成立することを課している。すなわち，弾性係数 $C^e_{ijkl}$ は任意の座標変換に影響を受けない等方テンソルでなければならない。一般に，4 階の等方テンソルの成分は，$\overset{\circ}{\boldsymbol{\sigma}}$ と $\boldsymbol{D}^e$ の対称性を考慮すると

$$C_{ijkl} = \lambda\delta_{ij}\delta_{kl} + \mu(\delta_{ik}\delta_{jl} + \delta_{il}\delta_{jk}) \tag{2.224}$$

で与えられる。ここで，$\lambda$ および $\mu$ は定数である。これは式 (2.215) で与えられた弾性係数に一致する。したがって，速度形の弾性構成式は式 (2.225)，(2.226) の関係を用いることとする。

$$\overset{\circ}{\boldsymbol{\sigma}}{}^J = \boldsymbol{C}^e : \boldsymbol{D}^e, \quad \overset{\circ}{\sigma}{}^J_{ij} = C^e_{ijkl}D^e_{kl} \tag{2.225}$$

$$\boldsymbol{C}^e = \lambda\boldsymbol{I}\otimes\boldsymbol{I} + 2\mu\boldsymbol{I}, \quad C^e_{ijkl} = \lambda\delta_{ij}\delta_{kl} + \mu(\delta_{ik}\delta_{jl} + \delta_{il}\delta_{jk}) \tag{2.226}$$

### 2.5.3 弾塑性構成式

弾塑性問題では素材の降伏と塑性域における材料挙動を定義する必要がある。これらはそれぞれ，**降伏条件**，**塑性流れ則**と呼ばれるものである。

弾塑性構成式は物質客観性の原理を満足する必要があり，それは降伏条件についても同様である。いま，降伏関数が $f(\boldsymbol{\sigma})$，すなわちコーシー応力のスカラ関数として与えられるとする。物質客観性の原理より，降伏関数 $f$ は基準枠の変換に対して不変でなければならない。つまり，スカラ関数 $f$ について

$$f^*(\boldsymbol{\sigma}^*) = f(\boldsymbol{\sigma}), \quad f(\boldsymbol{Q}\cdot\boldsymbol{\sigma}\cdot\boldsymbol{Q}^T) = f(\boldsymbol{\sigma}) \tag{2.227}$$

が任意の回転テンソル $\boldsymbol{Q}$ に対して成立しなければならない。これは，関数 $f$ が $\boldsymbol{\sigma}$ の等方テンソル関数であること，すなわち降伏関数が応力の主不変量の関数として与えられることを表している。

$$f = f(\boldsymbol{\sigma}) = f(I_1(\boldsymbol{\sigma}), I_2(\boldsymbol{\sigma}), I_3(\boldsymbol{\sigma})) \tag{2.228}$$

式 (2.228) は偏差応力 $\boldsymbol{\sigma}'$ の主不変量の関数として記述することもでき，$I_1(\boldsymbol{\sigma}') = 0$ を考慮して，式 (2.229) で与えられる。

$$f = f(\boldsymbol{\sigma}') = f(I_2(\boldsymbol{\sigma}'),\ I_3(\boldsymbol{\sigma}')) \tag{2.229}$$

ここで

$$\boldsymbol{\sigma}' = \boldsymbol{\sigma} - \frac{1}{3}\,\mathrm{tr}(\boldsymbol{\sigma})\boldsymbol{I} \tag{2.230}$$

である。

以下では，一般的な弾塑性構成式の導出を示し，その後，具体的な降伏関数を用いた弾塑性構成式を示す。

弾塑性問題ではひずみ速度テンソル $\boldsymbol{D}$ は弾性部分 $\boldsymbol{D}^e$ と塑性部分 $\boldsymbol{D}^p$ に分割できると仮定する。

$$\boldsymbol{D} = \boldsymbol{D}^e + \boldsymbol{D}^p \tag{2.231}$$

等方弾性体を仮定し，弾性構成式が式 (2.219) で与えられるものとすると，式 (2.231) を代入して，式 (2.232) の関係を得る。

$$\overset{\circ}{\boldsymbol{\sigma}}{}^J = \boldsymbol{C}^e : \boldsymbol{D}^e = \boldsymbol{C}^e : (\boldsymbol{D} - \boldsymbol{D}^p) \tag{2.232}$$

つぎに，降伏条件式を導入する。弾塑性体の降伏条件が式 (2.233) で与えられるとする。

$$f(\boldsymbol{\sigma},\ \boldsymbol{q}) = 0 \tag{2.233}$$

ここで，降伏関数 $f$ はコーシー応力テンソル $\boldsymbol{\sigma}$ と**内部変数**（internal variable）$\boldsymbol{q}$ の関数である。内部変数 $\boldsymbol{q}$ は相当塑性ひずみ（スカラ）あるいは移動硬化理論における背応力（2 階のテンソル）などに相当する。式 (2.233) は $f < 0$ であれば除荷を含めて弾性状態，$f = 0$ であれば塑性状態すなわち降伏条件を表している。

つぎに，塑性流れ則を導入する。ひずみ速度テンソルの塑性部分 $\boldsymbol{D}^p$ が式 (2.234) で与えられるとする。

$$\boldsymbol{D}^p = \dot{\lambda}\,\boldsymbol{r}(\boldsymbol{\sigma},\ \boldsymbol{q}) \tag{2.234}$$

ここで，$\dot{\lambda}$ は塑性係数で，弾性状態あるいは除荷時には 0 である。

$$\begin{cases} \dot{\lambda} = 0 \quad (f < 0 \text{ のとき}) & (2.235) \\ \dot{\lambda} > 0 \quad (f = 0 \text{ のとき}) & (2.236) \end{cases}$$

$\boldsymbol{r}(\boldsymbol{\sigma}, \boldsymbol{q})$ は塑性流動の方向を表し，コーシー応力テンソル$\boldsymbol{\sigma}$ と内部変数 $\boldsymbol{q}$ の関数である。いま，塑性ポテンシャル $\Theta$ の存在を仮定すれば，式 (2.237) の関係が与えられる。

$$\boldsymbol{r} = \frac{\partial \Theta}{\partial \boldsymbol{\sigma}} \tag{2.237}$$

さて，塑性変形進行中（$\dot{\lambda} > 0$）は，$f = 0$ を満足しつづけるため，$\dot{f} = 0$，すなわち式 (2.238) が成立する。

$$\dot{f} = \frac{\partial f}{\partial \boldsymbol{\sigma}} : \dot{\boldsymbol{\sigma}} + \frac{\partial f}{\partial \boldsymbol{q}} \cdot \dot{\boldsymbol{q}} = 0, \quad \dot{f} = \frac{\partial f}{\partial \sigma_{ij}} \dot{\sigma}_{ij} + \frac{\partial f}{\partial q_\alpha} \dot{q}_\alpha = 0 \tag{2.238}$$

ここで，$\alpha$ は内部変数の数である。$\dot{\boldsymbol{q}}$ は内部変数の物質時間導関数で

$$\dot{\boldsymbol{q}} = \dot{\lambda} \boldsymbol{h}(\boldsymbol{\sigma}, \boldsymbol{q}) \tag{2.239}$$

で与えられるとする。ただし，物質客観性の原理より，内部変数はスカラまたはその物質時間導関数が共回転速度で与えられるものとする。

降伏関数 $f$ が応力の主不変量の関数として与えられるとき，$\partial f/\partial \boldsymbol{\sigma}$ と $\boldsymbol{\sigma}$ は可換であり，式 (2.240) が成立する。

$$\frac{\partial f}{\partial \boldsymbol{\sigma}} \cdot \dot{\boldsymbol{\sigma}} = \dot{\boldsymbol{\sigma}} \cdot \frac{\partial f}{\partial \boldsymbol{\sigma}} \tag{2.240}$$

さらに，応力速度がコーシー応力の Jaumann 速度で与えられるならば

$$\frac{\partial f}{\partial \boldsymbol{\sigma}} : \dot{\boldsymbol{\sigma}} = \frac{\partial f}{\partial \boldsymbol{\sigma}} : \overset{\circ}{\boldsymbol{\sigma}}{}^J \tag{2.241}$$

が成立する。式 (2.241) を式 (2.238) に代入して

$$\dot{f} = \frac{\partial f}{\partial \boldsymbol{\sigma}} : \overset{\circ}{\boldsymbol{\sigma}}{}^J + \frac{\partial f}{\partial \boldsymbol{q}} \cdot \dot{\boldsymbol{q}} = 0 \tag{2.242}$$

を得る。ここで，$\partial f/\partial \boldsymbol{\sigma}$ は降伏曲面の法線方向を表している。いま，$\partial f/\partial \boldsymbol{\sigma}$ が塑性流動の方向 $\boldsymbol{r}$ に等しいと仮定する場合，すなわち，$\Theta = f$ とするとき

$$\frac{\partial f}{\partial \boldsymbol{\sigma}} = \boldsymbol{r} = \frac{\partial \Theta}{\partial \boldsymbol{\sigma}} \tag{2.243}$$

が成立し，これを**関連流れ則**という。本章では，関連流れ則を用いた弾塑性構成式についてのみ示す。

式 (2.231)，(2.234) および式 (2.239) を式 (2.242) に代入して

$$\frac{\partial f}{\partial \boldsymbol{\sigma}} : \boldsymbol{C}^e : (\boldsymbol{D} - \boldsymbol{D}^p) + \frac{\partial f}{\partial \boldsymbol{q}} \cdot \dot{\boldsymbol{q}} = \frac{\partial f}{\partial \boldsymbol{\sigma}} : \boldsymbol{C}^e : (\boldsymbol{D} - \dot{\lambda} \boldsymbol{r}) + \frac{\partial f}{\partial \boldsymbol{q}} \cdot \dot{\lambda} h = 0 \tag{2.244}$$

を得る。$\dot{\lambda}$ について解くと式 (2.245) を得る。

$$\dot{\lambda} = \frac{\dfrac{\partial f}{\partial \boldsymbol{\sigma}} : \boldsymbol{C}^e : \boldsymbol{D}}{-\dfrac{\partial f}{\partial \boldsymbol{q}} \cdot \boldsymbol{h} + \dfrac{\partial f}{\partial \boldsymbol{\sigma}} : \boldsymbol{C}^e : \boldsymbol{r}} \tag{2.245}$$

式 (2.245) を式 (2.234) に代入し，その結果を式 (2.232) に代入すれば，コーシー応力の Jaumann 速度とひずみ速度テンソルの関係，すなわち弾塑性構成式は式 (2.246) で与えられる。

$$\overset{\circ}{\boldsymbol{\sigma}}{}^J = \boldsymbol{C}^e : \left( \boldsymbol{D} - \frac{\dfrac{\partial f}{\partial \boldsymbol{\sigma}} : \boldsymbol{C}^e : \boldsymbol{D}}{-\dfrac{\partial f}{\partial \boldsymbol{q}} \cdot \boldsymbol{h} + \dfrac{\partial f}{\partial \boldsymbol{\sigma}} : \boldsymbol{C}^e : \boldsymbol{r}} \boldsymbol{r} \right) = \boldsymbol{C}^{ep} : \boldsymbol{D}, \quad \overset{\circ}{\sigma}{}^J_{ij} = C^{ep}_{ijkl} D_{kl} \tag{2.246}$$

ここで，$\boldsymbol{C}^{ep}$ は 4 階のテンソルで，弾塑性係数である。テンソルの対称性を考慮して，弾塑性係数は式 (2.247) のように書き換えることができる。

$$\boldsymbol{C}^{ep} = \boldsymbol{C}^e - \frac{(\boldsymbol{C}^e : \boldsymbol{r}) \otimes \left( \dfrac{\partial f}{\partial \boldsymbol{\sigma}} : \boldsymbol{C}^e \right)}{-\dfrac{\partial f}{\partial \boldsymbol{q}} \cdot \boldsymbol{h} + \dfrac{\partial f}{\partial \boldsymbol{\sigma}} : \boldsymbol{C}^e : \boldsymbol{r}},$$

$$C^{ep}_{ijkl} = C^e_{ijkl} - \frac{C^e_{ijmn} r_{mn} \dfrac{\partial f}{\partial \sigma_{pq}} C^e_{pqkl}}{-\dfrac{\partial f}{\partial q_\alpha} h_\alpha + \dfrac{\partial f}{\partial \sigma_{rs}} C^e_{rstu} r_{tu}} \tag{2.247}$$

一般に，弾塑性体とみなせる通常の金属材料では，弾性ひずみは降伏条件により微小な範囲に限定され，変形中に物体の体積および材料密度は一定である非圧縮性材料と考えることができる。すなわち

$$J = \det \boldsymbol{F} \cong 1 \tag{2.248}$$

したがって，非圧縮性材料では，コーシー応力とキルヒホッフ応力の関係は

$$\boldsymbol{\tau} \cong \boldsymbol{\sigma} \tag{2.249}$$

で与えられる。弾塑性構成式において，コーシー応力の Jaumann 速度を用いると，剛性マトリックスが非対称となる。そこで，一般的に弾塑性構成式は，コーシー応力の Jaumann 速度をキルヒホッフ応力の Jaumann 速度で置き換えて

$$\overset{\circ}{\boldsymbol{\tau}}{}^{J} = \boldsymbol{C}^{ep} : \boldsymbol{D} \tag{2.250}$$

として用いられる。

以下，等方性材料，異方性材料およびバウシンガー効果（移動硬化）を考慮した弾塑性構成式を導出する。ただし，弾性域の材料挙動は等方弾性を仮定し，弾塑性構成式はキルヒホッフ応力の Jaumann 速度とひずみ速度テンソルの関係で表すこととする。

〔1〕 **等方性材料の弾塑性構成式**　降伏条件がキルヒホッフ応力 $\boldsymbol{\tau}$ と塑性仕事 $W^p$ の関数で与えられるとする。

$$f(\boldsymbol{\tau}, q) = \bar{\sigma}(\boldsymbol{\tau}) - Y(W^p) = 0 \tag{2.251}$$

ここで，内部変数は $q = W^p$ である。$Y(W^p)$ は降伏応力，$\bar{\sigma}$ は相当応力であり，von Mises の降伏条件を仮定すれば，応力の第 2 主不変量より

$$\bar{\sigma} = \sqrt{\frac{3}{2}\boldsymbol{\tau}' : \boldsymbol{\tau}'} \tag{2.252}$$

で与えられる。ここで，$\boldsymbol{\tau}'$ はキルヒホッフ応力の偏差応力で，式 (2.253) で与えられる。

$$\boldsymbol{\tau}' = \boldsymbol{\tau} - \frac{1}{3}\mathrm{tr}(\boldsymbol{\tau})\boldsymbol{I} \tag{2.253}$$

つぎに，塑性仕事率 $\dot{W}^p$ が式 (2.254) で与えられるとし，これが相当応力 $\bar{\sigma}$ と相当塑性ひずみ速度 $\dot{\bar{\varepsilon}}^p$ の積に一致すると定義する。

$$\dot{W}^p = \boldsymbol{\sigma} : \boldsymbol{D}^p \equiv \bar{\sigma}\,\dot{\bar{\varepsilon}}^p \tag{2.254}$$

さらに，相当塑性ひずみ $\bar{\varepsilon}^p$ が

$$\bar{\varepsilon}^p \equiv \int \dot{\bar{\varepsilon}}^p dt \tag{2.255}$$

で定義されるとすれば，塑性仕事 $W^p$ は

$$W^p = \int \bar{\sigma}\ \dot{\bar{\varepsilon}}^p dt = \int \bar{\sigma} d\bar{\varepsilon}^p \tag{2.256}$$

で与えられる。式 (2.256) を式 (2.251) に代入して

$$\bar{\sigma} = Y(W^p) = Y(\int \bar{\sigma} d\bar{\varepsilon}^p) = H(\int d\bar{\varepsilon}^p) = H(\bar{\varepsilon}^p) \tag{2.257}$$

を得る。したがって，降伏関数はキルヒホッフ応力と相当塑性ひずみの関数であると言い換えることもできる。このとき，内部変数は

$$q = \bar{\varepsilon}^p \tag{2.258}$$

である。いま，単軸の引張試験において得られた $\sigma = H(\varepsilon^p)$ の関係が，相当応力 $\bar{\sigma}$ と相当塑性ひずみ $\bar{\varepsilon}^p$ の関係に一致すると仮定すれば，$H(\varepsilon^p)$ には $n$ 乗硬化則などを適用すればよい。例えば，Swift 型の加工硬化則であれば

$$H(\bar{\varepsilon}^p) = c(\alpha + \bar{\varepsilon}^p)^n = \bar{\sigma} \tag{2.259}$$

で与えられる。ここで，$c$，$n$，$\alpha$ は材料パラメータである。

つぎに，関連流れ則を仮定すれば，塑性流動の方向 $\boldsymbol{r}$ は

$$\boldsymbol{r} = \frac{\partial f}{\partial \boldsymbol{\tau}} = \frac{3}{2\ \bar{\sigma}} \boldsymbol{\tau}' \tag{2.260}$$

で与えられる。また，内部変数の時間導関数は

$$\dot{q} = \dot{\lambda} h = \dot{\bar{\varepsilon}}^p \tag{2.261}$$

で与えられる。ここで，$h = 1$ である。

式 (2.260)，(2.261) を式 (2.244) に代入して，$\dot{\lambda}$ について解くと

$$\dot{\lambda} = \frac{\dfrac{3}{2}\dfrac{\boldsymbol{\tau}'}{\bar{\sigma}} : \boldsymbol{C}^e : \boldsymbol{D}}{-\dfrac{\partial f}{\partial q} + \dfrac{3}{2}\dfrac{\boldsymbol{\tau}'}{\bar{\sigma}} : \boldsymbol{C}^e : \dfrac{3}{2}\dfrac{\boldsymbol{\tau}'}{\bar{\sigma}}} = \frac{\dfrac{3}{2\ \bar{\sigma}} \boldsymbol{\tau}' : \boldsymbol{C}^e : \boldsymbol{D}}{H' + \dfrac{9}{4\ \bar{\sigma}^2} \boldsymbol{\tau}' : \boldsymbol{C}^e : \boldsymbol{\tau}'} \tag{2.262}$$

を得る。ここで

$$\frac{\partial f}{\partial q} = -\frac{\partial H(\bar{\varepsilon}^p)}{\partial \bar{\varepsilon}^p} \equiv -H' \tag{2.263}$$

とした。式 (2.260)，(2.262) を式 (2.234) に代入し，その結果を式 (2.232) に代入すると，弾塑性構成式は

$$\overset{\circ}{\boldsymbol{\tau}}{}^{J} = \boldsymbol{C}^e : \left( \boldsymbol{D} - \frac{\dfrac{3}{2\,\bar{\sigma}}\boldsymbol{\tau}' : \boldsymbol{C}^e : \boldsymbol{D}}{H' + \dfrac{9}{4\,\bar{\sigma}^2}\boldsymbol{\tau}' : \boldsymbol{C}^e : \boldsymbol{\tau}'} \frac{3\,\boldsymbol{\tau}'}{2\,\bar{\sigma}} \right)$$

$$= \left( \boldsymbol{C}^e - \frac{\dfrac{9}{4\,\bar{\sigma}^2}(\boldsymbol{C}^e : \boldsymbol{\tau}') \otimes (\boldsymbol{C}^e : \boldsymbol{\tau}')}{H' + \dfrac{9}{4\,\bar{\sigma}^2}\boldsymbol{\tau}' : \boldsymbol{C}^e : \boldsymbol{\tau}'} \right) : \boldsymbol{D} = \boldsymbol{C}^{ep} : \boldsymbol{D} \qquad (2.264)$$

で与えられる。ここで

$$\boldsymbol{C}^{ep} = \boldsymbol{C}^e - \frac{\dfrac{4\,\bar{\sigma}^2}{9}(\boldsymbol{C}^e : \boldsymbol{\tau}') \otimes (\boldsymbol{\tau}' : \boldsymbol{C}^e)}{H' + \dfrac{4\,\bar{\sigma}^2}{9}\boldsymbol{\tau}' : \boldsymbol{C}^e : \boldsymbol{\tau}'} = \frac{9\,G^2}{\bar{\sigma}^2 (H' + 3\,G)} \boldsymbol{\tau}' \otimes \boldsymbol{\tau}' \qquad (2.265)$$

である。ここで，$G$ はせん断弾性係数である。ただし，式 (2.265) 最右辺の導出には $\boldsymbol{C}^e : \boldsymbol{\tau}' = 2\,G\boldsymbol{\tau}'$ の関係を用いた。

〔2〕 **異方性材料の弾塑性構成式**　物質客観性の原理より，降伏関数は応力の等方関数すなわち応力の主不変量の関数で与えられなければならない。しかしながら，異方性降伏関数は応力の主不変量の関数として表すことは困難である。したがって，物体の剛体回転のもとで不変な応力を用いて降伏関数を定義しなければならない。共回転応力テンソル $\hat{\boldsymbol{\tau}}$ は式 (2.266) に示すように，物体の剛体回転に対して不変である。

$$\hat{\boldsymbol{\tau}}^* = \boldsymbol{R}^{*T} \cdot \boldsymbol{\tau}^* \cdot \boldsymbol{R}^* = \boldsymbol{R}^T \cdot \boldsymbol{Q}^T \cdot \boldsymbol{Q} \cdot \boldsymbol{\tau} \cdot \boldsymbol{Q}^T \cdot \boldsymbol{Q} \cdot \boldsymbol{R} = \boldsymbol{R}^T \cdot \boldsymbol{\tau} \cdot \boldsymbol{R} = \hat{\boldsymbol{\tau}} \qquad (2.266)$$

ここで，$\boldsymbol{R}^* = \boldsymbol{Q} \cdot \boldsymbol{R}$，$\boldsymbol{\tau}^* = \boldsymbol{Q} \cdot \boldsymbol{\tau} \cdot \boldsymbol{Q}^T$ である。したがって，共回転応力を用いて降伏関数を定義することにより，降伏関数は等方である必要はなく，$\hat{\boldsymbol{\sigma}}$ あるいは $\hat{\boldsymbol{\tau}}$ の任意の関数で与えられる。

共回転キルヒホッフ応力テンソルは式 (2.267) で定義される。

$$\hat{\boldsymbol{\tau}} = \boldsymbol{R}^T \cdot \boldsymbol{\tau} \cdot \boldsymbol{R} = J\hat{\boldsymbol{\sigma}} \qquad (2.267)$$

ここで，$\hat{\boldsymbol{\sigma}}$ は式 (2.179) で与えられる共回転コーシー応力である。

いま，弾性の応力速度とひずみ速度の関係が

$$\dot{\hat{\boldsymbol{\tau}}} = \hat{\boldsymbol{C}}^e : \hat{\boldsymbol{D}}^e \qquad (2.268)$$

で与えられるとする。$\hat{\boldsymbol{D}}^e$ は共回転ひずみ速度テンソル $\hat{\boldsymbol{D}} = \boldsymbol{R}^T \cdot \boldsymbol{D} \cdot \boldsymbol{R}$ の弾性

部分である。$\widehat{C}^e$ は弾性係数で，式 (2.269) の関係で与えられる。

$$C^e_{ijkl} = R_{ip}R_{jq}R_{kr}R_{ms}\widehat{C}^e_{pqrs} \tag{2.269}$$

ここで，物質点の剛体運動は大きいが，ひずみが微小である場合（$\boldsymbol{D} \cong \boldsymbol{0}$，$\boldsymbol{L} = \boldsymbol{W}$）を考えると，物質点の剛体スピンは

$$\boldsymbol{\Omega} = \boldsymbol{W} = \dot{\boldsymbol{R}}\boldsymbol{\cdot}\boldsymbol{R}^{-1}( = \dot{\boldsymbol{R}}\boldsymbol{\cdot}\boldsymbol{R}^T) \tag{2.270}$$

で与えられる。このとき，共回転キルヒホッフ応力の物質時間導関数とキルヒホッフ応力の Jaumann 速度の関係は

$$\mathring{\boldsymbol{\tau}}^J = \dot{\boldsymbol{\tau}} - \boldsymbol{W}\boldsymbol{\cdot}\boldsymbol{\tau} - \boldsymbol{\tau}\boldsymbol{\cdot}\boldsymbol{W}^T = \boldsymbol{R}\boldsymbol{\cdot}\dot{\widehat{\boldsymbol{\tau}}}\boldsymbol{\cdot}\boldsymbol{R}^T \tag{2.271}$$

で与えられる。したがって，共回転キルヒホッフ応力の物質時間導関数は式 (2.272) で与えられる。

$$\dot{\widehat{\boldsymbol{\tau}}} = \boldsymbol{R}^T\boldsymbol{\cdot}\mathring{\boldsymbol{\tau}}^J\boldsymbol{\cdot}\boldsymbol{R} \tag{2.272}$$

異方性降伏条件式が式 (2.273) で与えられるとする。

$$f(\widehat{\boldsymbol{\tau}}, q) = \bar{\sigma}(\widehat{\boldsymbol{\tau}}) - H(\bar{\varepsilon}^p) = 0 \tag{2.273}$$

ヒル（Hill）の二次異方性降伏条件を仮定すれば，相当応力 $\bar{\sigma}$ は

$$\bar{\sigma} = \sqrt{\widehat{\boldsymbol{\tau}} : \widehat{\boldsymbol{M}} : \widehat{\boldsymbol{\tau}}} = \sqrt{\widehat{\boldsymbol{\tau}}' : \widehat{\boldsymbol{M}} : \widehat{\boldsymbol{\tau}}'} \tag{2.274}$$

で与えられる。ここで，$\boldsymbol{M}$ は 4 階のテンソルで材料の異方性を表し，$M_{iikl} = 0$ および $M_{ijkl} = M_{jikl} = M_{klji}$ の特性をもつ。ただし，変形に伴う集合組織の発展はないものとして，共回転座標系すなわち物体とともに剛体回転する座標系における $\boldsymbol{M}$ の成分は一定とする。つまり，$\mathring{\boldsymbol{M}} = \boldsymbol{0}\,(\dot{\widehat{\boldsymbol{M}}} = \boldsymbol{0})$ とする。$\boldsymbol{M}$ をマトリックス形式で表すと

$$\widehat{\boldsymbol{M}} = \boldsymbol{M} = \frac{3}{2(F+G+H)}\begin{bmatrix} G+H & -H & -G & 0 & 0 & 0 \\ -H & H+F & -F & 0 & 0 & 0 \\ -G & -F & F+G & 0 & 0 & 0 \\ 0 & 0 & 0 & 2N & 0 & 0 \\ 0 & 0 & 0 & 0 & 2L & 0 \\ 0 & 0 & 0 & 0 & 0 & 2M \end{bmatrix} \tag{2.275}$$

となる。ここで，$F$，$G$，$H$，$L$，$M$，$N$ はヒルの異方性パラメータで，$r$ 値を用いてそれぞれ式 (2.276) で与えられる。

$$\left.\begin{aligned} F &= \frac{r_0}{r_{90}(r_0+1)}, \quad G = \frac{1}{r_0+1}, \quad H = \frac{r_0}{r_0+1} \\ 2N &= \frac{(r_0+r_{90})(2r_{45}+1)}{r_{90}(r_0+1)}, \quad 2L = 2M = 1.5 \end{aligned}\right\} \tag{2.276}$$

ここで，添え字の数字は圧延方向からの角度を表している。

つぎに，関連流れ則を仮定すれば，塑性流動の方向は

$$\hat{\boldsymbol{r}} = \frac{\partial f}{\partial \hat{\boldsymbol{\tau}}} = \frac{\hat{\boldsymbol{M}} : \hat{\boldsymbol{\tau}}}{\bar{\sigma}} \equiv \hat{\boldsymbol{V}} \tag{2.277}$$

で与えられる。等方性材料の弾塑性構成式と同様に，$\dot{\lambda}$ について解くと式 (2.278) を得る。

$$\dot{\lambda} = \frac{\hat{\boldsymbol{V}} : \hat{\boldsymbol{C}}^e : \hat{\boldsymbol{D}}}{H' + \hat{\boldsymbol{V}} : \boldsymbol{C}^e : \hat{\boldsymbol{V}}} \tag{2.278}$$

これを式(2.234) に代入し，その結果を式(2.232) に代入すると，最終的に弾塑性構成式は式 (2.279) で与えられる。

$$\begin{aligned} \dot{\hat{\boldsymbol{\tau}}} &= \hat{\boldsymbol{C}}^e : \left(\hat{\boldsymbol{D}} - \frac{\hat{\boldsymbol{V}} : \hat{\boldsymbol{C}}^e : \hat{\boldsymbol{D}}}{H' + \hat{\boldsymbol{V}} : \hat{\boldsymbol{C}}^e : \hat{\boldsymbol{V}}} \hat{\boldsymbol{V}}\right) = \left(\hat{\boldsymbol{C}}^e - \frac{(\hat{\boldsymbol{C}}^e : \hat{\boldsymbol{V}}) \otimes (\hat{\boldsymbol{V}} : \hat{\boldsymbol{C}}^e)}{H' + \hat{\boldsymbol{V}} : \hat{\boldsymbol{C}}^e : \hat{\boldsymbol{V}}}\right) : \hat{\boldsymbol{D}} \\ &= \hat{\boldsymbol{C}}^{ep} : \hat{\boldsymbol{D}} \end{aligned} \tag{2.279}$$

$\boldsymbol{D} = \boldsymbol{R} \cdot \hat{\boldsymbol{D}} \cdot \boldsymbol{R}^T$ および $\mathring{\boldsymbol{\tau}}^J = \boldsymbol{R} \cdot \dot{\hat{\boldsymbol{\tau}}} \cdot \boldsymbol{R}^T$ の関係を用いて，キルヒホッフ応力の Jaumann 速度とひずみ速度テンソルの関係で表すと

$$\mathring{\boldsymbol{\tau}}^J = \boldsymbol{C}^{ep} : \boldsymbol{D} \tag{2.280}$$

となる。ここで

$$\boldsymbol{C}^{ep} = \boldsymbol{C}^e - \frac{(\boldsymbol{C}^e : \boldsymbol{V}) \otimes (\boldsymbol{C}^e : \boldsymbol{V})}{H' + \boldsymbol{V} : \boldsymbol{C}^e : \boldsymbol{V}} \tag{2.281}$$

$$C^{ep}_{ijkl} = R_{im} R_{jn} R_{kp} R_{lq} \hat{C}^{ep}_{mnpq} \tag{2.282}$$

である。

8 章では種々の異方性降伏関数について詳細に述べているので，併せて参照されたい。

〔3〕 **バウシンガー効果を考慮した弾塑性構成式**　　これまでの議論では等方硬化理論に基づく弾塑性構成式を導出した。ここでは，**図 2.18** に示すような等方硬化と非線形移動硬化を組み合わせた複合硬化モデルの弾塑性構成式の導出を示す。移動硬化理論には Teodosiu-Hu モデル[11] を簡略化したものを用いることにする。

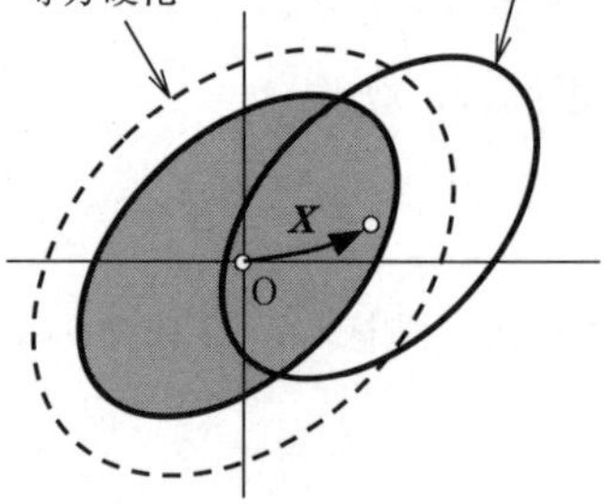


**図 2.18**　等方硬化と移動硬化

降伏条件が式 (2.283) の関数で与えられるとする。

$$f(\boldsymbol{\tau}, \boldsymbol{X}, \bar{\varepsilon}^p) = \bar{\sigma}(\boldsymbol{\tau}, \boldsymbol{X}) - H(\bar{\varepsilon}^p) = 0 \tag{2.283}$$

ここで，$\boldsymbol{X}$ は**背応力** (back stress) テンソルである。内部変数は背応力テンソル $\boldsymbol{X}$ と相当塑性ひずみ $\bar{\varepsilon}^p$ である。$\bar{\sigma}$ は相当応力であり，移動硬化理論を仮定すれば

$$\bar{\sigma} = \sqrt{(\hat{\boldsymbol{\tau}} - \hat{\boldsymbol{X}}) : \hat{\boldsymbol{M}} : (\hat{\boldsymbol{\tau}} - \hat{\boldsymbol{X}})} = \sqrt{(\hat{\boldsymbol{\tau}}' - \hat{\boldsymbol{X}}) : \hat{\boldsymbol{M}} : (\hat{\boldsymbol{\tau}}' - \hat{\boldsymbol{X}})} \tag{2.284}$$

で定義される。ここで，背応力テンソル $\boldsymbol{X}$ には客観性のあるテンソルを用いるべきである。したがって，$\hat{\boldsymbol{X}} = \boldsymbol{R}^T \cdot \boldsymbol{X} \cdot \boldsymbol{R}$ で定義される共回転背応力テンソル $\hat{\boldsymbol{X}}$ を用いた。材料異方性はヒルの二次降伏条件を用いることとすれば，4 階のテンソル $\hat{\boldsymbol{M}}$ は式 (2.275) と同じものである。

つぎに，関連流れ則を仮定すれば，ひずみ速度テンソルの塑性部分 $\hat{\boldsymbol{D}}^p$ は

$$\hat{\boldsymbol{D}}^p = \dot{\lambda} \frac{\partial f}{\partial \hat{\boldsymbol{\tau}}'} = \dot{\lambda} \frac{\hat{\boldsymbol{M}} : (\hat{\boldsymbol{\tau}}' - \hat{\boldsymbol{X}})}{\bar{\sigma}} \equiv \dot{\lambda} \hat{\boldsymbol{V}} \tag{2.285}$$

で与えられる。塑性仕事率 $\dot{W}^p$ が式 (2.286) で与えられるとし，これが相当応力 $\bar{\sigma}$ と相当塑性ひずみ速度 $\dot{\bar{\varepsilon}}^p$ の積に一致すると仮定する。

$$\dot{W}^p = (\hat{\boldsymbol{\tau}}' - \hat{\boldsymbol{X}}) : \hat{\boldsymbol{D}}^p \equiv \bar{\sigma} \dot{\bar{\varepsilon}}^p \tag{2.286}$$

このとき，式 (2.287) の関係が成立する。

$$\dot{\bar{\varepsilon}}^p = \frac{(\hat{\boldsymbol{\tau}}' - \hat{\boldsymbol{X}}) : \hat{\boldsymbol{D}}^p}{\bar{\sigma}} = \frac{(\hat{\boldsymbol{\tau}}' - \hat{\boldsymbol{X}}) : \hat{\boldsymbol{M}} : (\hat{\boldsymbol{\tau}}' - \hat{\boldsymbol{X}})}{\bar{\sigma}^2}\dot{\lambda} = \dot{\lambda} \tag{2.287}$$

式 (2.285) を $\hat{\boldsymbol{\tau}}' - \hat{\boldsymbol{X}}$ について解くと

$$\hat{\boldsymbol{\tau}}' - \hat{\boldsymbol{X}} = \frac{\bar{\sigma}}{\dot{\lambda}}\, \hat{\boldsymbol{m}} : \hat{\boldsymbol{D}}^p \tag{2.288}$$

を得る。ここで，$\hat{\boldsymbol{m}}$ は $\hat{\boldsymbol{M}}$ の逆マトリックスであり，$\hat{m}_{ijkl} = \hat{m}_{jikl} = \hat{m}_{klji}$，$\hat{m}_{iikl} = 0$ の特性をもつ。式 (2.288) の両辺に前から $\hat{\boldsymbol{D}}^p$ を掛けると

$$\hat{\boldsymbol{D}}^p : (\hat{\boldsymbol{\tau}}' - \hat{\boldsymbol{X}}) = \frac{\bar{\sigma}}{\dot{\lambda}} \hat{\boldsymbol{D}}^p : \hat{\boldsymbol{m}} : \hat{\boldsymbol{D}}^p \tag{2.289}$$

となる。したがって

$$\dot{\lambda} = \dot{\bar{\varepsilon}}^p = \sqrt{\hat{\boldsymbol{D}}^p : \hat{\boldsymbol{m}} : \hat{\boldsymbol{D}}^p} \tag{2.290}$$

の関係を得る。式 (2.289) を式 (2.288) に代入すると

$$\hat{\boldsymbol{\tau}}' - \hat{\boldsymbol{X}} = \bar{\sigma}\hat{\boldsymbol{n}} \tag{2.291}$$

を得る。ここで

$$\hat{\boldsymbol{n}} = \frac{\hat{\boldsymbol{m}} : \hat{\boldsymbol{D}}^p}{\sqrt{\hat{\boldsymbol{D}}^p : \hat{\boldsymbol{m}} : \hat{\boldsymbol{D}}^p}} \tag{2.292}$$

である。さらに，現在のひずみ速度ベクトルの方向が

$$\hat{\boldsymbol{N}} = \frac{\hat{\boldsymbol{D}}^p}{|\hat{\boldsymbol{D}}^p|} = \frac{\hat{\boldsymbol{V}}}{|\hat{\boldsymbol{V}}|} \tag{2.293}$$

で与えられることを考慮すれば，式 (2.292) は

$$\hat{\boldsymbol{n}} = \frac{\hat{\boldsymbol{m}} : \hat{\boldsymbol{n}}}{\sqrt{\hat{\boldsymbol{N}} : \hat{\boldsymbol{m}} : \hat{\boldsymbol{N}}}} = \frac{\hat{\boldsymbol{\tau}}' - \hat{\boldsymbol{X}}}{\bar{\sigma}} \tag{2.294}$$

となる。

つぎに，内部変数の物質時間導関数を考える。内部変数 $q_1 = \bar{\varepsilon}^p$ とすれば，その物質時間導関数は式 (2.295) で与えられる。

$$\dot{q}_1 = \dot{\bar{\varepsilon}}^p = \dot{\lambda} h \tag{2.295}$$

ここで，$h = 1$ である。降伏関数 $f$ の内部変数 $q_1$ による微分は

$$\frac{\partial f}{\partial q_1} = \frac{\partial H(\bar{\varepsilon}^p)}{\partial \bar{\varepsilon}^p} \equiv -H' \tag{2.296}$$

で与えられる。ここで，$H(\bar{\varepsilon}^p)$ に Voce の加工硬化則を仮定すれば，その物質時間導関数は

$$\dot{H}(\dot{\bar{\varepsilon}}^p) = C_Y(Y_{sat} - H)\dot{\lambda} = C_Y(Y_{sat} - H)\dot{\bar{\varepsilon}}^p, \ H(0) = Y_0 \tag{2.297}$$

で与えられる。ここで，$Y_0$ は初期降伏応力，$C_Y$ は等方硬化量の収束の速さ，$Y_{sat}$ は $H$ の収束値を表す。このとき，降伏応力は

$$H(\bar{\varepsilon}^p) = Y_{sat} - (Y_{sat} - Y_0)\exp(-C_Y\bar{\varepsilon}^p) \tag{2.298}$$

で与えられる。したがって，式 (2.296) は式 (2.299) で与えられる。

$$H' = C_Y(Y_{sat} - H) = C_Y(Y_{sat} - Y_0)\exp(-C_Y\bar{\varepsilon}^p) \tag{2.299}$$

つぎに，内部変数 $\boldsymbol{q}_2 = \hat{\boldsymbol{X}}$ とすれば

$$\dot{\boldsymbol{q}}_2 = \dot{\hat{\boldsymbol{X}}} \tag{2.300}$$

で与えられる。ここで，共回転背応力テンソル $\hat{\boldsymbol{X}}$ の物質時間導関数は

$$\dot{\hat{\boldsymbol{X}}} = C_X(X_{sat}\hat{\boldsymbol{n}} - \hat{\boldsymbol{X}})\dot{\lambda} = C_X(X_{sat}\hat{\boldsymbol{n}} - \hat{\boldsymbol{X}})\dot{\bar{\varepsilon}}^p, \quad \boldsymbol{X}(0) = X_0 \tag{2.301}$$

で定義されるとする。ここで，$X_0$ は初期背応力，$C_X$ は等方硬化量の収束の速さ，$X_{sat}$ は $\boldsymbol{X}$ の収束値を表す。降伏関数 $f$ の内部変数 $\boldsymbol{q}_2$ による微分は，式 (2.302) で与えられる。

$$\frac{\partial f}{\partial \boldsymbol{q}_2} = \frac{\partial \bar{\sigma}}{\partial \hat{\boldsymbol{X}}} = \frac{\partial\sqrt{(\hat{\boldsymbol{\tau}}' - \hat{\boldsymbol{X}}) : \hat{\boldsymbol{M}} : (\hat{\boldsymbol{\tau}}' - \hat{\boldsymbol{X}})}}{\partial \hat{\boldsymbol{X}}} \equiv -\hat{\boldsymbol{V}} \tag{2.302}$$

等方性材料の構成式と同様に，$\dot{\lambda}$ について解くと

$$\dot{\lambda} = \frac{\hat{\boldsymbol{V}} : \hat{\boldsymbol{C}}^e : \hat{\boldsymbol{D}}}{H' + C_X(X_{sat} - \hat{\boldsymbol{V}} : \hat{\boldsymbol{X}}) + \hat{\boldsymbol{V}} : \hat{\boldsymbol{C}}^e : \hat{\boldsymbol{V}}} \tag{2.303}$$

を得る。これを式 (2.234) に代入し，その結果を式 (2.232) に代入すると，最終的にバウシンガー効果を考慮した弾塑性構成式は

$$\begin{aligned}\dot{\boldsymbol{\tau}} &= \hat{\boldsymbol{C}}^e : \left(\hat{\boldsymbol{D}} - \frac{\hat{\boldsymbol{V}} : \hat{\boldsymbol{C}}^e : \hat{\boldsymbol{D}}}{H' + C_X(X_{sat} - \hat{\boldsymbol{V}} : \hat{\boldsymbol{X}}) + \hat{\boldsymbol{V}} : \hat{\boldsymbol{C}}^e : \hat{\boldsymbol{V}}}\hat{\boldsymbol{V}}\right) \\ &= \left(\hat{\boldsymbol{C}}^e - \frac{(\hat{\boldsymbol{C}}^e : \hat{\boldsymbol{V}}) \otimes (\hat{\boldsymbol{C}}^e : \hat{\boldsymbol{V}})}{H' + C_X(X_{sat} - \hat{\boldsymbol{V}} : \hat{\boldsymbol{X}}) + \hat{\boldsymbol{V}} : \hat{\boldsymbol{C}}^e : \hat{\boldsymbol{V}}}\right) : \hat{\boldsymbol{D}} = \hat{\boldsymbol{C}}^{ep} : \hat{\boldsymbol{D}}\end{aligned} \tag{2.304}$$

で与えられる。

$\boldsymbol{D} = \boldsymbol{R}\cdot\widehat{\boldsymbol{D}}\cdot\boldsymbol{R}^T$，$\mathring{\boldsymbol{\tau}}^J = \boldsymbol{R}\cdot\dot{\widehat{\boldsymbol{\tau}}}\cdot\boldsymbol{R}^T$ および $\boldsymbol{X} = \boldsymbol{R}\cdot\widehat{\boldsymbol{X}}\cdot\boldsymbol{R}^T$ の関係を用いて，キルヒホッフ応力の Jaumann 速度とひずみ速度テンソルの関係で表すと

$$\mathring{\boldsymbol{\tau}}^J = \boldsymbol{C}^{ep} : \boldsymbol{D} \tag{2.305}$$

となる。ここで

$$\boldsymbol{C}^{ep} = \boldsymbol{C}^e - \frac{(\boldsymbol{C}^e : \boldsymbol{V})\otimes(\boldsymbol{C}^e : \boldsymbol{V})}{H' + C_X\,(X_{sat} - \boldsymbol{V} : \boldsymbol{X}) + \boldsymbol{V} : \boldsymbol{C}^e : \boldsymbol{V}} \tag{2.306}$$

$$C^{ep}_{ijkl} = R_{im}R_{jn}R_{kp}R_{lq}\widehat{C}^{ep}_{mnpq} \tag{2.307}$$

である。

## 2.6　境界値問題と仮想仕事の原理 [3)~9)]

本節では連続体力学における種々の物理量間の釣合い原理を示す。本書で対象とする板成形の有限変形問題は非線形問題であるため，小さな増分を積み重ねることによって最終的な変形形状を得る増分解析という手法がとられる。そこでまず，釣合い方程式より仮想仕事の原理式の導出し，その後，仮想仕事の原理式を時間方向に離散化し，速度形あるいは増分形の仮想仕事の原理式を導出する。

### 2.6.1　質 量 保 存 則

現配置（時刻 $t = t$）において，任意の物体が占める領域を $V$ とする。このとき，物体の質量 $m$ は式 (2.308) で与えられる。

$$m = \int_V \rho\,(\boldsymbol{x},\,t)dV \tag{2.308}$$

ここで，$\rho\,(\boldsymbol{x},\,t)$ は現配置における質量密度である。**質量保存則**は質量 $m$ が時間に依存せず一定であることを課している。したがって

$$\dot{m} = \int_V (\dot{\rho} + \rho\,\mathrm{div}\,\boldsymbol{v})dV = 0 \tag{2.309}$$

が成立する。ここで，$\boldsymbol{v}$ は物質点の速度ベクトル，$\dot{m}$ は $m$ の物質時間導関数

である。式 (2.309) の導出には Reynolds の輸送定理† を用いた。式 (2.309) は領域内の任意の一部分に対しても成立する。したがって，式 (2.310) の質量保存則の局所形を得る。

$$\dot{\rho} + \rho \,\mathrm{div}\, \boldsymbol{v} = 0, \quad \dot{\rho} + \rho \frac{\partial v_i}{\partial x_i} = 0 \tag{2.310}$$

これは**連続の式**と呼ばれている。

また，質量保存則は基準配置における質量密度 $\rho_0(\boldsymbol{X}, t)$ および物体領域 $V_0$ を用いて，式 (2.311) で表すこともできる。

$$\int_{V_0} \rho_0 dV_0 = \int_V \rho dV = \text{一定} \tag{2.311}$$

式 (2.311) に $dV/dV_0 = J$ の関係を代入して

$$\int_{V_0} (\rho J - \rho_0) dV_0 = 0 \tag{2.312}$$

を得る。式 (2.312) は領域内の任意の一部分に対しても成立するので，その局所形を得る。

$$\rho_0 = \rho J \tag{2.313}$$

式 (2.310) は現配置に対する，式 (2.313) は基準配置に対する質量保存則である。

### 2.6.2 運動量保存則

現配置 $(t = t)$ において，物体力 $\rho \boldsymbol{b}$ および物体表面 $S$ に表面力 $\boldsymbol{t}$ を受ける領域 $V$ を考える。$\boldsymbol{b}$ は単位体積当りの力，$\boldsymbol{t}$ は単位面積当りの力である。このとき，物体全体の荷重の総和 $\boldsymbol{f}(t)$ と運動量 $\boldsymbol{p}(t)$ は，それぞれ式 (2.314)，(2.315) で与えられる。

$$\boldsymbol{f}(t) = \int_V \rho \boldsymbol{b}(\boldsymbol{x}, t) dV + \int_S \boldsymbol{t}(\boldsymbol{x}, t) dS \tag{2.314}$$

---

† オイラー表示された任意の階数のテンソル $\boldsymbol{f}(\boldsymbol{x}, t)$ について，次式が成立する。

$$\dot{\left(\int_V \boldsymbol{f}(\boldsymbol{x}, t) dV\right)} = \int_V (\dot{\boldsymbol{f}} + \boldsymbol{f} \,\mathrm{div}\, \boldsymbol{v}) dV$$

$$\boldsymbol{p}(t) = \int_V \rho \boldsymbol{v}(\boldsymbol{x}, t) dV \tag{2.315}$$

ここで，$\rho \boldsymbol{v}$ は単位体積当りの運動量である。

**運動量保存則**はニュートン（Newton）の第二運動法則と等価であり，“運動量の物質時間導関数は荷重の総和に等しくなる”，として式 (2.316)，(2.317) で与えられる。

$$\dot{\boldsymbol{p}} = \boldsymbol{f} \tag{2.316}$$

$$\left(\int_V \rho \boldsymbol{v}(\boldsymbol{x}, t) dV\right)^{\bullet} = \int_V \rho \boldsymbol{b}(\boldsymbol{x}, t) dV + \int_S \boldsymbol{t}(\boldsymbol{x}, t) dS \tag{2.317}$$

式 (2.317) 左辺に Reynolds の輸送定理を適用して

$$\left(\int_V \rho \boldsymbol{v} dV\right)^{\bullet} = \int_V [\rho \dot{\boldsymbol{v}} + \boldsymbol{v}(\dot{\rho} + \rho \operatorname{div} \boldsymbol{v})] dV \tag{2.318}$$

を得る。ここで，式 (2.318) 右辺第 2 項は連続の式と一致する。したがって

$$\left(\int_V \rho \boldsymbol{v} dV\right)^{\bullet} = \int_V \rho \dot{\boldsymbol{v}} dV \tag{2.319}$$

を得る。また，式 (2.317) 右辺第 2 項は，コーシー応力テンソルの定義および発散定理† より

$$\int_S \boldsymbol{t} dS = \int_S \boldsymbol{\sigma}^T \cdot \boldsymbol{n} dS = \int_V \operatorname{div} \boldsymbol{\sigma} dV \tag{2.320}$$

で与えられる。式 (2.319)，(2.320) を式 (2.317) に代入して

$$\int_V (\rho \dot{\boldsymbol{v}} - \rho \boldsymbol{b} - \operatorname{div} \boldsymbol{\sigma}) dV = 0 \tag{2.321}$$

を得る。式 (2.321) は領域内の任意の一部分に対しても成立するので，その局

---

† 微分可能な関数 $f(\boldsymbol{x})$ に対して

$$\int_V \frac{\partial f(\boldsymbol{x})}{\partial x_i} dV = \int_S n_i f(\boldsymbol{x}) dS$$

が成立する。これをガウス（Gauss）の発散定理と呼ぶ。例えば，2 階のテンソル $\boldsymbol{A}$ に対して

$$\int_V \operatorname{div} \boldsymbol{A} dV = \int_V \nabla \cdot \boldsymbol{A} dV = \int_S \boldsymbol{A}^T \cdot \boldsymbol{n} dS$$

が成立する。ここで，$\nabla$ はナブラである。

所形を得る。

$$\rho\dot{\boldsymbol{v}} - \rho\boldsymbol{b} - \mathrm{div}\boldsymbol{\sigma} = \boldsymbol{0} \tag{2.322}$$

これは，**コーシーの第一運動法則**と呼ばれ，現配置に対する運動量保存則を表したものである。

つぎに，基準配置 $(t = t_0)$ において，物体力 $\rho_0\boldsymbol{b}$ および物体表面 $S_0$ に表面力 $\boldsymbol{t}_0$ を受ける物体領域 $V_0$ を考える。このとき，物体全体の荷重の総和 $\boldsymbol{f}(t_0)$ および運動量 $\boldsymbol{p}(t_0)$ は，それぞれ式 (2.323)，(2.324) で与えられる。

$$\boldsymbol{f}(t_0) = \int_{V_0}\rho_0\boldsymbol{b}(\boldsymbol{X}, t)dV_0 + \int_{S_0}\boldsymbol{t}_0(\boldsymbol{X}, t)dS_0 \tag{2.323}$$

$$\boldsymbol{p}(t_0) = \int_{V_0}\rho_0\boldsymbol{v}(\boldsymbol{X}, t)dV_0 \tag{2.324}$$

ニュートンの第二運動法則より，運動量保存則は式 (2.325) で与えられる。

$$\int_{V_0}\rho_0\frac{\partial\boldsymbol{v}(\boldsymbol{X}, t)}{\partial t}dV_0 = \int_{V_0}\rho_0\boldsymbol{b}dV_0 + \int_{S_0}\boldsymbol{t}_0 dS_0 \tag{2.325}$$

式 (2.325) 右辺第 2 項は，公称応力の定義および発散定理より

$$\int_{S_0}\boldsymbol{t}_0 dS_0 = \int_{S_0}\boldsymbol{\Pi}^T\cdot\boldsymbol{N}dS_0 = \int_{V_0}\mathrm{div}\boldsymbol{\Pi}dV_0 \tag{2.326}$$

で与えられる。式 (2.326) を式 (2.325) に代入して，式 (2.327) を得る。

$$\int_{V_0}\left[\rho_0\frac{\partial\boldsymbol{v}(\boldsymbol{X}, t)}{\partial t} - \rho_0\boldsymbol{b} - \mathrm{div}\boldsymbol{\Pi}\right]dV_0 = \int_{V_0}(\rho_0\dot{\boldsymbol{v}} - \rho_0\boldsymbol{b} - \mathrm{div}\boldsymbol{\Pi})dV_0 = 0 \tag{2.327}$$

式 (2.327) は領域内の任意の一部分に対しても成立するので，その局所形を得る。

$$\rho_0\dot{\boldsymbol{v}} - \rho_0\boldsymbol{b} - \mathrm{div}\boldsymbol{\Pi} = \boldsymbol{0} \tag{2.328}$$

これは，基準配置に対する運動量保存則を表したものである。

金属板材のプレス成形は荷重がゆっくりと負荷される準静的な問題と考えることができる。したがって，慣性項（加速度項）を無視できるものとして，運動量保存則はそれぞれ式 (2.329)，(2.330) で与えられる。

$$\rho\boldsymbol{b} + \mathrm{div}\boldsymbol{\sigma} = \boldsymbol{0}, \quad \rho b_i + \frac{\partial\sigma_{ji}}{\partial x_j} = 0 \tag{2.329}$$

$$\rho_0 \boldsymbol{b} + \mathrm{div}\boldsymbol{\Pi} = \boldsymbol{0}, \quad \rho_0 b_i + \frac{\partial \Pi_{ji}}{\partial X_j} = 0 \tag{2.330}$$

式 (2.329), (2.330) は，**静的釣合い方程式**と呼ばれている。

以後，本書では静的な問題についてのみ考えることとする。

### 2.6.3 角運動量保存則

**角運動量保存則**の積分形は，運動量保存則，式 (2.310) の各項に対して位置ベクトル $\boldsymbol{x}$ との外積をとることで得る。このとき，現配置に対する角運動量保存則は式 (2.331) で与えられる。

$$\left(\int_V \boldsymbol{x} \times \rho \boldsymbol{v} dV\right)^{\bullet} = \int_V \boldsymbol{x} \times \rho \boldsymbol{b} dV + \int_S \boldsymbol{x} \times \boldsymbol{t} dS \tag{2.331}$$

式 (2.331) にコーシー応力の定義および発散定理を適用して，式 (2.332) を得る。

$$\int_V \boldsymbol{x} \times \rho \dot{\boldsymbol{v}} dV = \int_V [\boldsymbol{x} \times (\rho \boldsymbol{b} + \mathrm{div}\boldsymbol{\sigma}) + \varepsilon_{ijk}\sigma_{ij}\boldsymbol{e}_k] dV \tag{2.332}$$

ここで，$\varepsilon_{ijk}$ は交代記号，$\boldsymbol{e}_k$ は直交デカルト座標系の基底ベクトルである。さらに，コーシーの第一運動法則より，式 (2.333) が成立する。

$$\int_V \varepsilon_{ijk}\sigma_{ij}\boldsymbol{e}_k dV = \boldsymbol{0} \tag{2.333}$$

式 (2.333) は領域内の任意の一部分についても成立するので，その局所形を得る。

$$\varepsilon_{ijk}\sigma_{ij} = 0 \tag{2.334}$$

式 (2.334) が成立するためには

$$\sigma_{ij} = \sigma_{ji} \tag{2.335}$$

が成立しなければならない。つまり，角運動量保存則はコーシー応力テンソルの対称性

$$\boldsymbol{\sigma} = \boldsymbol{\sigma}^T \tag{2.336}$$

を課している。これは，**コーシーの第二運動法則**と呼ばれている。

一方，基準配置に対する角運動量保存則は，式 (2.336) で与えられるコーシ

一応力テンソルの対称性より導出すれば，公称応力テンソル $\boldsymbol{\Pi}$ を用いて，式 (2.337) で与えられる。

$$\boldsymbol{F}\cdot\boldsymbol{\Pi} = \boldsymbol{\Pi}^T\cdot\boldsymbol{F}^T \tag{2.337}$$

また，第 2 Piola-kirchhoff 応力を用いると

$$\boldsymbol{F}\cdot\boldsymbol{S}\cdot\boldsymbol{F}^T = \boldsymbol{F}\cdot\boldsymbol{S}^T\cdot\boldsymbol{F}^T \tag{2.338}$$

と表すことができる。本書では $\boldsymbol{F}^{-1}$ が存在する変形を仮定しているので，式 (2.339) が成立する。

$$\boldsymbol{S} = \boldsymbol{S}^T \tag{2.339}$$

つまり，基準配置対する角運動量保存則は第 2 Piola-kirchhoff 応力テンソルの対称性を課している。

### 2.6.4　境 界 値 問 題

**図 2.19** に示すような，基準配置において表面 $S_0$，体積 $V_0$，現配置において表面 $S$，体積 $V$ をもつ物体を考える。表面 $S_0(S)$ の一部の領域 $S_{0u}(S_u)$ 上では変位 $\bar{\boldsymbol{u}}$ が規定され，そのほかの領域 $S_{0t}(S_t)$ 上では単位面積当りの表面力 $\bar{\boldsymbol{t}}_0(\bar{\boldsymbol{t}})$ が与えられるとする†。さらに，物体には単位体積当りの物体力 $\boldsymbol{b}$

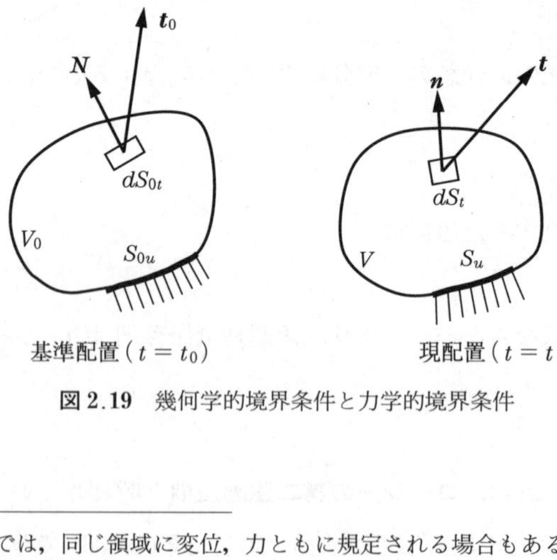


**図 2.19**　幾何学的境界条件と力学的境界条件

† 実際の問題では，同じ領域に変位，力ともに規定される場合もあるが，以下の式展開においては本質的な差はないため，ここでは，$S = S_t + S_u$ とする。

が作用しているとする。規定された変位 $\bar{\boldsymbol{u}}$ は**幾何学的境界条件**，表面力 $\bar{\boldsymbol{t}}_0(\bar{\boldsymbol{t}})$ および物体力 $\boldsymbol{b}$ は**力学的境界条件**と呼ばれている。

基準配置において表面力 $\bar{\boldsymbol{t}}_0$ が作用する面積要素を $\boldsymbol{N}dS_0$ とすれば，幾何学的境界条件，力学的境界条件はそれぞれ

$$\boldsymbol{u} = \bar{\boldsymbol{u}} \qquad (S_{0u}\text{ 上}) \tag{2.340}$$

$$\boldsymbol{\Pi}^T\cdot\boldsymbol{N} = \bar{\boldsymbol{t}}_0 \qquad (S_{0t}\text{ 上}) \tag{2.341}$$

で与えられる。ここで，$\boldsymbol{N}$ は面素 $dS_0$ の外向き法線ベクトルである。同様に，現配置において，表面力 $\bar{\boldsymbol{t}}$ が作用する面積要素を $\boldsymbol{n}dS$ とすれば，幾何学的境界条件，力学的境界条件はそれぞれ

$$\boldsymbol{u} = \bar{\boldsymbol{u}} \qquad (S_u\text{ 上}) \tag{2.342}$$

$$\boldsymbol{\sigma}^T\cdot\boldsymbol{n} = \bar{\boldsymbol{t}} \qquad (S_t\text{ 上}) \tag{2.343}$$

で与えられる。ここで，$\boldsymbol{n}$ は面素 $dS$ の外向き法線ベクトルである。

物体が釣合い状態にあるためには，質量保存則，運動量保存則，角運動量保存則から得られる，① 連続の式，② コーシーの第一運動法則（静的釣合い方程式），③ コーシーの第二運動法則および，④ 応力-ひずみ関係式（構成式），⑤ 変位-ひずみの関係式が満足されなければならない。これら ①～⑤ の方程式に対して，力学的境界条件および幾何学的境界条件を考慮することにより，変位やひずみ，応力などの物体の応答を得る。このような問題は境界値問題と呼ばれている。

### 2.6.5 仮想仕事の原理式

準静的な物体の運動を仮定すれば，基準配置に対する場の支配方程式および境界条件は次式で与えられた。

$\rho_0 = \rho J = \rho\det\boldsymbol{F}$ ：① 連続の式

$\rho_0\boldsymbol{b} + \mathrm{div}\boldsymbol{\Pi} = \boldsymbol{0}$ ：② コーシーの第一運動法則（静的釣合い式）

$\boldsymbol{\Pi}^T\cdot\boldsymbol{F}^T = \boldsymbol{F}\cdot\boldsymbol{\Pi}$ ：③ コーシーの第二運動法則

$\boldsymbol{\Pi}^T\cdot\boldsymbol{N} = \bar{\boldsymbol{t}}_0$ $(S_{0t}$ 上$)$：力学的境界条件

$\boldsymbol{u} = \bar{\boldsymbol{u}}$ $(S_{0u}$ 上$)$：幾何学的境界条件

一方，現配置に対する場の支配方程式および境界条件は

$\dot{\rho} + \rho\,\mathrm{div}\boldsymbol{v} = 0$　　：① 連続の式

$\rho\boldsymbol{b} + \mathrm{div}\boldsymbol{\sigma} = \boldsymbol{0}$　　：② コーシーの第一運動法則（静的釣合い式）

$\boldsymbol{\sigma} = \boldsymbol{\sigma}^T$　　：③ コーシーの第二運動法則

$\boldsymbol{\sigma}^T\cdot\boldsymbol{n} = \bar{\boldsymbol{t}}$　（$S_t$ 上）：力学的境界条件

$\boldsymbol{u} = \bar{\boldsymbol{u}}$　（$S_u$ 上）：幾何学的境界条件

で与えられた。静的釣合い式と力学的境界条件式を満足する応力場を**静力学的可容応力場**と呼ぶ。また，連続の式と幾何学的境界条件式を満足する変位場を**運動学的可容変位場**と呼ぶ。

任意の静力学的可容応力場 $\boldsymbol{\sigma}$，$\boldsymbol{\Pi}$ と運動学的可容変位場 $\boldsymbol{u}$ に対して，幾何学的境界条件式を満足する任意の仮想変位を $\delta\boldsymbol{u}$ とする。つまり，仮想変位 $\delta\boldsymbol{u}$ は変位が規定された表面上で

$$\delta\boldsymbol{u} = \boldsymbol{0} \quad (S_{0u}\text{ 上}) \tag{2.344}$$

$$\delta\boldsymbol{u} = \boldsymbol{0} \quad (S_u\text{ 上}) \tag{2.345}$$

である。このとき，仮想変位 $\delta\boldsymbol{u}$ に対して

$$\int_{V_0}(\mathrm{div}\boldsymbol{\Pi} + \rho_0\boldsymbol{b})\cdot\delta\boldsymbol{u}dV_0 = 0 \tag{2.346}$$

$$\int_V(\mathrm{div}\boldsymbol{\sigma} + \rho\boldsymbol{b})\cdot\delta\boldsymbol{u}dV = 0 \tag{2.347}$$

が成立する。式 (2.346)，(2.347) に発散定理を適用して

$$\int_{V_0}\boldsymbol{\Pi}^T : \frac{\partial\delta\boldsymbol{u}}{\partial\boldsymbol{X}}dV_0 = \int_{S_{0t}}\bar{\boldsymbol{t}}_0\cdot\delta\boldsymbol{u}dS_0 + \int_{V_0}\rho_0\boldsymbol{b}\cdot\delta\boldsymbol{u}dV_0,$$

$$\int_{V_0}\Pi_{ji}\frac{\partial\delta u_i}{\partial X_j}dV_0 = \int_{S_{0t}}\bar{t}_{0i}\delta u_i dS_0 + \int_{V_0}\rho_0 b_i\delta u_i dV_0 \tag{2.348}$$

$$\int_V\boldsymbol{\sigma}^T : \frac{\partial\delta\boldsymbol{u}}{\partial\boldsymbol{x}}dV = \int_{S_t}\bar{\boldsymbol{t}}\cdot\delta\boldsymbol{u}dS + \int_V\rho\boldsymbol{b}\cdot\delta\boldsymbol{u}dV,$$

$$\int_V\sigma_{ji}\frac{\partial\delta u_i}{\partial x_i}dV = \int_{S_t}\bar{t}_i\delta u_i dS + \int_V\rho b_i\delta u_i dV \tag{2.349}$$

を得る。式 (2.348)，(2.349) は**仮想仕事の原理式**と呼ばれている。左辺は仮想変位に対して応力がなす仕事（内部仕事）を，右辺は表面力および物体力が

なす仕事（外部仕事）を表している。また，逆にたどれば，仮想変位 $\delta\boldsymbol{u}$ は任意なので，仮想仕事の原理式から静的釣合い式と力学的境界条件が得られることがわかる。したがって，仮想仕事の原理式と静的釣合い式（コーシーの第一運動法則）および力学的境界条件は等価である。ただし，仮想仕事の原理式は構成式を用いることなく導出されるので，構成式とは独立に成立することになる。

また，境界条件が速度形で与えられる場合についても，境界値問題および速度形仮想仕事の原理式を考えることができる。ここでは，基準配置における境界値問題のみを示す。釣合い方程式および境界条件式に対して物質時間導関数をとると，基準配置における境界値問題は

$$\rho_0 \dot{\boldsymbol{b}} + \mathrm{div}\dot{\boldsymbol{\Pi}} = \boldsymbol{0} \tag{2.350}$$

$$\dot{\boldsymbol{\Pi}}^T \cdot \boldsymbol{N} = \dot{\bar{\boldsymbol{t}}}_0 \qquad (S_{0t}\ \text{上}) \tag{2.351}$$

$$\boldsymbol{v} = \bar{\boldsymbol{v}} \qquad (S_{0u}\ \text{上}) \tag{2.352}$$

で与えられる。ここで，$\dot{\bar{\boldsymbol{t}}}_0 = d\dot{\boldsymbol{f}}/dS_0$ である。式 (2.350)～(2.352) についても力学的可容応力速度場および幾何学的可容速度場を考えることができる。任意の力学的可容応力速度場 $\dot{\boldsymbol{\Pi}}$ と運動学的可容速度場 $\boldsymbol{v}$ に対して，幾何学的条件式を満足する任意の仮想速度場を $\delta\boldsymbol{v}$ とすれば

$$\int_{V_0} (\mathrm{div}\dot{\boldsymbol{\Pi}} + \rho_0 \boldsymbol{b}) \cdot \delta\boldsymbol{v} dV_0 = 0 \tag{2.353}$$

が成立し，式 (2.354) の速度形仮想仕事の原理式を得る。

$$\int_{V_0} \dot{\boldsymbol{\Pi}}^T : \frac{\partial \delta\boldsymbol{v}}{\partial \boldsymbol{X}} dV_0 = \int_{S_{0t}} \dot{\bar{\boldsymbol{t}}} \cdot \delta\boldsymbol{v} dS_0 + \int_{V_0} \rho_0 \dot{\boldsymbol{b}} \cdot \delta\boldsymbol{v} dV_0,$$

$$\int_{V_0} \dot{\Pi}_{ji} \frac{\partial \delta v_i}{\partial X_j} dV_0 = \int_{S_{0t}} \dot{\bar{t}}_{0i} \delta v_i dS_0 + \int_{V_0} \rho_0 \dot{b}_i \delta v_i dV_0 \tag{2.354}$$

### 2.6.6　仮想仕事式の増分分解

先に述べたように，板成形の有限変形問題は高度な非線形問題である。これは，弾塑性材料を扱うために応力-ひずみ関係が弾性領域と塑性領域で異なり，さらに，塑性域において材料の応答が非線形に変化するという材料非線形性，

また，工具との接触状態が時々刻々と変化するという接触非線形性，さらに，力の釣合いを厳密に変形後の未知状態において考えなければならないという幾何学的非線形性が存在することになる。

これら高度な非線形問題を解くため，小さな増分を積み重ねる増分解析という手法がとられる。これは，**図 2.20** に示すように，ある基準時刻における諸量が既知であり，時刻 $\Delta t$ 後，すなわち時刻 $t + \Delta t$ の未知状態を求めるという問題を考えることになる。ここで，時刻 $t + \Delta t$ の未知状態について，仮想仕事の原理式を記述する必要がある。このとき，時刻 $t_0 = 0$ を基準時刻とみなして定式化を行う手法を **total Lagrange 形式の定式化**と呼ぶ。一方，基準時刻を $t_0 = t$ の現配置として定式化を行う手法を **updated Lagrange 形式の定式化**と呼ぶ。板材の弾塑性問題では構成式の形を考慮して，updated Lagrange 形式の定式化が使われることが多い。本書では updated Lagrange 形式の定式化のみを示す。

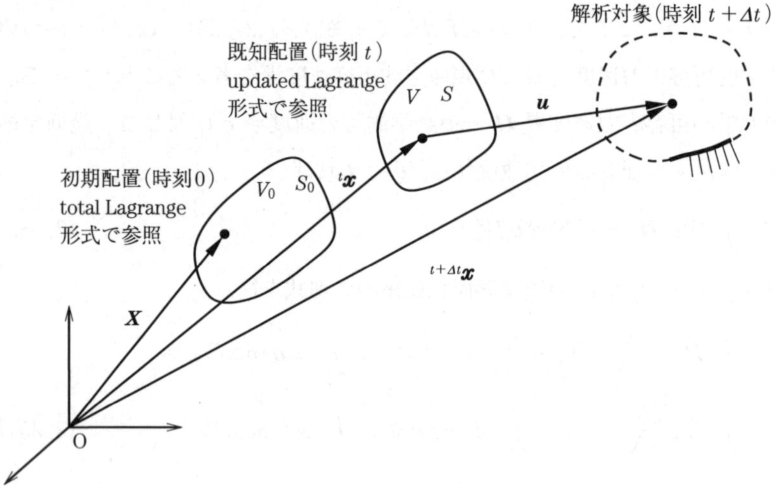


**図 2.20**　物体の運動と参照配置

updated Lagrange 形式の定式化では，各変形段階の現配置を基準配置と考える。したがって，この時刻における位置ベクトルは

$$\boldsymbol{x} = \boldsymbol{X} \tag{2.355}$$

で与えられる。変形こう配テンソル $\boldsymbol{F}$ の基準配置も現配置に更新され

$$\boldsymbol{F} = \boldsymbol{I} \tag{2.356}$$

$$J = \det\boldsymbol{F} = 1 \tag{2.357}$$

が成立する。さらに，各種応力の関係は

$$\boldsymbol{\tau} = J\boldsymbol{\sigma} = \boldsymbol{F}\cdot\boldsymbol{\Pi} = \boldsymbol{F}\cdot\boldsymbol{S}\cdot\boldsymbol{F}^T \tag{2.358}$$

で与えられるので，基準配置を更新した瞬間には

$$\boldsymbol{\tau} = \boldsymbol{\sigma} = \boldsymbol{\Pi} = \boldsymbol{S} \tag{2.359}$$

が成立する。

さて，基準配置に対する速度形仮想仕事の原理式 (2.354) は，update Lagrange 形式，$V_0 \to V$，$S_0 \to S$，$S_{0t} \to S_t$ を考慮して

$$\int_V \dot{\boldsymbol{\Pi}}^T : \frac{\partial\delta\boldsymbol{v}}{\partial\boldsymbol{x}}\,dV = \int_{S_t} \dot{\boldsymbol{t}}\cdot\delta\boldsymbol{v}dS + \int_V \rho\dot{\boldsymbol{b}}\cdot\delta\boldsymbol{v}dV,$$

$$\int_V \dot{\Pi}_{ji}\frac{\partial\delta v_i}{\partial x_j}dV = \int_{S_t} \dot{t}_i\delta v_i dS + \int_V \rho\dot{b}_i\delta v_i dV \tag{2.360}$$

と書き換えられる。ただし，仮想変位速度 $\delta\boldsymbol{v}$ は幾何学的境界条件を満足する任意のものである。

ここで，仮想速度 $\delta\boldsymbol{v}$ による速度こう配の変化 $\delta\boldsymbol{L}$ を

$$\delta\boldsymbol{L} = \frac{\partial\delta\boldsymbol{v}}{\partial\boldsymbol{x}} \tag{2.361}$$

により定義できるとすれば，式 (2.360) は式 (2.362) で表すことができる。

$$\int_V \dot{\boldsymbol{\Pi}}^T : \delta\boldsymbol{L}dV = \int_{S_t} \dot{\boldsymbol{t}}\cdot\delta\boldsymbol{v}dS + \int_V \rho\dot{\boldsymbol{b}}\cdot\delta\boldsymbol{v}dV,$$

$$\int_V \dot{\Pi}_{ji}\delta L_{ij}dV = \int_{S_t} \dot{t}_i\delta v_i dS + \int_V \rho\dot{b}_i\delta v_i dV \tag{2.362}$$

つぎに，弾塑性構成式がキルヒホッフ応力テンソル $\boldsymbol{\tau}$ の Jaumann 速度 $\overset{\circ}{\boldsymbol{\tau}}{}^J$ で与えられることを考慮して，公称応力速度 $\dot{\boldsymbol{\Pi}}$ と $\overset{\circ}{\boldsymbol{\tau}}{}^J$ の関係を考える。公称応力テンソルとキルヒホッフ応力テンソルの時間導関数の関係は式 (2.363) で与えられる。

$$\dot{\boldsymbol{\tau}} = \boldsymbol{F}\cdot\dot{\boldsymbol{\Pi}} + \dot{\boldsymbol{F}}\cdot\boldsymbol{\Pi} \tag{2.363}$$

updated Lagrange 形式をとるとき，式 (2.356) の関係より

$$\boldsymbol{L} = \dot{\boldsymbol{F}}\cdot\boldsymbol{F}^{-1} = \dot{\boldsymbol{F}} \tag{2.364}$$

が成立する。式 (2.356)，(2.364) を式 (2.363) に代入して

$$\dot{\boldsymbol{\tau}} = \dot{\boldsymbol{\Pi}} + \boldsymbol{L}\cdot\boldsymbol{\sigma} \tag{2.365}$$

を得る。また，キルヒホッフ応力テンソル $\mathring{\boldsymbol{\tau}}$ の Jaumann 速度 $\mathring{\boldsymbol{\tau}}^J$ は

$$\mathring{\boldsymbol{\tau}}^J = \dot{\boldsymbol{\tau}} - \boldsymbol{W}\cdot\boldsymbol{\sigma} - \boldsymbol{\sigma}\cdot\boldsymbol{W}^T = \dot{\boldsymbol{\tau}} - \boldsymbol{L}\cdot\boldsymbol{\sigma} + \boldsymbol{D}\cdot\boldsymbol{\sigma} - \boldsymbol{\sigma}\cdot\boldsymbol{L}^T + \boldsymbol{\sigma}\cdot\boldsymbol{D} \tag{2.366}$$

で与えられる。式 (2.366) を式 (2.365) に代入して，公称応力速度 $\dot{\boldsymbol{\Pi}}$ とキルヒホッフ応力テンソル $\tau$ の Jaumann 速度 $\mathring{\boldsymbol{\tau}}^J$ の関係は

$$\dot{\boldsymbol{\Pi}} = \mathring{\boldsymbol{\tau}}^J - \boldsymbol{D}\cdot\boldsymbol{\sigma} - \boldsymbol{\sigma}\cdot\boldsymbol{D} + \boldsymbol{\sigma}\cdot\boldsymbol{L}^T \tag{2.367}$$

で与えられる。

式 (2.367) を式 (2.366) に代入すると，updated Lagrange 形式の速度形仮想仕事の原理式 (2.368) を得る。

$$\int_V (\mathring{\boldsymbol{\tau}}^J - \boldsymbol{D}\cdot\boldsymbol{\sigma} - \boldsymbol{\sigma}\cdot\boldsymbol{D} + \boldsymbol{\sigma}\cdot\boldsymbol{L}^T)^T : \delta\boldsymbol{L}dV = \int_{S_t} \dot{\bar{\boldsymbol{t}}}\cdot\delta\boldsymbol{v}dS + \int_V \rho\dot{\boldsymbol{b}}\cdot\delta\boldsymbol{v}dV \tag{2.368}$$

テンソル $\boldsymbol{\tau}$，$\boldsymbol{\sigma}$ および $\boldsymbol{D}$ の対称性を用いて整理し，成分表示すれば

$$\int_V \{(\mathring{\tau}^J_{ij} - 2\,\sigma_{ik}D_{kj})\delta D_{ij} + \sigma_{jk}L_{ik}\delta L_{ij}\}dV = \int_{S_t} \dot{\bar{t}}_i\delta v_i dS + \int_V \rho\dot{b}_i\delta v_i dV \tag{2.369}$$

で与えられる。

同様の結果は，時刻 $t + \Delta t$ と時刻 $t$ における仮想仕事の原理式の差をとる手法によっても導くことができる。いま，時刻 $t$ における解は既知とし，時刻 $t + \Delta t$ おける解を考えることにする。時刻 $t + \Delta t$ において満たすべき方程式は，式 (2.348) を参照して

$$\int_{V_0} {}^{t+\Delta t}\boldsymbol{\Pi}^T : \frac{\partial\delta\boldsymbol{u}}{\partial\boldsymbol{X}}dV_0 = \int_{S_{0t}} {}^{t+\Delta t}\bar{\boldsymbol{t}}_0\cdot\delta\boldsymbol{u}dS_0 + \int_{V_0}\rho_0{}^{t+\Delta t}\boldsymbol{b}\cdot\delta\boldsymbol{u}dV_0,$$

$$\int_{V_0} {}^{t+\Delta t}\Pi_{ji}\frac{\partial\delta u_i}{\partial X_j}dV_0 = \int_{S_{0t}} {}^{t+\Delta t}\bar{t}_{0i}\delta u_i dS_0 + \int_{V_0}\rho_0{}^{t+\Delta t}b_i\delta u_i dV_0 \tag{2.370}$$

で与えられる。時刻 $t + \Delta t$ における諸量がそれぞれ，${}^{t+\Delta t}\boldsymbol{\Pi} = {}^{t}\boldsymbol{\Pi} + \Delta\boldsymbol{\Pi}$，${}^{t+\Delta t}\bar{\boldsymbol{t}} = {}^{t}\bar{\boldsymbol{t}} + \Delta\bar{\boldsymbol{t}}$ および ${}^{t+\Delta t}\boldsymbol{b} = {}^{t}\boldsymbol{b} + \Delta\boldsymbol{b}$ で与えられるとすれば，式 (2.370) は

$$\int_{V_0}({}^{t}\boldsymbol{\Pi} + \Delta\boldsymbol{\Pi}):\frac{\partial\delta\boldsymbol{u}}{\partial\boldsymbol{X}}\,dV_0 = \int_{S_{0t}}({}^{t}\bar{\boldsymbol{t}} + \Delta\bar{\boldsymbol{t}})\cdot\delta\boldsymbol{u}dS_0 + \int_{V_0}\rho_0({}^{t}\boldsymbol{b} + \Delta\boldsymbol{b})\cdot\delta\boldsymbol{u}dV_0 \tag{2.371}$$

と書ける。もちろん時刻 $t$ においても式 (2.348) は成立するため

$$\int_{V_0}{}^{t}\boldsymbol{\Pi}^{T}:\frac{\partial\delta\boldsymbol{u}}{\partial\boldsymbol{X}}\,dV_0 = \int_{S_{0t}}{}^{t}\dot{\bar{\boldsymbol{t}}}\cdot\delta\boldsymbol{u}dS_0 + \int_{V_0}\rho_0{}^{t}\boldsymbol{b}\cdot\delta\boldsymbol{u}dV_0 \tag{2.372}$$

を得る。式 (2.371) から式 (2.372) を差し引いて

$$\int_{V_0}\Delta\boldsymbol{\Pi}^{T}:\frac{\partial\delta\boldsymbol{u}}{\partial\boldsymbol{X}}\,dV_0 = \int_{S_{0t}}\Delta\bar{\boldsymbol{t}}_0\cdot\delta\boldsymbol{u}dS_0 + \int_{V_0}\rho_0\Delta\boldsymbol{b}\cdot\delta\boldsymbol{u}dV_0,$$

$$\int_{V_0}\Delta\Pi_{ji}\frac{\partial\delta u_i}{\partial X_j}\,dV_0 = \int_{S_{0t}}\Delta\bar{t}_{0i}\delta u_i dS_0 + \int_{V_0}\rho_0\Delta b_i\delta u_i dV_0 \tag{2.373}$$

を得る。updated Lagrange 形式の定式化では現配置を基準配置として更新するので，$V_0\to V$，$S_0\to S$，$S_{0t}\to S_t$，$\rho_0\to\rho$，$\bar{\boldsymbol{t}}_0\to\bar{\boldsymbol{t}}$，$\boldsymbol{X}\to\boldsymbol{x}$ を考慮すれば，式 (2.373) は速度形仮想仕事の原理式 (2.362) を増分形に書き換えた形にほかならない。

さて，ここで式 (2.371) に戻り，updated Lagrange 形式の定式化を考慮し，左辺の積分内の初期応力項を移行すると

$$\int_{V}\Delta\boldsymbol{\Pi}^{T}:\frac{\partial\delta\boldsymbol{u}}{\partial\boldsymbol{x}}\,dV = \int_{S_t}({}^{t}\bar{\boldsymbol{t}} + \Delta\bar{\boldsymbol{t}})\cdot\delta\boldsymbol{u}dS + \int_{V}\rho({}^{t}\boldsymbol{b} + \Delta\boldsymbol{b})\cdot\delta\boldsymbol{u}dV - \int_{V}{}^{t}\boldsymbol{\Pi}^{T}:\frac{\partial\delta\boldsymbol{u}}{\partial\boldsymbol{x}}\,dV \tag{2.374}$$

と書ける。また，公称応力増分 $\Delta\boldsymbol{\Pi}$ とキルヒホッフ応力の Jaumann 応力増分 $\Delta\mathring{\boldsymbol{\tau}}$ との関係が

$$\Delta\boldsymbol{\Pi} = \Delta\mathring{\boldsymbol{\tau}} - \Delta\boldsymbol{d}\cdot\boldsymbol{\sigma} - \boldsymbol{\sigma}\cdot\Delta\boldsymbol{d} + \boldsymbol{\sigma}\cdot\Delta\boldsymbol{l}^{T} \tag{2.375}$$

で与えられるとする。ここで

$$\Delta\boldsymbol{l} = \boldsymbol{L}\Delta t = \frac{\partial\boldsymbol{v}}{\partial\boldsymbol{x}}\Delta t = \frac{\partial\Delta\boldsymbol{u}}{\partial\boldsymbol{x}} \tag{2.376}$$

$$\Delta \boldsymbol{d} = \frac{1}{2}(\Delta \boldsymbol{l} + \Delta \boldsymbol{l}^T) = \frac{1}{2}\left\{\frac{\partial \Delta \boldsymbol{u}}{\partial \boldsymbol{x}} + \left(\frac{\partial \Delta \boldsymbol{u}}{\partial \boldsymbol{x}}\right)^T\right\} \tag{2.377}$$

である。

式 (2.375) を式 (2.374) に代入すると，updated Lagrange 形式の増分形仮想仕事の原理式は

$$\begin{aligned}
&\int_V (\Delta \mathring{\boldsymbol{\tau}}^J : \Delta \boldsymbol{d} \cdot \boldsymbol{\sigma} - \boldsymbol{\sigma} \cdot \Delta \boldsymbol{d} + \boldsymbol{\sigma} \cdot \Delta \boldsymbol{l}^T)^T : \delta \boldsymbol{l} dV \\
&= \int_{S_t} \Delta \bar{\boldsymbol{t}} \cdot \delta \boldsymbol{u} dS + \int_V \rho \Delta \boldsymbol{b} \cdot \delta \boldsymbol{u} dV + \int_{S_t} {}^t\bar{\boldsymbol{t}} \cdot \delta \boldsymbol{u} dS + \int_{V_0} \rho^t \boldsymbol{b} \cdot \delta \boldsymbol{u} dV \\
&\quad - \int_V {}^t\boldsymbol{\sigma}^T : \delta \boldsymbol{l} dV
\end{aligned} \tag{2.378}$$

で与えられる。ただし，式 (2.378) の導出には ${}^t\boldsymbol{\Pi} = {}^t\boldsymbol{\sigma}$ の関係を用いた。テンソル $\boldsymbol{\tau}$，$\boldsymbol{\sigma}$ および $\boldsymbol{D}$ の対称性を用いて整理して，成分表示すれば

$$\begin{aligned}
&\int_V \{(\Delta \mathring{\tau}^J_{ij} - 2\sigma_{ik} \Delta d_{kj}) \delta d_{ij} + \sigma_{jk} \Delta l_{ik} \delta l_{ij}\} dV \\
&= \int_{S_t} \Delta \bar{t} \delta u_i dS + \int_V \rho \Delta b_i \delta u_i dV + \int_{S_t} {}^t\bar{t}_i \delta u_i dS + \int_V \rho^t b_i \delta u_i dV - \int_V {}^t\sigma_{ji} \delta l_{ij} dV \\
&= \int_{S_t} {}^{t+\Delta t}\bar{t}_i \delta u_i dS + \int_V \rho^{t+\Delta t} b_i \delta u_i dV - \int_V {}^t\sigma_{ji} \delta l_{ij} dV
\end{aligned} \tag{2.379}$$

で与えられる。

式 (2.369) あるいは式 (2.379) で与えられる updated Lagrange 形式の仮想仕事の原理式を有限要素により離散化することで，最終的な有限要素剛性方程式を得る（4 章参照）。

# 3. 有　限　要　素

有限要素法（FEM）では三次元の物体を有限要素の集合体として近似する（**図 3.1**）。有限要素は要素境界の節点でたがいにつながっており，要素内部の位置や変位は有限要素節点における位置や変位の関数として記述される。ここでは板成形の FEM 解析において広く使われている**アイソパラメトリック要素**（isoparametric element）について概説する。

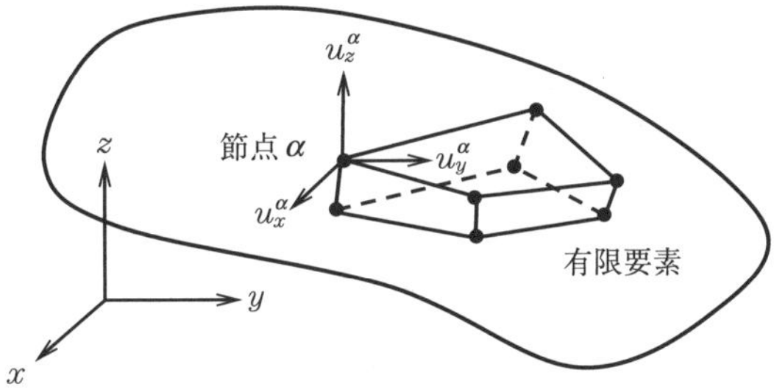


**図 3.1**　三次元物体の有限要素による近似

## 3.1　アイソパラメトリック要素[1)~6)]

**図 3.2** に示すように，有限要素内部の位置が自然座標系（$\xi\eta\zeta$ 座標系：$-1 \leqq \xi \leqq 1$，$-1 \leqq \eta \leqq 1$，$-1 \leqq \zeta \leqq 1$）の座標値 $(\xi, \eta, \zeta)$ で与えられるとする。このとき，要素内部の任意の点 $(\xi, \eta, \zeta)$ の直交デカルト座標（全体座標系：$xyz$ 座標系）は式 (3.1) で与えられる。

$$\boldsymbol{x}(\xi, \eta, \zeta) = \sum_{\alpha=1}^{n} N^\alpha(\xi, \eta, \zeta)\boldsymbol{x}^\alpha \tag{3.1}$$

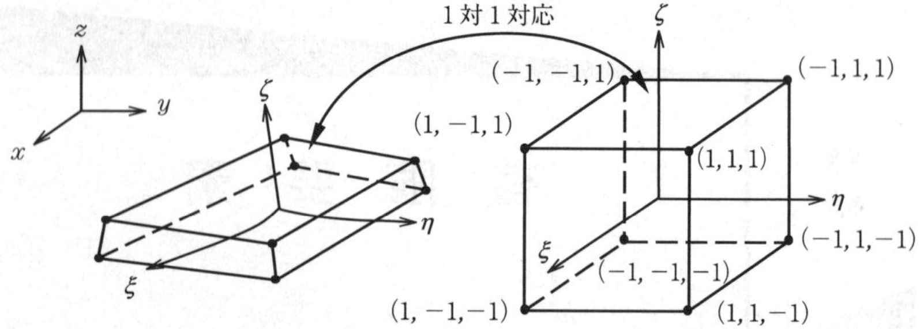


（a）　全体座標系　　　（b）　自然座標系

**図 3.2**　8 節点ソリッド要素の全体座標と自然座標

ここで，$\boldsymbol{x}^\alpha$ は節点 $\alpha$ の位置ベクトル，$n$ は要素一つの節点数を表す。$N^\alpha$ は**内挿関数**（interpolation function）あるいは**形状関数**と呼ばれている。同様に，要素内の任意の点 $(\xi, \eta, \zeta)$ の変位場 $\boldsymbol{u}$ は式 (3.2) で与えられる。

$$\boldsymbol{u}(\xi, \eta, \zeta) = \sum_{\alpha=1}^{n} N^\alpha(\xi, \eta, \zeta)\boldsymbol{u}^\alpha \tag{3.2}$$

ここで，$\boldsymbol{u}^\alpha$ は節点 $\alpha$ の変位ベクトルである。

式 (3.2) のように要素内の物理量の内挿に，節点座標の内挿関数式 (3.1) と同じ関数を用いる要素を**アイソパラメトリック要素**と呼ぶ。アイソパラメトリック要素は適合条件と完全性を満足し†，有限要素定式が容易であるため FEM 解析で広く使われている。

## 3.2 ソリッド要素 1)~6)

### 3.2.1 アイソパラメトリックソリッド要素

ここでは，二次元 4 節点平面要素および三次元 8 節点ソリッド要素（図 3.2

† 一般に有限要素を細かくしたときに，有限要素解が正解に収束するかは，適切な形状関数 $N^\alpha$ が選択されているかどうかに依存する。有限要素解が収束する条件として，形状関数には**適合条件**（compatibility）と**完全性**（completeness）が要求される。適合条件は要素の境界において，隣り合う要素の座標および変位が一致すること，すなわち要素境界で関数が連続であること，また，完全性とは物理的な意味において，剛体変位モードあるいは一定ひずみ状態を表すことができるということを課している。

参照）について述べる。ソリッド要素内部の位置ベクトルは式（3.3）で与えられる。

$$\boldsymbol{x} = N^{\alpha}\boldsymbol{x}^{\alpha} \tag{3.3}$$

ただし，$\alpha$ について要素一つの節点数分の総和規約を適用する。

形状関数 $N^{\alpha}$ は二次元 4 節点平面要素では

$$N^{\alpha} = \frac{1}{4}(1 + \xi\xi^{\alpha})(1 + \eta\eta^{\alpha}) \quad (\alpha=1\sim 4) \tag{3.4}$$

で与えられ，三次元 8 節点ソリッド要素では

$$N^{\alpha} = \frac{1}{8}(1 + \xi\xi^{\alpha})(1 + \eta\eta^{\alpha})(1 + \zeta\zeta^{\alpha}) \quad (\alpha=1\sim 8) \tag{3.5}$$

で与えられる。ここで，$(\xi^{\alpha}, \eta^{\alpha}, \zeta^{\alpha})$ は節点 $\alpha$ の自然座標である。アイソパラメトリック要素の変位場 $\boldsymbol{u}$ は式（3.3）と同じ形状関数を用いて

$$\boldsymbol{u} = N^{\alpha}\boldsymbol{u}^{\alpha} \tag{3.6}$$

で与えられる。

式（3.6）の物質時間導関数は速度場 $\boldsymbol{v}$ を表し，式（3.7）で与えられる。

$$\dot{\boldsymbol{u}} \equiv \boldsymbol{v} = N^{\alpha}\boldsymbol{v}^{\alpha} \tag{3.7}$$

で与えられる。ここで，$\boldsymbol{v}^{\alpha}$ は節点 $\alpha$ の速度ベクトルである。

つぎに，ひずみ速度と変位速度の関係を考える。速度こう配テンソルの成分 $L_{ij}$ は速度場の物質微分として式（3.8）で与えられる。

$$L_{ij} = \frac{\partial v_i}{\partial x_j} = \frac{\partial N^{\alpha}}{\partial x_j} v_i^{\alpha} = N^{\alpha}_{,j} v_i^{\alpha} \tag{3.8}$$

ここで，$N^{\alpha}_{,j} \equiv \partial N^{\alpha}/\partial x_j$ である。

形状関数 $N^{\alpha}$ は自然座標の関数であるため，自然座標による微分と全体座標による微分の関係を明らかにしておく必要がある。形状関数の微分 $N^{\alpha}_{,j}$ は，微分の連鎖則を用いて式（3.9）で与えられる。

$$N^{\alpha}_{,j} \equiv \frac{\partial N^{\alpha}}{\partial x_j} = \frac{\partial N^{\alpha}}{\partial \xi_k}\frac{\partial \xi_k}{\partial x_j} \tag{3.9}$$

いま，自然座標による微分が式（3.10）で与えられるとする。

$$\begin{Bmatrix} \dfrac{\partial}{\partial \xi} \\ \dfrac{\partial}{\partial \eta} \\ \dfrac{\partial}{\partial \zeta} \end{Bmatrix} = \begin{bmatrix} \dfrac{\partial x}{\partial \xi} & \dfrac{\partial y}{\partial \xi} & \dfrac{\partial z}{\partial \xi} \\ \dfrac{\partial x}{\partial \eta} & \dfrac{\partial y}{\partial \eta} & \dfrac{\partial z}{\partial \eta} \\ \dfrac{\partial x}{\partial \zeta} & \dfrac{\partial y}{\partial \zeta} & \dfrac{\partial z}{\partial \zeta} \end{bmatrix} \begin{Bmatrix} \dfrac{\partial}{\partial x} \\ \dfrac{\partial}{\partial y} \\ \dfrac{\partial}{\partial z} \end{Bmatrix},$$

$$\left\{ \frac{\partial}{\partial \xi} \right\} = [J] \left\{ \frac{\partial}{\partial x} \right\}, \quad \frac{\partial}{\partial \xi_j} = J_{ij} \frac{\partial}{\partial x_i} \tag{3.10}$$

ここで，$J_{ij}$ および $[J]$ はそれぞれヤコビアンおよびヤコビアンマトリックスである。ヤコビアンマトリックスの逆マトリックス $[J]^{-1}$ の存在を仮定すると，全体座標による微分は式 (3.11) で与えられる。

$$\left\{ \frac{\partial}{\partial x} \right\} = [J]^{-1} \left\{ \frac{\partial}{\partial \xi} \right\}, \quad \frac{\partial}{\partial x_i} = J_{ij}^{-1} \frac{\partial}{\partial \xi_j} \tag{3.11}$$

ただし，ヤコビアンマトリックスの逆マトリックスが存在するのは自然座標と全体座標が 1 対 1 で対応するときである。式 (3.11) を式 (3.8) に適用すると，速度こう配テンソルの成分 $L_{ij}$ は

$$L_{ij} = \frac{\partial N^\alpha}{\partial x_j} v_i^\alpha = J_{jk}^{-1} \frac{\partial N^\alpha}{\partial \xi_k} v_i^\alpha \tag{3.12}$$

となる。また，ひずみ速度テンソルの成分 $D_{ij}$ は

$$D_{ij} = \frac{1}{2}(L_{ij} + L_{ji}) = \frac{1}{2}\left( J_{jk}^{-1} \frac{\partial N^\alpha}{\partial \xi_k} \delta_{im} + J_{jk}^{-1} \frac{\partial N^\alpha}{\partial \xi_k} \delta_{jm} \right) v_m^\alpha \tag{3.13}$$

で与えられる。

式 (3.12) あるいは式 (3.13) を仮想仕事の原理式に代入し，応力速度-ひずみ速度の関係（構成式）を考慮すれば，有限要素離散化方程式を得る（4 章参照）。

### 3.2.2 数 値 積 分 法

仮想仕事の原理式は体積積分の形で表される。式 (3.12)，(3.13) に示したように，変位速度-ひずみ速度の関係は自然座標の関数として与えられる。したがって，有限要素方程式，例えば剛性マトリックスや荷重ベクトルについて

も自然座標の関数として与えられる。つまり，体積積分は自然座標の領域で行われることになる。

自然座標における積分と全体座標における積分の関係は次式で与えられる。二次元平面要素であれば

$$\iint f(x, y)dxdy = \int_{-1}^{-1}\int_{-1}^{-1} u(x(\xi, \eta), y(\xi, \eta)) \det[J]\, d\xi d\eta \quad (3.14)$$

となり，三次元ソリッド要素であれば

$$\iiint f(x, y, z)dxdydz$$
$$= \int_{-1}^{1}\int_{-1}^{1}\int_{-1}^{1} u(x(\xi, \eta, \zeta), y(\xi, \eta, \zeta), z(\xi, \eta, \zeta)) \det[J]\, d\xi d\eta d\zeta \quad (3.15)$$

で与えられる。

要素形状が複雑になると解析的に積分をすることは困難であるため，一般に有限要素法では数値積分を用いて近似的に要素積分を行う。式 (3.14) あるいは式 (3.15) の領域積分に対して，以下に示す**ガウスの数値積分**が一般的に使われている。

関数 $f(\xi)$ について，領域 $-1 \leqq \xi \leqq 1$ における積分を式 (3.16) により近似する。

$$\int_{-1}^{1} f(\xi)d\xi \cong \sum_{i=1}^{N} f(\xi_i)\omega_i \quad (3.16)$$

ここで，$N$ は被積分関数 $f(\xi)$ の積分点の数，$\xi_i$，$\omega_i$ は積分点の座標および重みである。

積分点の数 $N$ とその位置 $\xi_i$，重み $\omega_i$ は関数 $f(\xi)$ の次数によって定まり，関数 $f(\xi)$ は $(2N-1)$ 次の多項式により近似することになる。これを二次元，三次元へ拡張すれば式 (3.17)，(3.18) の領域積分が成立する。

$$\int_{-1}^{1}\int_{-1}^{1} f(\xi, \eta)d\xi d\eta \cong \sum_{i=1}^{N_1}\sum_{j=1}^{N_2} f(\xi_i, \eta_j)\omega_i\omega_j \quad (3.17)$$

$$\int_{-1}^{1}\int_{-1}^{1}\int_{-1}^{1} f(\xi, \eta, \zeta)\, d\xi d\eta d\zeta \cong \sum_{i=1}^{N_1}\sum_{j=1}^{N_2}\sum_{k=1}^{N_3} f(\xi_i, \eta_j, \zeta_k)\, \omega_i\omega_j\omega_k \quad (3.18)$$

ここで，$N_1$，$N_2$，$N_3$ は $\xi$，$\eta$，$\zeta$ 各方向の積分点数である。

要素剛性方程式の計算に使われる要素応力，速度こう配およびひずみ速度テンソルなどはすべて積分点で評価される。本章で示す要素では剛性マトリックスは自然座標各方向 $\xi$，$\eta$，$\zeta$ に対して二次の関数で与えられるため，各方向2点，計8点の積分点をとれば十分である（**図 3.3**）。このような積分は**完全積分**（full integration）と呼ばれている。

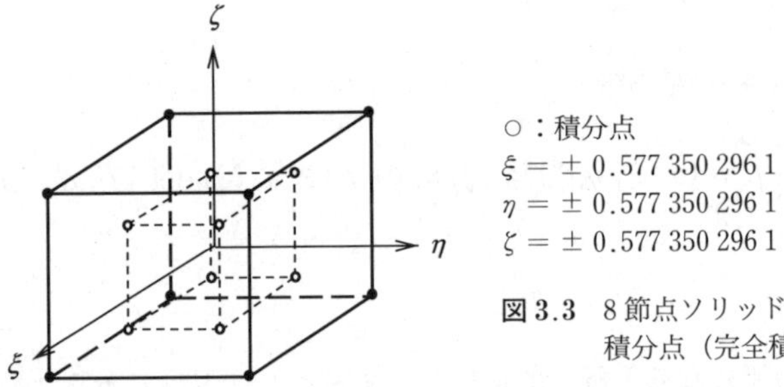


**図 3.3**　8節点ソリッド要素の積分点（完全積分）

一般に板材の弾塑性解析では板厚方向の応力状態（特に弾性/塑性の状態変化）を正確に評価することが重要となる（例えば板材の曲げ問題）。したがって，3.3節に示すシェル要素などでは板厚方向のみ積分点数を増やして計算することも多い。

### 3.2.3　ロッキング

アイソパラメトリック要素を用いた変位型（変位を未知数とする定式）のFEMでは，完全積分を用いた場合に剛性を過大評価することがある。これは**ロッキング**（locking）と呼ばれている現象である。例えば，弾塑性問題のようにポアソン比が0.5に近い問題では，非圧縮性の原理が拘束条件として働くため，**ボリュームロッキング**（volume locking）という現象が生じる。また，曲げが支配的な問題に対しては面外のせん断変形の影響により**シェアロッキング**（shear locking）が生じることがある。

このような問題に対する対策には，完全積分より積分点数を減らして評価する**次数低減積分**（reduced integration）や問題の生じる項についてのみ積分点数を減らして評価する**選択低減積分**（selective reduced integration）などが提案されている。ここでは一例として，8節点ソリッド要素の選択低減積分を示す。

ボリュームロッキングの原因は，静水圧応力と変形が独立な関係となるためである。そこで静水圧成分についてのみ次数を低減して要素中心で評価し，ほかの偏差成分は完全積分と同じ積分点を用いるとする。まず，速度こう配テンソルを偏差部分 $L^{dev}$ と体積部分 $L^{dil}$ に分割する。

$$L_{ij} = L_{ij}{}^{dev} + L_{ij}{}^{dil} \tag{3.19}$$

ここで

$$L_{ij}{}^{dil} = L\delta_{ij}, \quad L = \frac{1}{3}(L_{11} + L_{22} + L_{33})$$

つぎに速度こう配テンソルを式 (3.20) の形で表す。

$$\widehat{L}_{ij} = L_{ij} + (L^c - L)\delta_{ij} \tag{3.20}$$

ここで，$L^c$ は要素中心で計算した値を用いることを表す。すなわち，ここで定義された速度こう配テンソル $\widehat{L}_{ij}$ は，**図3.4** に示すように体積ひずみ速度 $L$ を要素中心で，偏差ひずみ速度成分を完全積分と同じ積分点で評価することになる。有限要素方程式の導出の際には，式 (3.20) を式 (3.12) のかわりに仮想仕事の原理式に代入すればよい。

有限要素については有限要素法の開発当初から現在に至るまで数多く提案さ

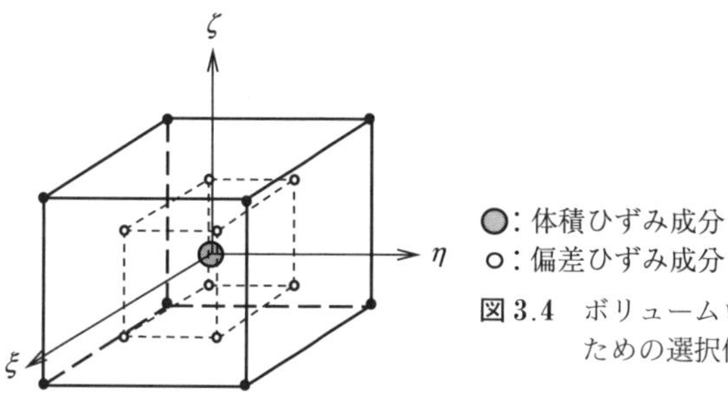


**図3.4**　ボリュームロッキング回避のための選択低減積分の積分点

れており，詳細については巻末の引用・参考文献を参照されたい。また，混合法による定式もロッキング現象を回避するために使われる有効な手法である。

## 3.3 シェル要素[1)~7)]

本書で対象とする板成形の FEM 解析では，肉厚方向の寸法がほかの寸法より極端に小さいためシェル要素が広く使われている。シェル要素は 8 節点六面体要素を肉厚方向に縮退した要素であり，ソリッド要素に比べて大幅に総自由度数を低減することができるため計算コストの削減に非常に有効である。

ここでは一例として，**図 3.5** に示す 4 節点シェル要素について述べる。シェル要素の運動は中立面における節点の変位と**ディレクタ**（director）と呼ばれるシェルの厚み方向を示すベクトルの回転により記述する。ここではシェル要素の定式にあたり，Mindlin-Reissner 型の要素を採用する。

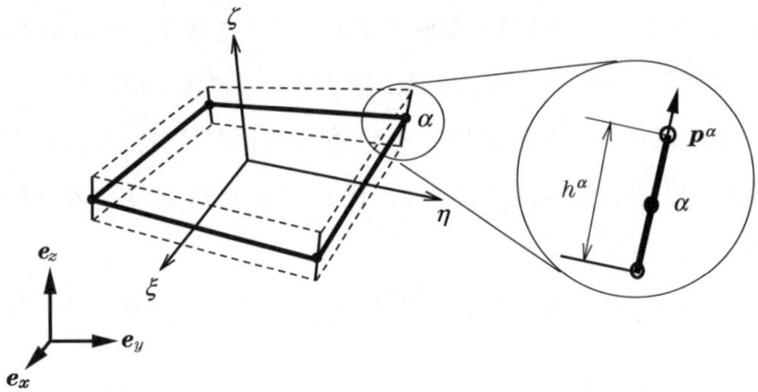


**図 3.5**　4 節点縮退シェル要素

### 3.3.1 アイソパラメトリックシェル要素

シェル要素ではつぎの仮定をおく。

1）時刻 0 において直線を仮定したディレクタはつねに線形を保つ。ただし，面外せん断変形を考慮するため，中立面に垂直である必要はない。

2）平面応力状態を仮定する。

3）　シェルの板厚は変形の間変化しない。

シェル要素の定式では 2)の仮定より平面応力状態を仮定する。そこで，ひずみ速度や応力速度を評価する積分点において定義される直交基底ベクトル $\hat{\boldsymbol{e}}_k$ の局所座標系を導入する。

材料の構成関係やひずみや応力の更新は，局所座標系を参照して記述され，平面応力状態 ($\hat{\sigma}_{33}=0$) もこの座標系に対して与えられるとする。本節では，ベクトルおよびテンソルの成分はこの局所座標系を参照して記述されるものとする。

局所座標系の基底ベクトル $\hat{\boldsymbol{e}}_k$ の定義についてはさまざまな手法が提案されているが，ここでは式 (3.21) のように定義する。

$$\hat{\boldsymbol{e}}_1=\frac{\boldsymbol{g}_1}{|\boldsymbol{g}_1|},\quad \hat{\boldsymbol{e}}_3=\frac{\boldsymbol{g}_1\times\boldsymbol{g}_2}{|\boldsymbol{g}_1\times\boldsymbol{g}_2|},\quad \hat{\boldsymbol{e}}_2=\hat{\boldsymbol{e}}_3\times\hat{\boldsymbol{e}}_1 \tag{3.21}$$

ここで，$\boldsymbol{g}_i=\partial\boldsymbol{x}/\partial\xi_i$ である。これは**図 3.6** に示すように，$\zeta$ が一定の面上に $\hat{\boldsymbol{e}}_1$ および $\hat{\boldsymbol{e}}_2$ を，面に垂直な方向を $\hat{\boldsymbol{e}}_3$ とする座標系である。局所座標系を参照した座標や変位速度の成分はそれぞれ式 (3.22)，(3.23) で与えられる。ただし，記号“ $\hat{}$ ”は局所座標系を参照していることを表す。

$$\{\hat{v}^\alpha\}=[R]^T\{v^\alpha\} \tag{3.22}$$

$$\{\hat{x}^\alpha\}=[R]^T\{x^\alpha\} \tag{3.23}$$

ここで，$[R]_{ij}=\boldsymbol{e}_i\cdot\hat{\boldsymbol{e}}_j$ は局所座標系と全体座標系の間の座標変換マトリックスである。

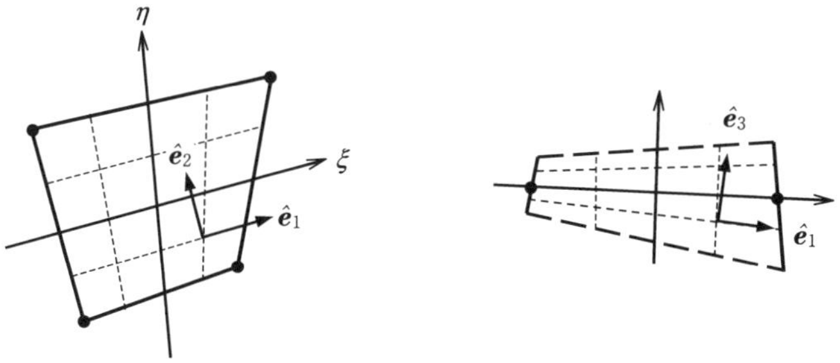


（a）　$\zeta=$ 一定の面　　（b）　$\eta=$ 一定の面

**図 3.6**　シェル要素の局所座標系

時刻 $t$ におけるシェル要素内の任意の点 $(\xi, \eta, \zeta)$ の位置ベクトルは式 (3.24) で与えられる。

$$ {}^{t}\hat{\boldsymbol{x}} = N^{\alpha}(\xi, \eta)\,{}^{t}\hat{\boldsymbol{x}}^{\alpha} + \frac{1}{2}N^{\alpha}(\xi, \eta)h^{\alpha}\zeta\,{}^{t}\hat{\boldsymbol{p}}^{\alpha} \tag{3.24} $$

ここで，$N^{\alpha}$ は形状関数である。

$$ N^{\alpha} = \frac{1}{4}(1 + \xi\xi^{\alpha})(1 + \eta\eta^{\alpha}) \quad (\alpha{=}1 \sim 4) \tag{3.25} $$

$\hat{\boldsymbol{x}}^{\alpha}$ は節点 $\alpha$ における位置ベクトル，$\hat{\boldsymbol{p}}^{\alpha}$ および $h^{\alpha}$ は節点 $\alpha$ を通って上下面を結ぶベクトルの単位ベクトル（ディレクタ）およびその長さである。

つぎに，時刻 $t$ から時刻 $t' = t + \Delta t$ の時間増分における変形を考える。要素内の任意の点の変位増分ベクトル $\hat{\boldsymbol{u}}$ は

$$ \begin{aligned} \hat{\boldsymbol{u}} &= N^{\alpha}({}^{t'}\hat{\boldsymbol{x}}^{\alpha} - {}^{t}\hat{\boldsymbol{x}}^{\alpha}) + \frac{1}{2}N^{\alpha}\zeta h^{\alpha}({}^{t'}\hat{\boldsymbol{p}}^{\alpha} - {}^{t}\hat{\boldsymbol{p}}^{\alpha}) \\ &= N^{\alpha}\hat{\boldsymbol{u}}_{M}^{\alpha} + M^{\alpha}h^{\alpha}\hat{\boldsymbol{u}}_{B}^{\alpha} \end{aligned} \tag{3.26} $$

で与えられる。ここで，$M^{\alpha} \equiv N^{\alpha}\zeta$ である。$\hat{\boldsymbol{u}}_{M}^{\alpha}$ は中立面の節点変位，$\hat{\boldsymbol{u}}_{B}^{\alpha}$ はディレクタの回転による変位，すなわち曲げによる影響を表し，それぞれ

$$ \hat{\boldsymbol{u}}_{M}^{\alpha} \equiv {}^{t'}\hat{\boldsymbol{x}}^{\alpha} - {}^{t}\hat{\boldsymbol{x}}^{\alpha} \tag{3.27} $$

$$ \hat{\boldsymbol{u}}_{B}^{\alpha} \equiv \frac{1}{2}h^{\alpha}({}^{t'}\hat{\boldsymbol{p}}^{\alpha} - {}^{t}\hat{\boldsymbol{p}}^{\alpha}) \tag{3.28} $$

である。時間増分間の角度変化は微小であると仮定すると，${}^{t}\boldsymbol{p}^{\alpha}$ および ${}^{t'}\boldsymbol{p}^{\alpha}$ の関係は，**図 3.7** に示すように，ある回転軸（軸性ベクトル）$\boldsymbol{\omega}^{\alpha}$ 回りの回転として式 (3.29) で近似できる。

$$ {}^{t'}\hat{\boldsymbol{p}}^{\alpha} \cong {}^{t}\hat{\boldsymbol{p}}^{\alpha} + \boldsymbol{\omega}^{\alpha} \times {}^{t}\hat{\boldsymbol{p}}^{\alpha} \tag{3.29} $$

ここで，節点 $\alpha$ においてディレクタを第三軸 $(\hat{\boldsymbol{p}}^{\alpha} \equiv \hat{\boldsymbol{p}}_{3}^{\alpha})$ とする局所直交座標系を新たに導入する。$\hat{\boldsymbol{p}}_{3}^{\alpha}$ に直交する基底ベクトル $\hat{\boldsymbol{p}}_{1}^{\alpha}$ および $\hat{\boldsymbol{p}}_{2}^{\alpha}$ は任意であるが，例えば，式 (3.30)，(3.31) のように定義することができる。

$$ \hat{\boldsymbol{p}}_{1}^{\alpha} = \boldsymbol{e}_{y} \times \hat{\boldsymbol{p}}_{3}^{\alpha} \tag{3.30} $$

$$ \hat{\boldsymbol{p}}_{2}^{\alpha} = \hat{\boldsymbol{p}}_{3}^{\alpha} \times \hat{\boldsymbol{p}}_{1}^{\alpha} \tag{3.31} $$

ここで，$\boldsymbol{e}_{y}$ は全体座標系の $y$ 軸方向の基底ベクトルである。ただし，$\hat{\boldsymbol{p}}_{3}^{\alpha}$ と

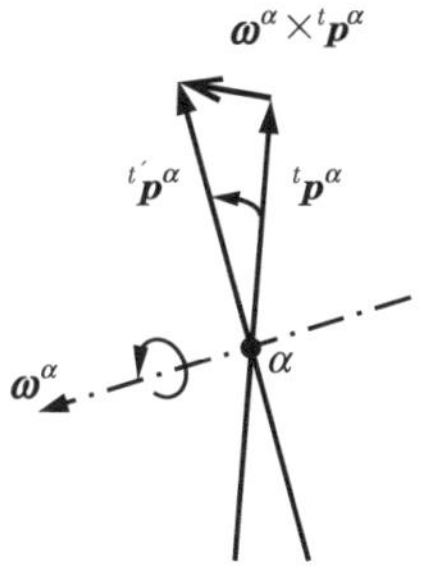


**図 3.7**　ディレクタの微小回転

$\boldsymbol{e}_y$ が平行の場合には $\widehat{\boldsymbol{p}}_1^{\alpha}=\boldsymbol{e}_x$ とする。ここでは，$\widehat{\boldsymbol{p}}_1^{\alpha}$，$\widehat{\boldsymbol{p}}_2^{\alpha}$ および $\widehat{\boldsymbol{p}}_3^{\alpha}$ で定義される座標系を節点座標系と呼ぶ。

さて，軸性ベクトル $\boldsymbol{\omega}^{\alpha}$ を節点座標系回りの回転として表すと，式 (3.32) の形に分解できる。

$$\boldsymbol{\omega}^{\alpha}=\theta_1^{\alpha}\widehat{\boldsymbol{p}}_1^{\alpha}+\theta_2^{\alpha}\widehat{\boldsymbol{p}}_2^{\alpha}+\theta_3^{\alpha}\widehat{\boldsymbol{p}}_3^{\alpha} \tag{3.32}$$

ここで，$\theta_i^{\alpha}$ $(i=1\sim3)$ は各軸回りの回転角である。式 (3.29) 右辺第 2 項は

$$\boldsymbol{\omega}^{\alpha}\times{}^{t}\widehat{\boldsymbol{p}}^{\alpha}=(\theta_1^{\alpha}\,{}^{t}\widehat{\boldsymbol{p}}_1^{\alpha}+\theta_2^{\alpha}\,{}^{t}\widehat{\boldsymbol{p}}_2^{\alpha}+\theta_3^{\alpha}\,{}^{t}\widehat{\boldsymbol{p}}_3^{\alpha})\times{}^{t}\widehat{\boldsymbol{p}}_3^{\alpha}=-\theta_1^{\alpha}\,{}^{t}\widehat{\boldsymbol{p}}_2^{\alpha}+\theta_2^{\alpha}\,{}^{t}\widehat{\boldsymbol{p}}_1^{\alpha} \tag{3.33}$$

となるので，式 (3.33) を式 (3.29) に代入して

$$^{t'}\widehat{\boldsymbol{p}}^{\alpha}\cong{}^{t}\widehat{\boldsymbol{p}}^{\alpha}+(-\theta_1^{\alpha}\,{}^{t}\widehat{\boldsymbol{p}}_2^{\alpha}+\theta_2^{\alpha}\,{}^{t}\widehat{\boldsymbol{p}}_1^{\alpha}) \tag{3.34}$$

を得る。これを式 (3.26) に代入すれば式 (3.35) の変位場を得る。

$$\widehat{\boldsymbol{u}}=N^{\alpha}\widehat{\boldsymbol{u}}_M^{\alpha}+\frac{1}{2}M^{\alpha}h^{\alpha}(-\theta_1^{\alpha}\,{}^{t}\widehat{\boldsymbol{p}}_2^{\alpha}+\theta_2^{\alpha}\,{}^{t}\widehat{\boldsymbol{p}}_1^{\alpha}) \tag{3.35}$$

したがって，シェル要素の運動は中立面の節点の並進変位 3 成分とディレクタの節点座標系回りの回転 2 成分，計 5 成分で表される。

式 (3.35) の物質時間導関数はシェル要素の速度場を表し，アイソパラメトリックシェル要素では，変位場と同じ形状関数を用いて

$$\widehat{\boldsymbol{v}}=N^{\alpha}\widehat{\boldsymbol{v}}_M^{\alpha}+\frac{1}{2}M^{\alpha}h^{\alpha}(-\dot{\theta}_1^{\alpha}\,{}^{t}\widehat{\boldsymbol{p}}_2^{\alpha}+\dot{\theta}_2^{\alpha}\,{}^{t}\widehat{\boldsymbol{p}}_1^{\alpha}) \tag{3.36}$$

で与えられる。ここで，$\dot{\theta}_1^{\alpha}$ および $\dot{\theta}_2^{\alpha}$ はそれぞれ $\widehat{\boldsymbol{p}}_1^{\alpha}$，$\widehat{\boldsymbol{p}}_2^{\alpha}$ 回りのディレクタの回転角速度を表す。節点変位速度およびディレクタの回転を $\widehat{v}_r^{\alpha}=\{\widehat{v}_1^{\alpha}\quad \widehat{v}_2^{\alpha}$

$\hat{v}_3^\alpha \quad \dot{\theta}_1^\alpha \quad \dot{\theta}_2^\alpha\}^T$ の形で表すと，式 (3.36) は式 (3.37) のマトリックス形式で与えられる。

$$\begin{Bmatrix} \hat{v}_1 \\ \hat{v}_2 \\ \hat{v}_3 \end{Bmatrix} = \left[\begin{array}{ccccc:ccc} N^1 & 0 & 0 & -\frac{1}{2}M^1 h^1\,{}^t\hat{p}_{21}^1 & \frac{1}{2}M^1 h^1\,{}^t\hat{p}_{11}^1 & N^2 \cdots & \frac{1}{2}M^4 h^4\,{}^t\hat{p}_{11}^4 \\ 0 & N^1 & 0 & -\frac{1}{2}M^1 h^1\,{}^t\hat{p}_{22}^1 & \frac{1}{2}M^1 h^1\,{}^t\hat{p}_{12}^1 & 0 \cdots & \frac{1}{2}M^4 h^4\,{}^t\hat{p}_{12}^4 \\ 0 & 0 & N^1 & -\frac{1}{2}M^1 h^1\,{}^t\hat{p}_{23}^1 & \frac{1}{2}M^1 h^1\,{}^t\hat{p}_{13}^1 & 0 \cdots & \frac{1}{2}M^4 h^4\,{}^t\hat{p}_{13}^4 \end{array}\right] \begin{Bmatrix} v_1^1 \\ v_2^1 \\ v_3^1 \\ \dot{\theta}_1^1 \\ \dot{\theta}_2^1 \\ v_1^2 \\ \vdots \\ \dot{\theta}_2^4 \end{Bmatrix},$$

$$\hat{v}_i = \bar{N}_{ir}^\alpha \hat{v}_r^\alpha \qquad (i = 1, 2, 3, \quad r = 1, 2, 3, 4, 5) \tag{3.37}$$

ここで，係数 $\bar{N}_{ir}^\alpha$ 式 (3.38) のように表される。

$$\bar{N}_{ir}^\alpha = \begin{cases} \delta_{ir} N^\alpha & (r = 1, 2, 3) \\ -\dfrac{1}{2} M^\alpha h^\alpha p_{2i}^\alpha \delta_{r4} & (r = 4) \\ \dfrac{1}{2} M^\alpha h^\alpha p_{1i}^\alpha \delta_{r5} & (r = 5) \end{cases} \tag{3.38}$$

速度こう配テンソルおよび変形速度テンソルの成分はそれぞれ

$$\hat{L}_{ij} = \frac{\partial \hat{v}_i}{\partial \hat{x}_j} = \frac{\partial \bar{N}_{ir}^\alpha}{\partial \hat{x}_j} \hat{v}_r^\alpha \tag{3.39}$$

$$\hat{D}_{ij} = \frac{1}{2}(\hat{L}_{ij} + \hat{L}_{ji}) = \frac{1}{2}\left(\frac{\partial \bar{N}_{ir}^\alpha}{\partial \hat{x}_j} + \frac{\partial \bar{N}_{jr}^\alpha}{\partial \hat{x}_i}\right)\hat{v}_r^\alpha \tag{3.40}$$

で与えられる。ここで，係数 $\bar{N}_{ir}^\alpha$ の微分 $\partial \bar{N}_{ir}^\alpha / \partial \hat{x}_j$ はヤコビアンを用いて次式の関係で与えられる。

$$\frac{\partial}{\partial \hat{x}_i} = \hat{J}_{ij}^{-1} \frac{\partial}{\partial \xi_j}, \qquad \hat{J}_{ij} = \frac{\partial \hat{x}_j}{\partial \xi_i}$$

このとき式 (3.39)，(3.40) は

$$\hat{L}_{ij} = \hat{J}_{jk}^{-1} \frac{\partial \bar{N}_{ir}{}^\alpha}{\partial \xi_k} \hat{v}_r^\alpha \tag{3.41}$$

$$\hat{D}_{ij} = \frac{1}{2}\left(J_{jk}^{-1}\frac{\partial \bar{N}_{ir}^a}{\partial \xi_k} + J_{ik}^{-1}\frac{\partial \bar{N}_{jr}^a}{\partial \xi_k}\right)\hat{v}_r^a \tag{3.42}$$

となる。

式 (3.41) あるいは式 (3.42) を仮想仕事の原理式に代入して有限要素離散化方程式を得る（4章参照）。

### 3.3.2 シェル要素の弾塑性構成式

シェル要素では，平面応力の仮定に伴い材料構成式の修正が必要となる。局所座標系において，シェル要素の応力速度は式 (3.43) で与えられる[†]。

$$\begin{Bmatrix} \dot{\hat{\sigma}}_{11} \\ \dot{\hat{\sigma}}_{22} \\ \dot{\hat{\sigma}}_{12} \\ \dot{\hat{\sigma}}_{23} \\ \dot{\hat{\sigma}}_{31} \\ \dot{\hat{\sigma}}_{33}=0 \end{Bmatrix} = \begin{bmatrix} \hat{C}^{ep}_{1111} & \hat{C}^{ep}_{1122} & \hat{C}^{ep}_{1112} & \hat{C}^{ep}_{1123} & \hat{C}^{ep}_{1131} & \vdots & \hat{C}^{ep}_{1133} \\ \hat{C}^{ep}_{2211} & \hat{C}^{ep}_{2222} & \hat{C}^{ep}_{2212} & \hat{C}^{ep}_{2223} & \hat{C}^{ep}_{2231} & \vdots & \hat{C}^{ep}_{2233} \\ \hat{C}^{ep}_{1211} & \hat{C}^{ep}_{1222} & \hat{C}^{ep}_{1212} & \hat{C}^{ep}_{1223} & \hat{C}^{ep}_{1231} & \vdots & \hat{C}^{ep}_{1233} \\ \hat{C}^{ep}_{2311} & \hat{C}^{ep}_{2322} & \hat{C}^{ep}_{2312} & \hat{C}^{ep}_{2323} & \hat{C}^{ep}_{2331} & \vdots & \hat{C}^{ep}_{2333} \\ \hat{C}^{ep}_{3111} & \hat{C}^{ep}_{3122} & \hat{C}^{ep}_{3112} & \hat{C}^{ep}_{3123} & \hat{C}^{ep}_{3131} & \vdots & \hat{C}^{ep}_{3133} \\ \cdots & \cdots & \cdots & \cdots & \cdots & \vdots & \cdots \\ \hat{C}^{ep}_{3311} & \hat{C}^{ep}_{3322} & \hat{C}^{ep}_{3312} & \hat{C}^{ep}_{3323} & \hat{C}^{ep}_{3331} & \vdots & \hat{C}^{ep}_{3333} \end{bmatrix} \begin{Bmatrix} \hat{D}_{11} \\ \hat{D}_{22} \\ 2\hat{D}_{12} \\ 2\hat{D}_{23} \\ 2\hat{D}_{31} \\ \hat{D}_{33} \end{Bmatrix},$$

$$\begin{Bmatrix} \dot{\hat{\sigma}}^{PL} \\ \dot{\hat{\sigma}}_{33} \end{Bmatrix} = \begin{bmatrix} \hat{C}^{ep^{PL}} & \hat{C}^{ep}_{33} \\ \hat{C}^{ep^T}_{33} & \hat{C}^{ep}_{3333} \end{bmatrix} \begin{Bmatrix} \hat{D}^{PL} \\ \hat{D}_{33} \end{Bmatrix} \tag{3.43}$$

ここで，$\{\dot{\hat{\sigma}}^{PL}\} = \{\dot{\hat{\sigma}}_{11} \ \dot{\hat{\sigma}}_{22} \ \dot{\hat{\sigma}}_{12} \ \dot{\hat{\sigma}}_{23} \ \dot{\hat{\sigma}}_{31}\}^T$, $\{\hat{D}^{PL}\} = \{\hat{D}_{11} \ \hat{D}_{22} \ 2\hat{D}_{12} \ 2\hat{D}_{23} \ 2\hat{D}_{31}\}^T$ である。$[\hat{C}^{ep^{PL}}]$ は弾塑性マトリックス $[\hat{C}^{ep}]$ からマトリックス $[\hat{C}^{ep}_{ij}]$, $[\hat{C}^{ep}_{33}]^T$ および $[\hat{C}^{ep}_{3333}]$ を除いた $5 \times 5$ のマトリックスである。また，平面応力状態の仮定より式 (3.43) の板厚方向応力速度 $\dot{\hat{\sigma}}_{33} = 0$ とすれば，板厚方向のひずみ速度 $\hat{D}_{33}$ を得る。

$$\hat{D}_{33} = -\frac{\hat{C}^{ep}_{33ij}\hat{D}^{PL}_{kl}}{\hat{C}^{ep}_{3333}} \tag{3.44}$$

---

[†] 局所座標系の回転は変形こう配テンソルの極分解から得られる回転マトリックスと厳密には一致しないが，せん断変形が小さい場合にはそれらは一致すると考えることもできる。したがって，局所座標系は物体とともに回転する共回転座標系と考えることができる。ただし，異方性材料のように異方性の主軸を考慮しなければならず，せん断変形を無視できない場合にはさらに別の座標系を導入する必要がある。

これを式 (3.43) に代入すると，式 (3.45) の平面応力状態の弾塑性係数 $\hat{C}^{ep^{PL}}_{ijkl}$ を得る。

$$\hat{C}^{ep^{PL}}_{ijkl} = \hat{C}^{ep}_{ijkl} - \frac{1}{\hat{C}^{ep}_{3333}} \hat{C}^{ep}_{ij33} \hat{C}^{ep}_{33kl} \tag{3.45}$$

最終的に，シェル要素の応力速度とひずみ速度の関係は式 (3.46) で与えられる。

$$\{\dot{\hat{\sigma}}^{PL}\} = [\hat{C}^{ep^{PL}}]\{\hat{D}^{PL}\} \tag{3.46}$$

また，線形弾性問題ではディレクタが変形の間も線形を保つという仮定に対する補正が必要となる。これは，shear correction factor と呼ばれる係数 $k$ により，面外せん断成分の補正を行う。これをマトリックス形式で表すと

$$\boldsymbol{C}^{e^{shell}} = \hat{\boldsymbol{C}}^{e^{shell}} = \frac{E}{1-v^2}\begin{bmatrix} 1 & v & 0 & 0 & 0 \\ v & 1 & 0 & 0 & 0 \\ 0 & 0 & \dfrac{1-v}{2} & 0 & 0 \\ 0 & 0 & 0 & k\dfrac{1-v}{2} & 0 \\ 0 & 0 & 0 & 0 & k\dfrac{1-v}{2} \end{bmatrix} \tag{3.47}$$

で与えられる。ここで，方形断面をもつシェル要素では，$k = 5/6$ である。

### 3.3.3 大変形シェル理論への拡張

紙面の都合上詳細を述べることは避けるが，ここでは大変形問題への拡張について簡単にふれておく。詳細については巻末の引用・参考文献を参照されたい。

〔1〕 **板厚変化の考慮**　3.3.1 項で述べたように，一般的なシェル理論ではディレクタの伸縮はないものと仮定した。大変形問題では板厚の変化すなわちディレクタの伸縮を考慮した定式も提案[4]されている。

〔2〕 **有限回転テンソルの導入**　3.3.1 項ではディレクタの回転を微小と仮定したが，これを有限回転としてシェル理論に導入する手法が提案されている。有限回転の導入にはオイラー角の導入による方法[8]と軸性ベクトルによる

有限回転テンソルの導入[9]が知られている。後者は幾何学的な意味が明確的であり，安定性と従来からの拡張の容易さから一般的に使われている。

### 3.3.4 シェアロッキング[10]

シェル要素の完全積分による数値積分では，ソリッド要素と同様にロッキングが生じることがある。板成形では曲げ変形が支配的になることが多く，特に面外せん断変形に起因するシェアロッキングが大きな問題となる。これまでシェアロッキングを回避するために数多くの要素が提案されており，ここではそのいくつかを紹介する。

〔1〕 **選択低減積分**　シェアロッキングの要因となる面外せん断ひずみのみ次数を低減し，そのほかの成分については完全積分を用いる。つまり，速度こう配テンソル $L_{ij}$ の面外せん断成分 $L_{13}$，$L_{31}$，$L_{23}$，$L_{32}$ の成分は要素中心 $(\xi, \eta, \zeta) = (0, 0, 0)$ で評価し，そのほかの成分は完全積分の積分点で評価する。

選択低減積分はシェアロッキングに対して非常に有効であるが，次数低減に伴い剛体モード以外にエネルギーが 0 となるゼロエネルギーモードが存在し，アワーグラスモードと呼ばれる虚偽の解が得られる場合があることに注意が必要である。

〔2〕 **仮想ひずみ積分**[11]　シェアロッキング現象を回避する別の手法として仮想ひずみ積分がある。これはあるサンプリング点のひずみ場を仮定し，サンプリング点における面外せん断ひずみを用いる手法である。面外せん断ひずみ速度は

$$\widetilde{D}_{13} = \frac{1}{2}(D_{13}^{A} + D_{13}^{B}) + \frac{1}{2}(D_{13}^{A} - D_{13}^{B})\eta \tag{3.48}$$

$$\widetilde{D}_{23} = \frac{1}{2}(D_{23}^{C} + D_{23}^{D}) + \frac{1}{2}(D_{23}^{C} - D_{23}^{D})\xi \tag{3.49}$$

で近似される。ここで，$D_{13}^{A}$，$D_{13}^{B}$，$D_{23}^{C}$，$D_{23}^{D}$ は，**図 3.8** に示す点A，B，C，D で評価したひずみ速度テンソルの面外せん断成分である。

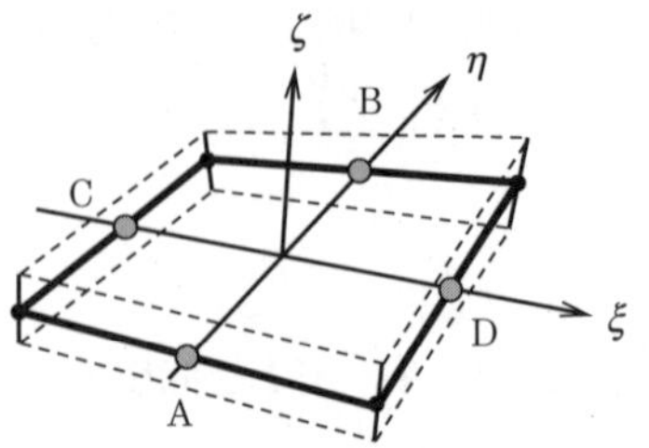


A：$\xi = 0$,　$\eta = -1$,　$\zeta = 0$
B：$\xi = 0$,　$\eta = 1$,　$\zeta = 0$
C：$\xi = -1$,　$\eta = 0$,　$\zeta = 0$
D：$\xi = 1$,　$\eta = 0$,　$\zeta = 0$

**図 3.8**　仮想ひずみ積分の面外せん断ひずみの評価点

これはシェアロッキングを回避でき，かつ剛体モード以外の虚偽のゼロエネルギーモードをもたないため，現在広く使われている要素である。

〔3〕 **安定化マトリックス法**　シェアロッキング現象とゼロエネルギーモードを抑える手法の一つに安定化マトリックス法がある。これはすべてのひずみ成分に対してシェル面内の中心に 1 点，肉厚方向には適宜数点の積分点を配置して積分を適用する。ひずみ速度はシェル面内中心点を通る肉厚方向の座標 $(\xi, \eta, \zeta) = (0, 0, \zeta_i)$ の位置でテイラー（Taylor）展開して $\xi$ と $\eta$ の 1 次の項まで採用する。

$$L_{ij}(\xi, \eta, \zeta) = L_{ij}(0, 0, \zeta) + \frac{\partial L_{ij}}{\partial \xi}(0, 0, \zeta)\xi + \frac{\partial L_{ij}}{\partial \eta}(0, 0, \zeta)\eta \tag{3.50}$$

式 (3.50) を用いて剛性マトリックスを計算すると式 (3.51) を得る。

$$\boldsymbol{K} = \boldsymbol{K}^{1\times1} + \boldsymbol{K}^{s} \tag{3.51}$$

ここで，$\boldsymbol{K}^{1\times1}$ は中心で評価した剛性マトリックス，$\boldsymbol{K}^{s}$ は安定化マトリックスである。$\boldsymbol{K}^{s}$ の詳細については巻末の引用・参考文献を参照されたい[4),12)]。

# 4. FEMの離散化

2章では釣合いの基本原理である仮想仕事の原理式を導出した。本章では3章で示した有限要素の概念を導入して空間的な離散化を行い，有限要素接線剛性方程式を導出する。

## 4.1 有限要素接線剛性方程式

アイソパラメトリック要素の速度場 $v_i$ が式 (4.1) で与えられるとする。

$$v_i(\xi, \eta, \zeta) = N^\alpha(\xi, \eta, \zeta) v_i^\alpha \tag{4.1}$$

ここで，$N^\alpha$ は形状関数，$v_i^\alpha$ は節点の変位速度，$\alpha$ は節点数を表す。ただし，$\alpha$ に関して1要素当りの節点数分の総和規約を適用する。数値積分に完全積分を用いることとすれば，速度こう配テンソル $\boldsymbol{L}$ およびひずみ速度テンソル $\boldsymbol{D}$ の成分はそれぞれ

$$L_{ij} = N_{,j}^\alpha v_i^\alpha \tag{4.2}$$

$$D_{ij} = \frac{1}{2}(L_{ij} + L_{ji}) = \frac{1}{2}(N_{,j}^\alpha v_i^\alpha + N_{,i}^\alpha v_j^\alpha) \tag{4.3}$$

で与えられる。ここで，$N_{,j}^\alpha \equiv \partial N^\alpha / \partial x_j$ である。

ここでは，ソリッド要素の完全積分を用いた場合について，有限要素の離散化手法を示す。シェル要素やそのほかの要素の積分手法については適当な速度場あるいは変形こう配（ひずみ速度）を用いることにより，同様な離散化を行うことができる。

まず，速度形で与えられた各式を増分形に変換して表すことにする。変位増

分 $\boldsymbol{\Delta u}$, 速度こう配の増分 $\boldsymbol{\Delta l}$ およびひずみ速度の増分 $\boldsymbol{\Delta d}$ がそれぞれ式 (4.4) で与えられるとする。

$$\boldsymbol{\Delta u} = \boldsymbol{v}\boldsymbol{\Delta t}, \quad \boldsymbol{\Delta l} = \boldsymbol{L}\Delta t = \frac{\partial \boldsymbol{\Delta u}}{\partial \boldsymbol{x}},$$

$$\boldsymbol{\Delta d} = \boldsymbol{D}\Delta t = \frac{1}{2}\left\{ \frac{\partial \boldsymbol{\Delta u}}{\partial \boldsymbol{x}} + \left( \frac{\partial \boldsymbol{\Delta u}}{\partial \boldsymbol{x}} \right)^T \right\} \tag{4.4}$$

ここで，変位増分および節点変位増分ベクトルはそれぞれつぎの成分をもつ。

$$\{\Delta u\} = \{\Delta u_1 \quad \Delta u_2 \quad \Delta u_3\}^T$$

$$\{\Delta u^\alpha\} = \{\Delta u_1^1 \quad \Delta u_2^1 \quad \Delta u_3^1 \quad \Delta u_1^2 \quad \Delta u_2^2 \quad \Delta u_3^2 \quad \cdots \quad \Delta u_1^n \quad \Delta u_2^n \quad \Delta u_3^n\}^T$$

式 (4.1) のマトリックス表示は

$$\{\Delta u\} = [N]\{\Delta u^\alpha\} \tag{4.5}$$

で与えられる。ここで

$$[N] = \left[ \begin{array}{ccc:ccc:cc} N^1 & 0 & 0 & N^2 & 0 & 0 & \cdots\cdots & 0 \\ 0 & N^1 & 0 & 0 & N^2 & 0 & \cdots\cdots & 0 \\ 0 & 0 & N^1 & 0 & 0 & N^2 & \cdots\cdots & N^n \end{array} \right]$$

である。$n$ は一要素を構成する節点数である。同様に，速度こう配およびひずみ速度増分ベクトルそれぞれの成分は

$$\{\Delta l\} = \{\Delta l_{11} \quad \Delta l_{21} \quad \Delta l_{31} \quad \Delta l_{12} \quad \Delta l_{22} \quad \Delta l_{32} \quad \Delta l_{13} \quad \Delta l_{23} \quad \Delta l_{33}\}^T$$

$$\{\Delta d\} = \{\Delta d_{11} \quad \Delta d_{22} \quad \Delta d_{33} \quad 2\Delta d_{12} \quad 2\Delta d_{23} \quad 2\Delta d_{31}\}^T$$

となり，式 (4.2) および式 (4.3) のマトリックス表示は，それぞれ式 (4.6) および式 (4.7) で与えらる。

$$\{\Delta l\} = [B_g]\{\Delta u^\alpha\} \tag{4.6}$$

$$\{\Delta d\} = [B_s]\{\Delta u^\alpha\} \tag{4.7}$$

ここで

$$
[B_g] = \left[\begin{array}{ccc:ccc:cc}
\frac{\partial N^1}{\partial x_1} & 0 & 0 & \frac{\partial N^2}{\partial x_1} & 0 & 0 & \cdots\cdots & 0 \\
0 & \frac{\partial N^1}{\partial x_1} & 0 & 0 & \frac{\partial N^2}{\partial x_1} & 0 & \cdots\cdots & 0 \\
0 & 0 & \frac{\partial N^1}{\partial x_1} & 0 & 0 & \frac{\partial N^2}{\partial x_1} & \cdots\cdots & \frac{\partial N^n}{\partial x_1} \\
\frac{\partial N^1}{\partial x_2} & 0 & 0 & \frac{\partial N^2}{\partial x_2} & 0 & 0 & \cdots\cdots & 0 \\
0 & \frac{\partial N^1}{\partial x_2} & 0 & 0 & \frac{\partial N^2}{\partial x_2} & 0 & \cdots\cdots & 0 \\
0 & 0 & \frac{\partial N^1}{\partial x_2} & 0 & 0 & \frac{\partial N^2}{\partial x_2} & \cdots\cdots & \frac{\partial N^n}{\partial x_2} \\
\frac{\partial N^1}{\partial x_3} & 0 & 0 & \frac{\partial N^2}{\partial x_3} & 0 & 0 & \cdots\cdots & 0 \\
0 & \frac{\partial N^1}{\partial x_3} & 0 & 0 & \frac{\partial N^2}{\partial x_3} & 0 & \cdots\cdots & 0 \\
0 & 0 & \frac{\partial N^1}{\partial x_3} & 0 & 0 & \frac{\partial N^2}{\partial x_3} & \cdots\cdots & \frac{\partial N^n}{\partial x_3}
\end{array}\right]
$$

$$
[B_s] = \left[\begin{array}{ccc:ccc:cc}
\frac{\partial N^1}{\partial x_1} & 0 & 0 & \frac{\partial N^2}{\partial x_1} & 0 & 0 & \cdots\cdots & 0 \\
0 & \frac{\partial N^1}{\partial x_2} & 0 & 0 & \frac{\partial N^2}{\partial x_2} & 0 & \cdots\cdots & 0 \\
0 & 0 & \frac{\partial N^1}{\partial x_3} & 0 & 0 & \frac{\partial N^2}{\partial x_3} & \cdots\cdots & \frac{\partial N^n}{\partial x_3} \\
\frac{\partial N^1}{\partial x_2} & \frac{\partial N^1}{\partial x_1} & 0 & \frac{\partial N^2}{\partial x_2} & \frac{\partial N^2}{\partial x_1} & 0 & \cdots\cdots & 0 \\
0 & \frac{\partial N^1}{\partial x_3} & \frac{\partial N^1}{\partial x_2} & 0 & \frac{\partial N^2}{\partial x_3} & \frac{\partial N^2}{\partial x_2} & \cdots\cdots & \frac{\partial N^n}{\partial x_2} \\
\frac{\partial N^1}{\partial x_3} & 0 & \frac{\partial N^1}{\partial x_1} & \frac{\partial N^2}{\partial x_3} & 0 & \frac{\partial N^2}{\partial x_1} & \cdots\cdots & \frac{\partial N^n}{\partial x_1}
\end{array}\right]
$$

である。

また，応力-ひずみ関係は共回転キルヒホッフ応力増分のベクトル表示を

$$\{\mathring{\Delta}\tau\} = \{\mathring{\Delta}\tau_{11} \quad \mathring{\Delta}\tau_{22} \quad \mathring{\Delta}\tau_{33} \quad \mathring{\Delta}\tau_{12} \quad \mathring{\Delta}\tau_{23} \quad \mathring{\Delta}\tau_{31}\}$$

とすると，弾塑性構成式より

$$\{\mathring{\varDelta}\tau\} = [C^{ep}]\{\varDelta d\} \tag{4.8}$$

で与えられる。ここで，$[C^{ep}]$ は弾塑性係数マトリックスである。

さて，式 (4.6)～(4.8) で得られた各式を仮想仕事の原理式に代入する。updated Lagrange 形式の仮想仕事の原理式 (2.379) は各有限要素内でも成立する。したがって，$V \to V^e$ を考慮して再掲すると

$$\int_{V^e}\{(\mathring{\varDelta}\tau_{ij} - 2\sigma_{ik}\,\varDelta d_{kj})\delta d_{ij} + \sigma_{jk}\,\varDelta l_{ik}\,\delta l_{ij}\}\,dV^e$$
$$= \int_{S_t} {}^{t+\varDelta t}\overline{t}_i\,\delta u_i\,dS + \int_{V^e}\rho\,{}^{t+\varDelta t}b_i\,\delta u_i\,dV^e - \int_{V^e}{}^{t}\sigma_{ji}\,\delta l_{ij}\,dV^e \tag{4.9}$$

で与えられる。仮想変位についても式 (4.10)～(4.12) の関係が成り立つことを考慮して

$$\{\delta u\} = [N]\{\delta u^{\beta}\} \tag{4.10}$$

$$\{\delta l\} = [B_g]\{\delta u^{\beta}\} \tag{4.11}$$

$$\{\delta d\} = [B_s]\{\delta u^{\beta}\} \tag{4.12}$$

式 (4.6)～(4.8)，(4.10)～(4.12) を式 (4.9) に代入すると，式 (4.9) 左辺は

$$(4.9)\text{ 左辺} = \{\delta u^{\beta}\}^T\int_{V^e}\{[B_s]^T([C^{ep}] - [F])[B_s]$$
$$+ [B_g]^T[G][B_g]\}\,dV^e\{\varDelta u^{\alpha}\} \tag{4.13}$$

となる。ここで，$[F]$ および $[G]$ は初期応力マトリックスで

$$[F] = \begin{bmatrix} 2\sigma_{11} & 0 & 0 & \sigma_{12} & 0 & \sigma_{13} \\ & 2\sigma_{22} & 0 & \sigma_{12} & \sigma_{23} & 0 \\ & & 2\sigma_{33} & 0 & \sigma_{23} & \sigma_{31} \\ & & & \frac{1}{2}(\sigma_{11}+\sigma_{22}) & \frac{1}{2}\sigma_{31} & \frac{1}{2}\sigma_{23} \\ & & & & \frac{1}{2}(\sigma_{22}+\sigma_{33}) & \frac{1}{2}\sigma_{12} \\ \text{Sym.} & & & & & \frac{1}{2}(\sigma_{33}+\sigma_{11}) \end{bmatrix}$$

$$[G] = \begin{bmatrix} \sigma_{11}\boldsymbol{I} & \sigma_{12}\boldsymbol{I} & \sigma_{13}\boldsymbol{I} \\ & \sigma_{22}\boldsymbol{I} & \sigma_{23}\boldsymbol{I} \\ \text{Sym.} & & \sigma_{33}\boldsymbol{I} \end{bmatrix}$$

である。ただし，$\boldsymbol{I}$ は $3 \times 3$ の単位マトリックスである。

式 (4.9) 右辺は

$$(4.9)\ 右辺 = \{\delta u^{\beta}\}^T\Big(\int_{S_t} [N]^T\{{}^{t+\Delta t}\overline{t}\}ds + \int_{V^e} \rho[N]^T\{{}^{t+\Delta t}b\}dV^e - \int_{V^e} [B_g]^T\{{}^t\sigma\}dV^e\Big) \tag{4.14}$$

となる。ここで，コーシー応力の並びは

$$\{\sigma\} = \{\sigma_{11} \quad \sigma_{21} \quad \sigma_{31} \quad \sigma_{12} \quad \sigma_{22} \quad \sigma_{32} \quad \sigma_{13} \quad \sigma_{23} \quad \sigma_{33}\}$$

である。仮想変位の任意性より，式 (4.13)，(4.14) の節点仮想変位を約分した形で両辺から削除すると

$$[k]\{\Delta u^{\alpha}\} = \{{}^{t+\Delta t}f^{EXT}\} - \{{}^t f^{INT}\} \tag{4.15}$$

で与えられる要素剛性方程式を得る。ここで

$$[k] = \int_{V^e}\{[B_s]^T([C^{ep}] - [F])[B_s] + [B_g]^T[G][B_g]\}dV^e \tag{4.16}$$

$$\{{}^{t+\Delta t}f^{EXT}\} = \int_{S_t} [N]^T\{{}^{t+\Delta t}\overline{t}\}ds + \int_{V^e} \rho[N]^T\{{}^{t+\Delta t}b\}dV^e \tag{4.17}$$

$$\{{}^t f^{INT}\} = \int_{V^e} [B_g]^T\{{}^t\sigma\}dV^e = \int_{V^e} [B_s]^T\{{}^t\sigma_s\}dV^e \tag{4.18}$$

である。ただし，式 (4.18) 最右辺の応力の並びは

$$\{\sigma_s\} = \{\sigma_{11} \quad \sigma_{22} \quad \sigma_{33} \quad \sigma_{12} \quad \sigma_{23} \quad \sigma_{31}\}$$

である。$[k]$ は要素剛性マトリックスと呼ばれている。

式 (4.15) を全要素について重ね合わせたとき，その右辺は節点荷重増分を表すことになる。式 (4.15) の右辺ベクトルをさらに書き換えると

$$\begin{aligned} &\{{}^{t+\Delta t}f^{EXT}\} - \{{}^t f^{INT}\} \\ &= \{\Delta f^{EXT}\} + \{{}^t f^{EXT}\} - \{{}^t f^{INT}\} \\ &= \int_{S_t} [N]^T\{\Delta\overline{t}\}ds + \int_{V^e} \rho[N]^T\{\Delta b\}dV^e + \int_{S_t} [N]^T\{{}^t\overline{t}\}ds \end{aligned}$$

$$+\int_{V^e}\rho[N]^T\{{}^tb\}dV^e-\int_{V^e}[B_g]^T\{{}^t\sigma\}dV^e \tag{4.19}$$

となる。式 (4.19) の 3 行目は前のステップで釣合いを表しているため，理論上は 0 のはずである。しかしながら，収束計算における収束誤差や基準配置の更新に伴って生じるわずかな不釣合い力が発生するため，この項を付加しておくことにより，前のステップの不釣合い力をこのステップで補正するという自己修正機能をもたせることができる。

最終的に，式 (4.15) を系全体についてアセンブルすれば

$$[K]\{\varDelta U\}=\{{}^{t+\varDelta t}F^{EXT}\}-\{{}^tF^{INT}\}=\{\varDelta F\} \tag{4.20}$$

で与えられる全体剛性方程式を得る。ここで，大文字で表記したベクトルは系全体についてアセンブルしたものを示す。

## 4.2 静 的 陰 解 法

通常の弾塑性 FEM で剛性方程式を増分的に解き進めることは，1 自由度の例題であれば荷重-変位曲線を求めていることに対応する。一般には非線形のこの未知曲線を延長する形で少しずつ確定させ（解を求め）ては，継ぎ足していることになる。一つの区間，すなわち増分がきわめて微小の場合には区分的な直線であると近似することができよう。しかし，必ずしも微小でない場合には，もともと曲線のものを直線で置き換えるには無理があり，増分解は反復的な方法で求められる。本節の静的陰解法は一つの増分解を求めるのに，反復を要する解法である。

反復を要することになる主因は，剛性マトリックス組立ての段階で用いた構成式（あるいはその時間積分方式）と実際に変位増分が求められた後，ひずみ増分さらに応力増分を計算するとき用いる構成式に差異があるからである。例えば，引き続き弾性であろうと仮定して剛性マトリックスをつくったのに増分の中間で降伏が起こる結果になったならば，弾性を仮定して計算された応力増分をそのまま採用しては不合理である。補正を加えて解となるべき応力を定め

たとすれば，その応力はもはや仮想仕事の原理を満たさない，すなわち釣合いを崩した状態になるはずである。そのようにして発生した不釣合いを打ち消すために，さらに変形の補正が必要になるという仕組みである。

本節では，最も基本的な $J_2$ 流動理論および構成式の時間積分に後退型オイラー積分を用いる場合について説明する。

### 4.2.1 弾塑性の時間積分

仮想変位に対して内力のなす仕事と外力のなす仕事が等しいことを述べた仮想仕事の原理式を，時刻 $t+\Delta t$ において適用することとし，各有限要素の離散化を行うと

$$\{{}^{t+\Delta t}f^{INT}\} = \{{}^{t+\Delta t}f^{EXT}\} \tag{4.21}$$

が得られる。ただし，$\{{}^{t+\Delta t}f^{INT}\}$ と $\{{}^{t+\Delta t}f^{EXT}\}$ は時刻 $t+\Delta t$ における内力および外力と等価な節点力であって，それぞれ式 (4.22)，(4.23) で与えられる。

$$\{{}^{t+\Delta t}f^{INT}\} = \int_{V^e} [B_g]^T \{{}^{t+\Delta t}\Pi\} dV^e \tag{4.22}$$

$$\{{}^{t+\Delta t}f^{EXT}\} = \int_{S_t} [N]^T \{{}^{t+\Delta t}\,\overline{t}\} ds + \int_{V^e} [N]^T \{{}^{t+\Delta t}b\} dV^e \tag{4.23}$$

ここで，$\{{}^{t+\Delta t}\Pi\}$ は時刻 $t+\Delta t$ における公称応力テンソル ${}^{t+\Delta t}\boldsymbol{\Pi}$ の成分を適当に並べた列ベクトル，$[B_g]$ は変位こう配ベクトルと節点変位ベクトルを結ぶマトリックスである。${}^{t+\Delta t}\boldsymbol{\Pi}$ は時間積分を用いて

$${}^{t+\Delta t}\boldsymbol{\Pi} = {}^{t}\boldsymbol{\Pi} + \int_t^{t+\Delta t} \dot{\boldsymbol{\Pi}} dt = {}^{t}\boldsymbol{\Pi} + \Delta\boldsymbol{\Pi} \tag{4.24}$$

と表される。この定積分を前進差分で近似すると

$$\Delta\boldsymbol{\Pi} = {}^{t+\Delta t}\boldsymbol{\Pi} - {}^{t}\boldsymbol{\Pi} = {}^{t}\dot{\boldsymbol{\Pi}}\Delta t \tag{4.25}$$

となり，後退差分で近似すると

$$\Delta\boldsymbol{\Pi} = {}^{t+\Delta t}\boldsymbol{\Pi} - {}^{t}\boldsymbol{\Pi} = {}^{t+\Delta t}\dot{\boldsymbol{\Pi}}\Delta t \tag{4.26}$$

となる。ただし，updated Lagrange 形式の場合

$$\begin{aligned}\dot{\boldsymbol{\Pi}} &= \mathring{\boldsymbol{\tau}} - \boldsymbol{D}\cdot\boldsymbol{\sigma} - \boldsymbol{\sigma}\cdot\boldsymbol{D} + \boldsymbol{\sigma}\cdot\boldsymbol{L}^T \\ &= \boldsymbol{C}^{ep} : \boldsymbol{D} - \boldsymbol{D}\cdot\boldsymbol{\sigma} - \boldsymbol{\sigma}\cdot\boldsymbol{D} + \boldsymbol{\sigma}\cdot\boldsymbol{L}^T\end{aligned} \tag{4.27}$$

である。前進差分に基づく式 (4.25) を用いるならば，時刻 $t$ の情報のみで ${}^{t+\Delta t}\boldsymbol{\Pi}$ が定まるから陽的なスキームであり，式 (4.26) を用いるならば，時刻 $t+\Delta t$ の応力を参照して式 (4.27) より ${}^{t+\Delta t}\dot{\boldsymbol{\Pi}}$ が定められるのであるから陰的なスキームとなる。式 (4.26) の純粋な後退差分以外にも，クランク・ニコルソン（Crank-Nicolson）法あるいはその一般化公式を用いると各種陰的スキームが得られる。

さて，updated Lagrange 形式の定式化を用いることとすれば，4.1 節を参照して再掲すると，要素の接線剛性方程式は

$$\int_{V^e}\{[B_s]^T([C^{ep}]-[F])[B_s]+[B_g]^T[G][B_g]\}\,dV^e\{\Delta u^\alpha\}$$

$$=\{{}^{t+\Delta t}f^{EXT}\}-\int_{V^e}[B_s]^T\{{}^t\sigma_s\}dV^e$$

あるいは

$$[{}^tk]\{\Delta u^\alpha\}=\{\Delta f\} \tag{4.28}$$

で与えられる。これをすべての要素についてアセンブルすると，系の剛性方程式を得る。

$$[{}^tK]\{\Delta U\}=\{\Delta F\} \tag{4.29}$$

式 (4.29) で与えられた接線剛性方程式を解いて，まず変位増分が得られる。陰解法では系の剛性方程式を何度も解いて収束解を求めるのであるから，こうして得た変位増分を反復 1 回目の解として $\{\Delta U\}^{(1)}$，一般に反復 $M$ 回目の解 $\{\Delta U\}^{(M)}$（ここでは $M=1$）とでも表すべきである。しかし，すぐつぎに述べるのは局所的な応力の計算法であるから，そこに現れる増分解はすべて現在の反復解であり，誤解の恐れがないからしばらく反復の指標を省略する。

**応 力 計 算**　　各要素内（の積分点）における応力やひずみは，剛性マトリックスの組立てに用いた $[B_s]$ や構成マトリックス $[C^{ep}]$ などを用いて計算することができるが，先に述べたように増分中間での降伏やはじめから降伏していても増分が大きいと硬化曲線から外れていくなど不合理な結果になりやすい。そこで，この増分の最終的な応力と塑性ひずみが硬化曲線（例えば $n$ 乗硬化曲線）に乗り，$J_2$ 流動則をも満足するように応力解を定めるものとする。

その計算の手順はつぎのようである。

まず節点変位増分からひずみ増分$\{\varDelta d\}$を求め，つぎの処理を行う。共回転の応力増分を問題にしているので，コーシー応力で記述する。

① 弾性の構成マトリックス$[C^e]$を用いて$\{{}^{t+\varDelta t}\sigma_s\}^{Try}$を計算し，これにより降伏判定を行う〔式(4.30)〕。これは時刻$t$の状態が弾性/塑性のいずれであったかに関係なく，行われる。

$$\{{}^{t+\varDelta t}\sigma_s\}^{Try} = \{{}^{t}\sigma_s\} + [C^e]\{\varDelta d\} \tag{4.30}$$

② もし弾性状態の場合　　そのままこの反復における応力解$\{{}^{t+\varDelta t}\sigma_s\}^{Fin} = \{{}^{t+\varDelta t}\sigma_s\}^{Try}$とする。

③ 降伏していた場合　　一般の三次元や平面ひずみ問題では，**ラジアルリターン**（radial return）**法**と称する簡潔な計算式で$\{{}^{t+\varDelta t}\sigma_s\}^{Fin}$が求められる[1)]。しかし，平面応力問題では構成式の対称性が崩れ，きわめて煩雑な式になる。いずれの応力状態にあっても後退積分の条件として与えられる方程式は式(4.30)より式(4.31)のようになる。

$$\begin{aligned}\{{}^{t+\varDelta t}\sigma_s\}^{Fin} &= \{{}^{t}\sigma_s\} + [C^e]\{\{\varDelta d\} - \{\varDelta d^p\}^{Fin}\}\\ &= \{{}^{t+\varDelta t}\sigma_s\}^{Try} + [C^e]\{\varDelta d^p\}^{Fin}\end{aligned} \tag{4.31}$$

また，$J_2$流動則では式(4.32)～(4.34)の関係が成り立つ。

$$\sqrt{\frac{3}{2}\{{}^{t+\varDelta t}\sigma'\}^{T\ Fin}\{{}^{t+\varDelta t}\sigma'\}^{Fin}} - H({}^{t}\bar{\varepsilon}^p + \varDelta\bar{\varepsilon}^p) = 0 \tag{4.32}$$

$$\{\varDelta d^p\}^{Fin} = \varDelta\lambda\{{}^{t+\varDelta t}\sigma'{}_s\}^{Fin} \tag{4.33}$$

$$\varDelta\lambda = \frac{3}{2}\frac{\varDelta\bar{\varepsilon}^p}{H({}^{t}\bar{\varepsilon}^p + \varDelta\bar{\varepsilon}^p)} \tag{4.34}$$

式(4.33)，(4.34)より式(4.35)を得る。

$$\{\varDelta d^p\}^{Fin} = \frac{3}{2}\frac{\varDelta\bar{\varepsilon}^p}{H({}^{t}\bar{\varepsilon}^p + \varDelta\bar{\varepsilon}^p)}\{{}^{t+\varDelta t}\sigma'{}_s\}^{Fin} \tag{4.35}$$

式(4.31)，(4.32)，および式(4.33)～(4.35)はそれぞれ弾性法則，降伏条件，塑性流動則である。ここで未知数は$\{{}^{t+\varDelta t}\sigma_s\}^{Fin}$，$\{\varDelta d^p\}^{Fin}$，および$\varDelta\bar{\varepsilon}^p$であるので，式(4.31)，(4.32)，および式(4.35)の3式を連立させて解くこととなる。これらは非線形の連立方程式になっているので，ニュートン・ラフソン（Newton-Raphson）法などの技法を用いる必要がある。硬化則のパラメータが常識的な $n$ 乗則の場合，これらはおだやかな非線形問題となるので，収束性は良好である。なお，このような応力計算を return mapping という。

こうしてこの反復における応力解 $\{{}^{t+\Delta t}\sigma_s\}^{Fin}$ が定められた。時刻 $t$ との差として計算される応力増分は Jaumann 速度に対応するものである。式 (4.27) などの変換則を用いて公称応力 ${}^{t+\Delta t}\boldsymbol{\Pi}$，よりていねいに書けば反復 $M$ の結果の ${}^{t+\Delta t}\boldsymbol{\Pi}^{(M)}$ が求められる。

### 4.2.2　不釣合い力の計算とその消去法

〔1〕 **不釣合い力の算出**　すべての要素の応力が求められたものとし，その結果を式 (4.22) に代入すると，内力と等価な節点力

$$\{{}^{t+\Delta t}f^{INT}\}^{(M)} = \int_{V^e} [B_g]^T \{{}^{t+\Delta t}\Pi\}^{(M)} dV^e \tag{4.36}$$

が計算される。これを式 (4.21) に代入しても，一般には外力との平衡はとれない。すなわち式 (4.21) の等号が成立しない。したがって，平衡をとるには ${}^{t+\Delta t}\boldsymbol{\Pi}^{(M)}$ に $d\boldsymbol{\Pi}^{(M+1)}$ だけの補正を加える必要があると仮定する。

$$\int_{V^e} [B_g]^T (\{{}^{t+\Delta t}\Pi\}^{(M)} + \{d\Pi\}^{(M+1)}) dV^e = \{{}^{t+\Delta t}f^{EXT}\} \tag{4.37}$$

既知の応力を右辺に移項して

$$\int_{V^e} [B_g]^T \{d\Pi\}^{(M+1)} dV^e = \{r\}^{(M)} \tag{4.38}$$

を得る。ここで，$\{r\}^{(M)}$ は**残差**（residual）であり，式 (4.39) で与えられる。

$$\{r\}^{(M)} = \{{}^{t+\Delta t}f^{EXT}\} - \int_{V^e} [B_g]^T \{{}^{t+\Delta t}\Pi\}^{(M)} dV^e \tag{4.39}$$

これを系全体についてアセンブルしたもの $\{R\}^{(M)}$ を**不釣合い力**あるいは**残差力**という。この残差ベクトル $\{R\}^{(M)}$ が数値的に 0 とみなせるならば，収束解を得たことになるので，反復を終了しつぎの増分へと時間を進める。

〔2〕 **不釣合い力を消滅させるための反復方法**　式 (4.38) の左辺を適当に離散化し，系全体についてアセンブルすればつぎの接線剛性方程式 (4.40)

を得る。

$$[{}^*K]\{dU\}^{(M+1)} = \{R\}^{(M)} \tag{4.40}$$

ただし，$\{dU\}^{(M+1)}$ は節点変位増分の補正項で応力と同様に式 (4.41) で運用される。

$$\{\varDelta U\}^{(M+1)} = \{\varDelta U\}^{(M)} + \{dU\}^{(M+1)} \tag{4.41}$$

以下，剛性マトリックスの扱いについて典型的な例を考察する。

（a） **ニュートン・ラフソン法**　内力と等価な節点力 $\{{}^{t+\varDelta t}F^{INT}\}$ の解を形式的に $\{{}^{t+\varDelta t}F^{INT}\}^{(M)}$ でテイラー展開すると式 (4.42) のようになる。

$$\{{}^{t+\varDelta t}F^{INT}\} = \{{}^{t+\varDelta t}F^{INT}\}^{(M)} + \left[{}^{t+\varDelta t}\frac{\partial F^{INT}}{\partial U}\right]^{(M)}\{dU\}^{(M+1)} + \cdots \tag{4.42}$$

この右辺の省略形となっている高次項を無視し，$\{{}^{t+\varDelta t}F^{EXT}\}$ に等しいとおくと，式 (4.38) の左辺は $[{}^{t+\varDelta t}\partial F^{INT}/\partial U]^{(M)}\{dU\}^{(M+1)}$，すなわち接線剛性マトリックスと変位補正ベクトルの積と解釈される。

$$[{}^*K] = [{}^{t+\varDelta t}K]^{(M)} \tag{4.43}$$

すなわち，式 (4.42) には最新の応力を参照して作成した接線剛性マトリックスを用いる。ただし，この方法では反復のたびに毎回逆マトリックスをとる（またはそれと等価な計算を行う）ので，高い計算コストがかかる。その欠陥を補うため，古くからつぎの（b）の方法がとられていた。

（b） **修正ニュートン・ラフソン法**　これは一定剛性法ともいわれ，反復数にかかわらずこの増分に入って最初に作成した接線剛性マトリックス $[{}^tK]$ を一貫して用いるとする方法である。すなわち

$$[{}^*K] = [{}^tK] \tag{4.44}$$

とし，最初に逆マトリックスをとったら以後はそれを保持しておく。この方法では，降伏していた要素がいわゆる除荷の状態になったとき収束に困難をきたすという欠陥がある[2]。

これら（a），（b）二つの方法のほかにも割線法に分類される手法が存在する[3]が，ここでは省くことにし，（a），（b）二つの方法の概念的な説明図を**図 4.1** に示しておく。

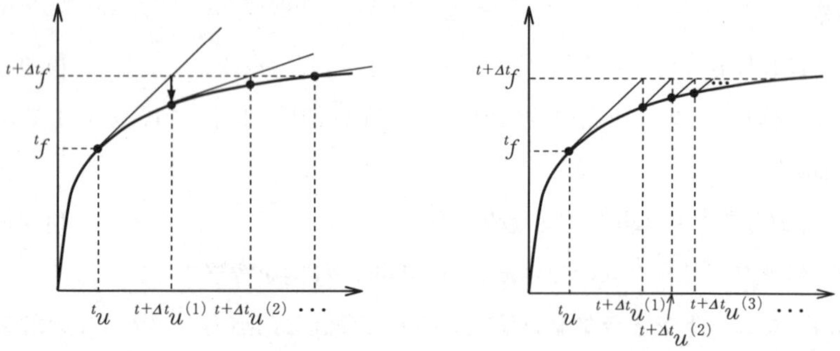


（a）ニュートン・ラフソン法の反復過程　　（b）修正ニュートン・ラフソン法の反復過程

**図 4.1**　反復法の概念的説明図

なお，本節では外力が変形に依存しないかのような前提で記述してきたが，現実には外力が変形に依存する場合がある。例えば液圧を負荷した場合には，面の法線方向や受圧部の面積が変形に応じて変化する。その場合には $\{{}^{t+\Delta t}F^{EXT}\}$ に反復数が入るばかりでなく，一般には非対称の荷重補正マトリックスと呼ばれる剛性も派生する。液圧に関する詳細な定式は 7 章に示す。

## 4.3 静 的 陽 解 法

### 4.3.1 静的陽解法における不釣合い

4.2 節では離散化された弾塑性体に関する**仮想仕事の原理**を，増分ステップ内で繰返し計算を行うことにより解く方法を説明した。この方法では増分後の配置における静的な力の釣合い（内力と外力の釣合い）や応力-ひずみ関係が得られるため，解析精度としては高いと考えられている。しかし，繰返し計算を用いなければならないため，収束が得られない場合，最終的な解に到達しないという大きな欠点がある。

本節では若干の力の不釣合いを許容しながらも，繰返し計算を行うことなく，増分ステップ内で近似的な線形性が成り立つように増分幅を制限しながら解いていく方法を示す。これを**静的陽解法**（static explicit method）と呼ぶ。

“静的”とは静的釣合い式を解いていることを示し，“陽解法”とするのは解がつねに陽に得られるからである。

静的陽解法では繰返し計算を避けるため，増分前の仮想仕事の原理に基づいて増分後の状態を評価する。つまり，式 (4.20) を当該ステップ唯一の**接線剛性方程式**として解く。これは各種の非線形項を無視することに相当し，解くべき有限要素方程式は既知の配置における物理量のみで表すことができる。

しかし，これまでみてきたように，塑性加工解析はさまざまな非線形性が複雑に入り混じった解析である。やみくもに“陽的”に解くと，式 (4.39) で与えられる（内力と外力の）不釣合いが大きく発生してしまい，妥当な解を得ることができない。したがって静的陽解法では，“近似的な線形性”が成り立つ増分幅をどのように決めるか，また実際に発生してしまった不釣合いをどのように補正していくかが大きな鍵となる。

以下，4.3.2 項および 4.3.3 項では増分ステップ内で近似的な線形性が成り立つように増分量を制御する手法である $\boldsymbol{r_{\min}}$ **法**，また不釣合い力を“陽的”に補正するいくつかの手法を示す。

## 4.3.2 $\boldsymbol{r_{\min}}$ 法

**〔1〕 増分量の決定方法** 静的陽解法では増分ステップ中は線形関係が成り立つと仮定するため，各種非線形性に起因する誤差（不釣合い力）がステップごとに蓄積されていくこととなる。そこで通常静的陽解法では，増分ステップ内での誤差をできるだけ小さくとどめて近似的に線形性が保たれるように，$r_{\min}$ 法[4),5)] と呼ばれる手法を用いて増分ステップの大きさをアダプティブに決めている。$r_{\min}$ 法はすべての物理量が増分ステップ内で線形に増加するという性質を利用したものであり，つぎのような流れで行われる。

① 試験的な荷重増分 $\Delta\boldsymbol{f}$ を与えて，剛性方程式を解き，試験的な解となる変位増分 $\Delta\boldsymbol{u}$ を求める。

② 近似的に線形性が保たれるようにさまざまな条件や制限値をあらかじめ設定し（詳細は後述），これらの条件を破る瞬間の増分量と試験的な増分

量との比 $r$ を求め，そのなかでの最小の $r$ を $r_{\min}$ とする。

③　試験的な増分量に $r_{\min}$ を掛けたもの，つまり $r_{\min}\cdot\boldsymbol{\Delta f}$，$r_{\min}\cdot\boldsymbol{\Delta u}$ などをこの増分ステップ本来の増分量とする。

つまり，線形関係となることを利用して増分量を近似的に線形性が保たれるところまで引き戻すところがポイントである。したがって，比 $r$ のとりうる範囲は $0 \leqq r \leqq 1$ である。②で $r_{\min}$ を算出する際には，幾何学的な非線形性，材料の非線形性など近似的な線形性を崩す要因すべてを考慮する必要がある。以下にその代表的なものの比 $r$ の計算方法を示す。

**（a）　幾何学的非線形の制御**　　**幾何学的非線形性**に起因する誤差の増大を防ぐために，増分ステップ内でひずみ増分や回転増分量などが大きくなりすぎるのを避ける必要がある。そこで，つぎのようにひずみ増分，回転増分などに対して許容値（制限値）を設け，つねに増分量がこの許容値内に収まるように制御する。

**1）　ひずみ増分の制御**　　2章で示したように，弾塑性構成式ではひずみ速度テンソル $\boldsymbol{D}$ の増分 $\boldsymbol{\Delta d}$ をひずみ増分としている。ひずみ増分量に関する許容値を $DEMAX$ とすると，ひずみ増分に関する比 $r_\varepsilon$ は式 (4.45) で与えられる。

$$r_\varepsilon = \frac{DEMAX}{\sqrt{\boldsymbol{\Delta d} : \boldsymbol{\Delta d}}} = \frac{DEMAX}{\sqrt{\Delta d_{ij}\Delta d_{ij}}} \tag{4.45}$$

**2）　回転増分の制御**　　スピンテンソル $\boldsymbol{W}$ の増分 $\boldsymbol{\Delta w}$ を用いる。回転増分量に関する許容値を $DWMAX$ とすると，回転増分に関する比 $r_w$ は式 (4.46) で与えられる。

$$r_w = \frac{DWMAX}{\sqrt{\boldsymbol{\Delta w} : \boldsymbol{\Delta w}}} = \frac{DWMAX}{\sqrt{\Delta w_{ij}\Delta w_{ij}}} \tag{4.46}$$

**（b）　材料非線形の制御**　　通常，塑性加工で用いる弾塑性体はひずみの大きさによって構成関係が異なり，また，塑性状態では応力とひずみの関係は非線形となる。そこで，この応力-ひずみ関係に起因する誤差を制御する必要がある。

**1）弾塑性状態変化の制御**　2章で詳述しているように，弾塑性体の場合，降伏の前後では構成関係が異なる。したがって，増分ステップ内で弾性状態から塑性状態へ，またはその逆の状態変化が起こらないように増分量を制御する必要がある。

**図4.2**（a）に示すように，ある積分点の増分ステップ前の応力状態が弾性状態（図中の点A）であったとする。この積分点の応力が試験的な増分ステップ後には塑性状態（点B）に達していたとすると，増分ステップ内で状態変化が起こらないためには応力増分 $\boldsymbol{\varDelta\sigma}$ が**降伏曲面**を横切る点Cで増分を制限すればよい。したがって，このときの比 $r_s$ は式(4.47)で与えられる。

$$r_s = \frac{\overline{\mathrm{AC}}}{\overline{\mathrm{AB}}} \tag{4.47}$$

降伏条件として**ヒルの二次異方性降伏条件**を用いることとすると，点Cにおける相当応力は

$$\bar{\sigma} = \sqrt{(\boldsymbol{\sigma} + r_s \cdot \boldsymbol{\varDelta\sigma}) : \boldsymbol{M} : (\boldsymbol{\sigma} + r_s \cdot \boldsymbol{\varDelta\sigma})} = \sigma_y \tag{4.48}$$

となる。ただし，$\sigma_y$ は降伏応力である。式(4.48)を整理すると

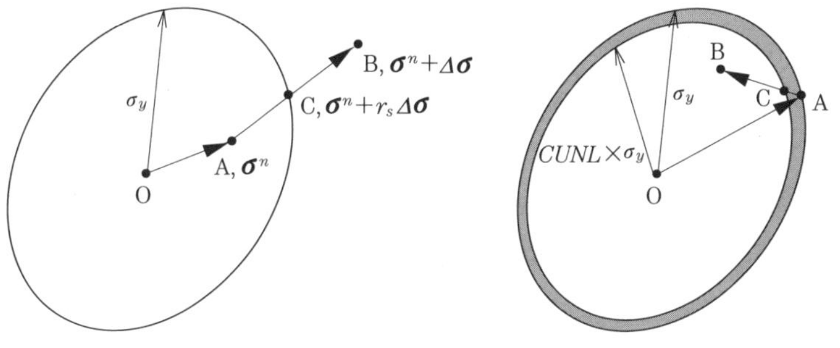


（a）弾性から塑性の判定　　（b）塑性から弾性の判定

**図4.2**　弾塑性状態変化の判定

$$r_s^2 \cdot (\boldsymbol{\varDelta\sigma} : \boldsymbol{M} : \boldsymbol{\varDelta\sigma}) + 2\, r_s \cdot (\boldsymbol{\sigma} : \boldsymbol{M} : \boldsymbol{\varDelta\sigma}) + (\boldsymbol{\sigma} : \boldsymbol{M} : \boldsymbol{\sigma} - \sigma_y^2) = 0 \tag{4.49}$$

を得る。ただし，4階のテンソル $\boldsymbol{M}$ の対称性を用いた。式(4.49)を $r_s$ について解き，その正の解をとると式(4.50)を得る。

$$r_s = \frac{-(\boldsymbol{\sigma} : \boldsymbol{M} : \Delta\boldsymbol{\sigma}) + \sqrt{(\boldsymbol{\sigma} : \boldsymbol{M} : \Delta\boldsymbol{\sigma})^2 - (\Delta\boldsymbol{\sigma} : \boldsymbol{M} : \Delta\boldsymbol{\sigma})\cdot(\boldsymbol{\sigma} : \boldsymbol{M} : \boldsymbol{\sigma} - \sigma_y^2)}}{(\Delta\boldsymbol{\sigma} : \boldsymbol{M} : \Delta\boldsymbol{\sigma})} \tag{4.50}$$

また，式 (4.49) を塑性状態にある積分点に対して適用することにより，塑性状態から弾性状態への変化（**除荷**）をチェックすることができる。しかし，塑性状態の積分点では相当応力と降伏応力はつねに一致しているため，式 (4.47) の分子がつねに 0 となり，その結果，求まる $r_s$ も 0（増分 0）となってしまう（また数値的な誤差により負になる場合もある）。したがって，除荷の発生を $r_{\min}$ 法で制御することはできず，厳密に取り扱うには増分ステップ前の状態まで戻り，この積分点を弾性状態と定義し直したうえで再度剛性マトリックスを組み立てなければならない。

しかし，この方法では反復計算を行わないという静的陽解法の大きな利点が損なわれる。そこで，図 (b) に示すように実際よりも許容値 $CUNL$ ($< 1$) だけ小さい降伏曲面を考え，この降伏曲面を横切る点（図中点 C）を近似的な除荷の状態変化点とする方法がある。このときの比 $r_s$ は式 (4.50) において，$\sigma_y$ のかわりに $CUNL \times \sigma_y$ を用いることにより得られる。

またこのほかにも，除荷の挙動を示す積分点に対して弾塑性の構成関係を用いた場合の応力増分と弾性の構成関係を用いた場合の応力増分の間で生じる誤差に対して許容値を設ける方法も提案されている[6)]。弾性状態から塑性状態への変化の制御に比べていずれも近似的な対処法ではあるが，除荷に対して制限を与えないことは大きな誤差を招く要因となるため，なんらかの対策を講じる必要がある。

**2）　応力増分の制御**　　塑性状態では応力-ひずみの関係が非線形となるため，応力増分が大きくなりすぎないように制限することで，この非線形性に起因する誤差の増大を防ぐ必要がある。応力増分量に対する許容値を $DSMAX$ とすると，応力増分に関する比 $r_\sigma$ は式 (4.51) で与えられる。

$$r_\sigma = \frac{DSMAX}{\sqrt{\Delta\boldsymbol{\sigma} : \Delta\boldsymbol{\sigma}}} = \frac{DSMAX}{\sqrt{\Delta\sigma_{ij}\Delta\sigma_{ij}}} \tag{4.51}$$

$\varDelta\boldsymbol{\sigma}$ のノルムのかわりに相当応力の増分を用いてもよい。式 (4.51) の計算をすべての塑性状態の積分点で行う。

**弾塑性構成式**に**塑性ポテンシャル理論**に基づく関連流れ則を用いる場合，塑性ひずみ増分ベクトルはつねに降伏曲面の外向き法線方向を向いている必要がある。しかし増分ステップ中，塑性ひずみ増分ベクトルの向きは変わらないため，応力増分のうち中立負荷の成分が大きくなるとこの仮定に基づく誤差が大きくなる。そこで，負荷の成分と**中立負荷**の成分にそれぞれ異なる許容値を与えることで，この誤差を制限する方法がある。

**図 4.3** のように，応力増分の中立負荷成分のノルム $\sqrt{\varDelta\boldsymbol{\sigma}_t : \varDelta\boldsymbol{\sigma}_t}$ を横軸に，負荷成分のノルム $\sqrt{\varDelta\boldsymbol{\sigma}_n : \varDelta\boldsymbol{\sigma}_n}$ を縦軸にとった平面を考え，応力増分に対する許容値を表す曲線が楕円になる場合を考える。負荷成分に対する許容値を $DSNMAX$，中立負荷成分に対する許容値を $DSTMAX$ とすると，応力増分のノルムが $DSNMAX$ と $DSTMAX$ を軸とする楕(だ)円を横切るときの比 $r_\sigma$ を求めればよい。中立負荷成分に対して厳しい制限を与えることを考えると，$DSTMAX < DSNMAX$ となる。

**図 4.4** に示すように，降伏曲面上の応力点 A における外向き法線ベクトルと応力増分ベクトル $\varDelta\boldsymbol{\sigma}$ のなす角を $\theta$ とすると

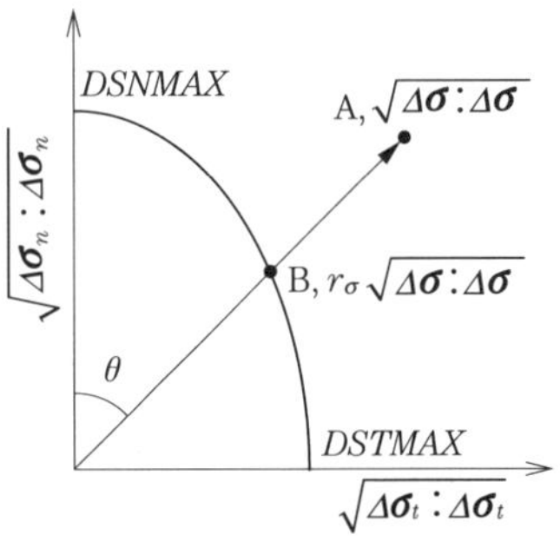


**図 4.3**　応力増分の制限

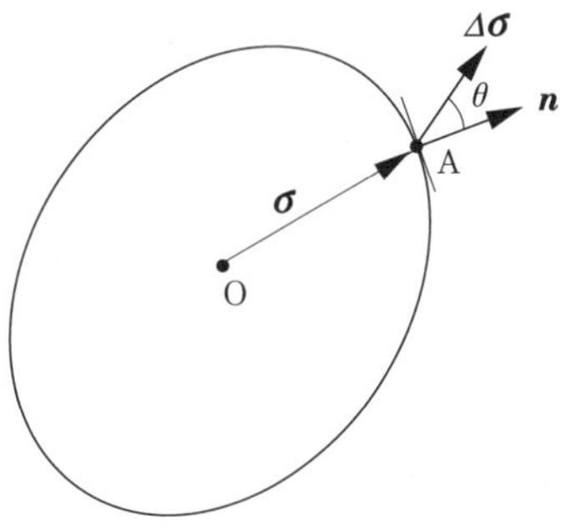


**図 4.4**　降伏曲面と応力増分ベクトル

$$\left.\begin{aligned}\sqrt{\Delta\boldsymbol{\sigma}_t : \Delta\boldsymbol{\sigma}_t} &= \sqrt{\Delta\boldsymbol{\sigma} : \Delta\boldsymbol{\sigma}}\,\sin\theta \\ \sqrt{\Delta\boldsymbol{\sigma}_n : \Delta\boldsymbol{\sigma}_n} &= \sqrt{\Delta\boldsymbol{\sigma} : \Delta\boldsymbol{\sigma}}\,\cos\theta\end{aligned}\right\} \tag{4.52}$$

と表せる。これを楕円の方程式に代入して整理すると

$$r_\sigma = \frac{1}{\sqrt{\Delta\boldsymbol{\sigma} : \Delta\boldsymbol{\sigma}}}\frac{1}{\sqrt{\left(\dfrac{\sin\theta}{DSTMAX}\right)^2 + \left(\dfrac{\cos\theta}{DSNMAX}\right)^2}} \tag{4.53}$$

となる。このときの許容値は用いる硬化則の性質に従って適宜決定する必要がある。$DSTMAX = DSNMAX$ とした場合は許容値を表す曲線は円となり，式 (4.51) と一致する。

**（c） 接触非線形の制御**　塑性加工では材料が工具と接触している領域と接触していない領域が時々刻々と変化する。接触している領域には，6 章で示しているように工具に潜り込まないような変位拘束の境界条件が与えられ，また接触していない領域には，自重の影響を無視する場合 0 の力が作用しているという力の境界条件が与えられる。つまり，接触領域と非接触領域では**境界条件**が異なるため，増分ステップ中に接触状況の変化が起こらないように制御する必要がある。そこで，このような接触に起因する非線形性を制御することを考える。

**1） 工具との接触判定**　増分ステップ中に接触していない材料節点が工具内に潜り込んでしまった場合，工具表面上に達した瞬間の比 $r_{ct}$ を求めて増分を制限する。

**図 4.5** のように材料節点 P が工具に潜り込もうとする場合，比 $r_{ct}$ は $\overline{PQ}/$

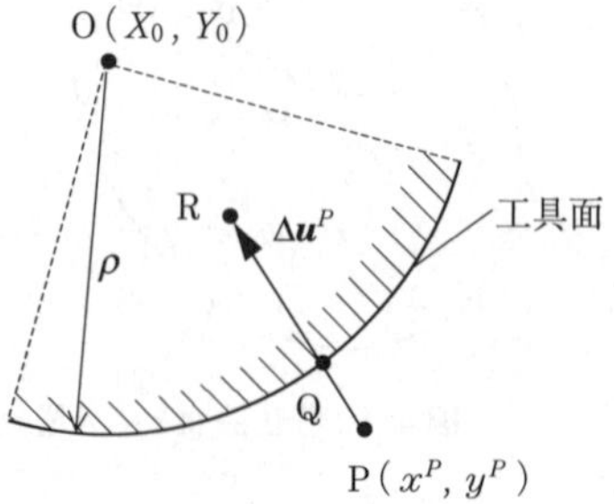


$r_{ct} = \dfrac{\overline{PQ}}{\overline{PR}}$

**図 4.5**　工具と材料の接触判定

$\overline{PR}$ で与えられる。$r_{ct}$ の計算方法は 6 章で示す工具面形状の表現方法や，接触判定の方法に大きく依存するものであり，また二次元解析と三次元解析でも計算方法は異なる。ここでは工具面形状を関数で表現した二次元解析を考える。

簡単のため工具は静止している剛体と仮定する。工具の外形は

$$g(x, y) = 0 \tag{4.54}$$

で与えられる方程式で表されるものとする。例えば円や楕円であれば $g(x, y)$ は $x$，$y$ ともに最高二次，放物線なら一方は二次，他方は一次である。境界上の節点 P がこの工具の表面上の点 Q に到達する瞬間の比 $r_{ct}$ はつぎの方程式 (4.55) から定められる。

$$g(x^P + r_{ct}\varDelta u_1^P,\ y^P + r_{ct}\varDelta u_2^P) = 0 \tag{4.55}$$

このとき，$(x^P, y^P)$ は節点 P の増分ステップ前の座標，$(\varDelta u_1^P, \varDelta u_2^P)$ は試験的な変位増分を表す。

$r_{ct}$ に関する方程式 (4.55) は，工具外形が円や放物線の場合は二次方程式，直線の場合は一次方程式となる。例えば，図 4.5 のように工具が円弧で表現されるとき，式 (4.55) は

$$(x^P + r_{ct}\varDelta u_1^P - X_0)^2 + (y^P + r_{ct}\varDelta u_2^P - Y_0)^2 = \rho^2 \tag{4.56}$$

となる。式 (4.56) を $r_{ct}$ について解くと，式 (4.57) を得る。

$$r_{ct} = \frac{-b \pm \sqrt{b^2 - ac}}{a} \tag{4.57}$$

$$a = (\varDelta u_1^P)^2 + (\varDelta u_2^P)^2,$$
$$b = (x^P - X_0)\varDelta u_1^P + (y^P - Y_0)\varDelta u_2^P,$$
$$c = (x^P - X_0)^2 + (y^P - Y_0)^2 - \rho^2$$

式 (4.57) の解は二つ得られるが，$0 \leqq r_{ct} \leqq 1$ を満たし，かつ小さいほうを採用する。この計算を工具に接触しそうなすべての材料節点について行う。プレス加工時のパンチのように工具自体も動く場合は，変位増分 $(\varDelta u_1^P, \varDelta u_2^P)$ のかわりに式 (4.58) で定義される工具との相対変位増分 $(\varDelta u_1^{P^{rel}}, \varDelta u_2^{P^{rel}})$ を用いる。

$$(\Delta u_1^{P^{rel}}, \Delta u_2^{P^{rel}}) = (\Delta u_1^P, \Delta u_2^P) - (\Delta u_1^{tool}, \Delta u_2^{tool}) \tag{4.58}$$

ここで，$(\Delta u_1^{tool}, \Delta u_2^{tool})$ は工具の変位増分である。

**2） 離脱の判定**　工具と接触している材料節点には，材料が工具に押し付けられる方向の力（工具反力）が作用している。その後，工具反力が 0 となったときに材料節点は工具から離れることとなる。したがって，増分ステップ中に材料節点に作用する工具反力の向きが反転してしまう場合には，工具反力が 0 となる瞬間でステップを制限し，非接触の境界条件に切り替える必要がある。

増分ステップ前の状態において，節点力ベクトルの工具面に垂直な成分を $f_n$，増分ステップで生じる試験的な節点力増分ベクトルの工具面に垂直な成分を $\Delta f_n$ とする。このとき，離脱に関する比 $r_{re}$ は式 (4.59) で与えられる。

$$r_{re} = -\frac{f_n}{\Delta f_n} \tag{4.59}$$

式 (4.59) の計算を工具と接触しているすべての材料節点について行う。

**〔2〕 変位，力，応力など状態変数の更新**　〔1〕に示したように，近似的な線形性を崩す要因すべてに関して比 $r$ を求め，そのなかで最も小さな $r$ をその増分ステップにおける $r_{\min}$ として採用する。求められた $r_{\min}$ の値を用いて，式 (4.60) のように節点変位，節点力，積分点における**コーシー応力，**相当塑性ひずみなどの各種状態変数をステップ $m$ からステップ $m+1$ へと更新する。

$$\left.\begin{aligned} \boldsymbol{u}^{m+1} &= \boldsymbol{u}^m + r_{\min}\cdot\Delta\boldsymbol{u} \\ \boldsymbol{f}^{m+1} &= \boldsymbol{f}^m + r_{\min}\cdot\Delta\boldsymbol{f} \\ \boldsymbol{\sigma}^{m+1} &= \boldsymbol{\sigma}^m + r_{\min}\cdot\Delta\boldsymbol{\sigma} \\ \bar{\varepsilon}^{p^{m+1}} &= \bar{\varepsilon}^{p^m} + r_{\min}\cdot\Delta\bar{\varepsilon}^p \end{aligned}\right\} \tag{4.60}$$

**〔3〕 増分計算の手順**　$r_{\min}$ 法を用いた静的陽解法の増分計算の手順を**図 4.6** に示す。

```
                    START
                      │
                      ▼
┌─────────────────────────────────────┐
│ 初期の工具との接触状態，境界条件をセットする。 │
│ 工具の試験的変位増分を与える。              │
└─────────────────────────────────────┘
                      │         ◄─────────────── (増分計算ループ)
                      ▼
┌─────────────────────────────────────┐
│ 剛性マトリックス $K$ の計算をする。          │
│ 境界条件を剛性方程式へ導入する。            │
└─────────────────────────────────────┘
                      │
                      ▼
┌─────────────────────────────────────┐
│ 剛性方程式を解いて，各節点の試験的変位増分を求  │
│ める。                                │
└─────────────────────────────────────┘
                      │
                      ▼
┌─────────────────────────────────────┐
│ 各節点，積分点において，4.3.2項に示す各条件に関す│
│ る比 $r$ を求める。                      │
│ $r_\varepsilon$, $r_w$, $r_s$, $r_\sigma$, … etc. │
└─────────────────────────────────────┘
                      │
                      ▼
┌─────────────────────────────────────┐
│ 最小の $r$ を $r_{\min}$ とする。           │
│ $r_{\min} = \min(r_\varepsilon, r_w, r_s, r_\sigma, \cdots)$, $0 < r_{\min} \leq 1.0$ │
└─────────────────────────────────────┘
                      │
                      ▼
┌─────────────────────────────────────┐
│ すべての物理量および状態を更新する。         │
│ ① $a^{m+1} = a^m + r_{\min} \Delta a$      │
│ ② 各積分点の弾塑性の状態の更新            │
│ ③ 各節点の工具との接触/非接触状態，および接触の │
│   境界条件の更新                        │
└─────────────────────────────────────┘
                      │
                      ▼
┌─────────────────────────────────────┐   NO
│ 所定の工具移動量に達したかどうかをチェックする。 │ ──────┘
└─────────────────────────────────────┘
                      │ YES
                      ▼
                    END
```

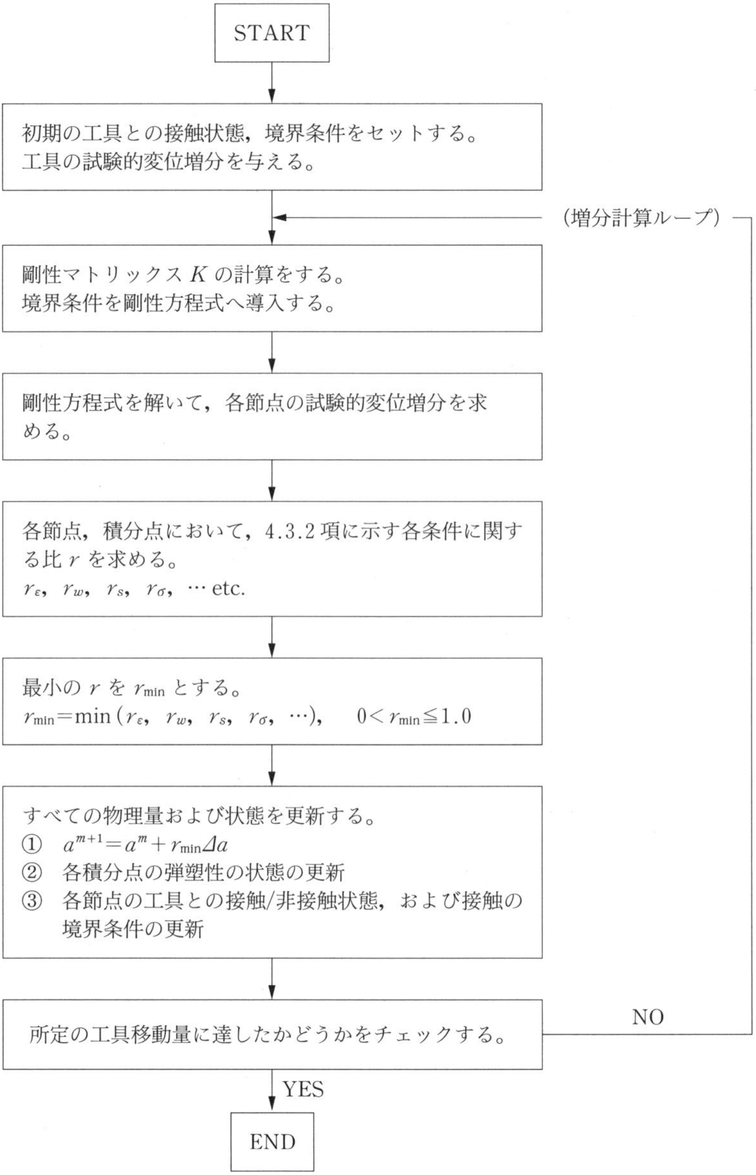

**図 4.6** 静的陽解法における計算の流れ

### 4.3.3　不釣合い力の補正方法

4.3.2 項では変形過程で発生するさまざまな非線形性の要因に対し，それらの影響をできるだけ限定して良好な釣合いを保つための手法について説明した。本項では，それでもなお陽解法であるかぎり宿命的に発生する不釣合い力をどのように補正していくかについて述べる。

**〔1〕 不釣合い力の発生形態**

**（a） 自由節点に発生する不釣合い力**　重力などの物体力を無視できるものとすると，外力あるいは接触のない**自由節点**では節点力は 0 となるはずである。しかしながら，自由節点に働く力は，4.3.1 項で述べたように外力ベクトルと内力ベクトルの間に不釣合いが発生することにより，実際には必ずしも 0 にはならない。さらに，この不釣合い力は陰解法の場合と異なり，ある許容値以内に収まる保証はない。このように発生する自由節点での不釣合い力ベクトル $\{F_{free}^{neq}\}$ は式 (4.61) で与えられる。

$$
\begin{aligned}
\{F_{free}^{neq}\} &= \{F^{EXT}\} - \{F^{INT}\} = \{\,0\,\} - \{F^{INT}\} \\
&= -\sum_{(e)} \int_{V^{(e)}} [B_g^{(e)}]^T \{\sigma_s^{(e)}\} dV^{(e)} \qquad (4.61)
\end{aligned}
$$

ここで，$V^{(e)}$ は要素の体積，$(e)$ は当該節点が属するすべての要素を示す。式 (4.61) には工具から離脱した材料節点に残存する節点力による不釣合いも含まれる。これは，工具に接触している材料節点が工具から離脱する際，4.3.2 項で述べたような方法で，$r_{\min}$ 法によって節点に生じている**工具反力**がちょうど 0 になるように増分ステップを制限しても，不釣合い力の発生が避けられないことを示している。

**（b） 接触節点上に発生する不釣合い力**　摩擦力に関する構成則（6 章参照）は，増分ステップ開始時 (時刻 $t$) に材料節点が工具に接触している点における工具外向き法線方向に基づいて定式化される。このため，工具表面が曲率を有することにより，ステップ終了時 (時刻 $t + \varDelta t$) での接触位置における法線ベクトルが時刻 $t$ でのものと異なる場合には，時刻 $t + \varDelta t$ での接触力は摩擦構成則を厳密には満たしていない〔かりに式 (6.40) で示されるような共

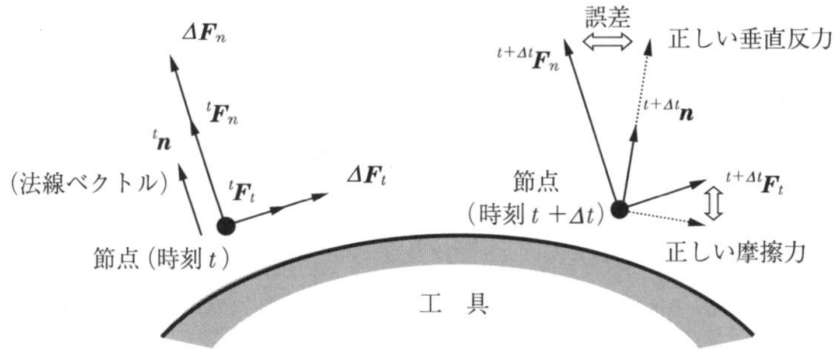


**図 4.7**　工具曲率に起因する不釣合い力

回転の節点力速度という概念を導入しても，時刻 $t+\Delta t$ での法線ベクトルが正確に予測できないかぎり，陽解法では必ず誤差は発生する〕(**図 4.7**)。

また，曲率をもたないフラットな面に対する接触を考えても，摩擦構成側に従うのはあくまでも外力項であるため，内力ベクトルが摩擦則を満たしている保証はない。このように発生する工具接平面方向の不釣合い力 $\{F_{fric}^{neq}\}$ は式 (4.62) で与えられる。

$$\{F_{fric}^{neq}\} = \{F_t^{EXT}\} - \{F_t^{INT}\} = -\frac{\mu \mid F_n^{EXT} \mid}{\| \dot{\boldsymbol{u}}^{rel} \|}\{\dot{u}^{rel}\} - \{F_t^{INT}\} \qquad (4.62)$$

ただし，ここでは**クーロン摩擦**を仮定し，摩擦係数を $\mu$ とした。また，$\{\dot{u}^{rel}\}$ は工具に対する材料の相対速度を示し，各節点力ベクトルの右下添え字 $t$ および $n$ はそれぞれ工具接平面内およびその垂直方向に分解した成分であることを表す。

以上，(a) および (b) が静的陽解法における代表的な不釣合い力の発生形態である。その発生原因は幾何学的非線形および接触非線形が複合されたものである。

ここで，不釣合い力の扱いを，4.1 節で導出した接線剛性方程式と照らし合わせて考えてみることにする。**全体剛性方程式** (4.20) を式 (4.61) の関係を用いて書き直すと，式 (4.63) のようになる。

$$[K]\{\Delta U\} = \{\Delta F^{EXT}\} + \{{}^tF^{EXT}\} - \{{}^tF^{INT}\}$$

$$= \{\Delta F^{EXT}\} + \{{}^tF^{neq}\} \tag{4.63}$$

式 (4.63) の右辺に現れる $\{{}^tF^{neq}\}$ は，式 (4.61) および式 (4.62) に代表される不釣合い力を，時刻 $t$ で評価したものである。すなわち，4.1 節で述べたとおり前のステップで発生した不釣合い力を補正するための自己修正項である。

静的陽解法では，時間増分 $\Delta t$ が $r_{\min}$ 法によって決定される。つまり，式 (4.63) を式 (4.64) のように書き直すことができる。

$$r_{\min}\cdot[K]\{dU\} = r_{\min}\cdot\{dF^{EXT}\} + \{{}^tF^{neq}\} \tag{4.64}$$

式 (4.64) を見ればわかるように，補正項 $\{{}^tF^{neq}\}$ にはほかの項と異なり $r_{\min}$ (すなわち $\Delta t$) が掛かっていないため，静的陽解法のように時間増分幅がステップ開始時において未知となっているケースでは，このままの形でこの補正項 (既知) を使うことはできない。このため，静的陽解法特有の工夫による不釣合い力補正法が必要となる。

### 〔2〕 不釣合い力の補正手法

**(a) 反復計算の導入による補正**　静的陽解法の各増分ステップ終了後の不釣合い力ベクトルを式 (4.65) により算出する。

$$\{F^{neq}\} = \{F^{EXT}\} - \{F^{INT}\} \tag{4.65}$$

そのノルムの最大値がある許容値に達したときのみ，不釣合い力を除去するための反復計算を導入する方法が山村ら[7] によって開発され，シェル要素を用いたスプリングバック解析において良好な結果を得ている。

この手法では不釣合い力が許容値を超えた時点で工具位置を固定し，剛性方程式

$$[K]\{dU\} = \{F^{neq}\} \tag{4.66}$$

を解くという付加的なプロセスを設けている。このプロセスでは通常の増分ステップと同様に $r_{\min}$ 法を適用し，不釣合い力 $\{F^{neq}\}$ を除去しきるまで増分計算を行う。ただし，補正中には工具との接触状況の更新は行わず，不釣合い力の除去過程終了後に接触状況を更新し，つぎのステップへと進む。つまり，この手法は静的陰解法における反復計算を，補正が必要なステップにおいて 1 回のみ行うことに相当する。

**（b） 次ステップ以降での補正**[8)] 〔1〕で述べたように式 (4.64) では $r_{\min}$ の値が未知であるため，ひとまず $r_{\min}=1$ として

$$[K]\{dU\}=\{dF^{EXT}\}+\{{}^tF^{neq}\} \tag{4.67}$$

と書く。この意味は，一つ前の増分ステップまでに蓄積されている不釣合い力 $F^{neq}$ を当該ステップで処理しようというものだが，最終的には両辺に $r_{\min}$ が掛かるため，$r_{\min}\cdot\{F^{neq}\}$ しか補正されない。そこで，予測される $r_{\min}$ より大きめの値 $R_{SAFE}$ ($\leqq 1$) を用いて式 (4.67) を式 (4.68) のように変更する。

$$[K]\{dU\}=\{dF^{EXT}\}+\frac{1}{R_{SAFE}}\cdot\{{}^tF^{neq}\} \tag{4.68}$$

これにより1ステップ遅れでの補正が加速されることになるのだが，もし $r_{\min}$ が $R_{SAFE}$ より大きくなった場合には $r_{\min}=R_{SAFE}$ とする。補正しきれなかった不釣合い力の処理は，つぎのステップにまわすことになる。この手法は，（a）の手法と異なり反復計算を伴うことなく，通常の増分ステップを進めながら自動的に補正することができるというメリットがある一方，不釣合い力の消去を保証するものではないこと，また，$R_{SAFE}$ の値をどう選択するかによって，解が異なる可能性があることに注意しなくてはならない。

## 4.4 お わ り に

1章で述べたように，板成形シミュレーションプログラムの本家本流は静的陰解法である。この手法を用いた市販ソフトウェアや研究用プログラムは世界中に数多く存在する。また，力の釣合いと構成式を同時に満たす解を正確に求めることのできる唯一の解法であるため，ほかの解法に比べて最も精度がよいことは明らかである。しかし実際には，形状が複雑なプレス製品のシミュレーションを陰解法で扱おうとすると，しばしば**収束解**が得られないという問題が生じてしまう。このことは，企業などでの実務適用を考えた場合には大きなデメリットとなる。

一方，静的陽解法を採用しているソフトウェアの数は限られているが，この

解法は収束計算を伴わないため，解が必ず得られるという大きな利点がある。その反面，増分ステップを $r_{min}$ 法に従い，十分小さくとらなければならないため，多くの場合陰解法に比べて計算コストがかかるという点がデメリットである。

精度面においては，陰解法では比較的大きな増分ステップを採用したときに不安定点を飛び越えてしまい，しわの発生過程がシミュレーションできないといった問題が生じることがあるのに対し，陽解法では増分ステップが小さく抑えられるため，そういった現象は起こりにくい[9)]。

さらに，スプリングバックなど高い精度が要求される解析においても 4.3 節で示した補正手法が有効だとする報告があり[7),10)]，静的陽解法の可能性を示唆（き）している。その一方で，力の釣合いを保証することが原理的に不可能であるため，運用にあたってはその力学的意味合いを十分理解しながら解析を行うことが重要である。

# 5. 剛塑性 FEM の定式化

塑性変形をシミュレーションするための FEM には，弾塑性 FEM と剛塑性 FEM がある。弾塑性 FEM は 2〜4 章で説明されたように，有限変形理論に基づいて定式化がなされており，板成形分野で広く使用されている。一方，剛塑性 FEM は素材の弾性変形を無視して剛塑性体として取り扱う方法であり，比較的大きな塑性変形を生じる加工，例えば深絞りや張出し成形の解析に有用である。この手法の特徴は応力をひずみ速度から直接導くことができるため，1 回の変形量を比較的大きくすることができ，定式化が比較的単純であるということである。

## 5.1 変 分 原 理

剛塑性 FEM では，応力はひずみ速度から直接計算され，応力の増分を積分する必要がないため，コーシー応力 $\sigma_{ij}$ を用いて定式化することができる。板成形では非常に高速な加工を除いて慣性力は無視できるため，変形領域においてつぎの力の釣合い式 (5.1) が満足される。

$$\frac{\partial \sigma_{ij}}{\partial x_j} = 0 \qquad (i,\ j = x,\ y,\ z) \tag{5.1}$$

変形領域の表面において，表面力 $\overline{t_i}$ が与えられている。

$$\overline{t_i} = \sigma_{ij} n_j \tag{5.2}$$

ここで，$n_j$ は外向き法線を表している。釣合い式を満足する応力 $\sigma_{ij}$ に対して，1 階の微分係数を有する連続な仮想速度 $\delta v_i$ を考え，式 (5.1) に仮想速度 $\delta v_i$ を掛け，素材全体で積分すると式 (5.3) を得る。

$$\int_V \frac{\partial \sigma_{ij}}{\partial x_j} \delta v_i dV = 0 \tag{5.3}$$

式 (5.3) の左辺を部分積分し，式 (5.2) を代入すると，式 (5.4) の仮想仕事の原理を得る。

$$\int_V \sigma_{ij} \delta \dot{\varepsilon}_{ij} dV - \int_S \bar{t}_i \delta v_i dS = 0 \tag{5.4}$$

FEM では，速度場 $\delta v_i$ は式 (5.5) のように与えられる。

$$\delta v_i = [N]\{\delta v\} \tag{5.5}$$

ここで，$[N]$ は要素の形状関数を並べたマトリックス，$\{\delta v\}$ は節点仮想速度ベクトルである。式 (5.5) を座標で偏微分すると，要素内のひずみ速度が得られる。

$$\{\delta \dot{\varepsilon}\} = [B]\{\delta v\} \tag{5.6}$$

ここで，$[B]$ はひずみ速度と節点速度の関係を表すマトリックスである。式 (5.4) をマトリックス表示して式 (5.5) を代入すると式 (5.7) のように表される。

$$\int_V \{\delta \dot{\varepsilon}\}^T \{\sigma\} dV - \int_S \{\delta v\}^T [N]^T \{\bar{t}\} dS = 0 \tag{5.7}$$

式 (5.7) に式 (5.6) を代入して，$\{\delta v\}^T$ を消去すると節点力が得られる。

$$\int_V [B]^T \{\sigma\} dV = \int_S [N]^T \{\bar{t}\} dS \tag{5.8}$$

右辺の積分を式 (5.9) のようにおくと

$$\{F^{EXT}\} = \int_S [N]^T \{\bar{t}\} dS \tag{5.9}$$

式 (5.8) の釣合い式は式 (5.10) のように表される。

$$\int_V [B]^T \{\sigma\} dV = \{F^{EXT}\} \tag{5.10}$$

$\{F^{EXT}\}$ の成分は，変形領域の表面においては積分した外力になり，材料内部の節点では 0 になる。

## 5.2 各種剛塑性 FEM

### 5.2.1 ラグランジュ乗数法[1)]

剛塑性材料では，体積一定条件が拘束条件になり，剛塑性 FEM では体積一定条件の取扱いに対して各種の方法が提案されている。ラグランジュ乗数法では，静水圧応力も変数とする方法であり，剛塑性材料の構成式である Lévy-Mises の式を基礎としている。

$$\{\sigma\} = [C]\{\dot{\varepsilon}\} + \{\sigma_m\} \tag{5.11}$$

ここで

$$\{\sigma_m\} = \{\sigma_m \quad \sigma_m \quad \sigma_m \quad 0 \quad 0 \quad 0\}^T,$$

$$[C] = \frac{\bar{\sigma}}{\dot{\bar{\varepsilon}}}\begin{bmatrix} a & 0 & 0 & 0 & 0 & 0 \\ 0 & a & 0 & 0 & 0 & 0 \\ 0 & 0 & a & 0 & 0 & 0 \\ 0 & 0 & 0 & c & 0 & 0 \\ 0 & 0 & 0 & 0 & c & 0 \\ 0 & 0 & 0 & 0 & 0 & c \end{bmatrix} \qquad \left(a = \frac{2}{3}, \quad c = \frac{2}{3}\right)$$

式 (5.11) を式 (5.10) に代入すると

$$\int_V [B]^T[C][B]dV\{v\} + \int_V [B]^T\{\sigma_m\}dV = \{F^{EXT}\} \tag{5.12}$$

ここで，静水圧応力 $\sigma_m$ を要素ごとの変数とする。それぞれの節点において，その節点を含む要素の節点力を釣り合わせるが，$\sigma_m$ が変数となったため変数の数が式の数よりも増えて釣合い式だけでは解が求まらない。しかしながら剛塑性材料では，体積一定の条件も満足しなければならないため，要素ごとに体積一定条件式を満足させる。

$$\dot{\varepsilon}_{xj} + \dot{\varepsilon}_{yj} + \dot{\varepsilon}_{zj} = 0 \tag{5.13}$$

式 (5.12) と式 (5.13) を連立させると式の数と変数の数が一致することになり，解が求まる。

### 5.2.2 圧縮特性法[2)]

ラグランジュ乗数法では，静水圧応力であるラグランジュ未定乗数が要素ごとの変数になって変数の数が多くなり，計算時間が長くなる。弾性体と違って剛塑性体はLévy-Misesの式において応力の逆変換ができないため，静水圧応力を変数として残したためである。変数の数を増加させない方法として，圧縮特性法がある。Lévy-Misesの式では応力の逆変換が行えなかったのは，素材が非圧縮性を有するためである。そこで，塑性変形している素材に非常にわずかな圧縮性を考え，通常の非圧縮性金属材料の塑性変形挙動を近似しようとする圧縮特性法が提案されている。この方法では，圧縮性を考慮するため降伏条件は静水圧応力 $\sigma_m$ に依存する。

$$\bar{\sigma}^2 = \frac{1}{2}\{(\sigma_x - \sigma_y)^2 + (\sigma_y - \sigma_z)^2 + (\sigma_z - \sigma_x)^2 + 6(\sigma_{xy}{}^2 + \sigma_{yz}{}^2 + \sigma_{zx}{}^2)\} + g\sigma_m{}^2 \tag{5.14}$$

ここで，$g$ は正の小さな値の定数 (0.01 − 0.000 1) であり，$g$ の値が0のときはvon Misesの降伏条件と一致する。式 (5.14) の降伏条件を塑性ポテンシャルとすると，応力とひずみ速度の関係が得られる。

$$\{\sigma\} = [C']\{\dot{\varepsilon}\} \tag{5.15}$$

ここで

$$[C'] = \frac{\bar{\sigma}}{\dot{\bar{\varepsilon}}}\begin{bmatrix} a & b & b & 0 & 0 & 0 \\ b & a & b & 0 & 0 & 0 \\ b & b & a & 0 & 0 & 0 \\ 0 & 0 & 0 & c & 0 & 0 \\ 0 & 0 & 0 & 0 & c & 0 \\ 0 & 0 & 0 & 0 & 0 & c \end{bmatrix} \quad \left(a = \frac{1}{g} + \frac{4}{9},\quad b = \frac{1}{g} - \frac{2}{9},\quad c = \frac{2}{3}\right)$$

圧縮性を有しているため，体積一定条件が拘束条件にならないため，ひずみ速度と応力の関係における逆変換が可能になる。この材料に対する応力はひずみ速度から直接計算できる。相当ひずみ速度 $\dot{\bar{\varepsilon}}$ は式 (5.16) で表される。

$$\dot{\bar{\varepsilon}}^2 = \frac{2}{9}\{(\dot{\varepsilon}_x - \dot{\varepsilon}_y)^2 + (\dot{\varepsilon}_y - \dot{\varepsilon}_z)^2 + (\dot{\varepsilon}_z - \dot{\varepsilon}_x)^2 + 6(\dot{\varepsilon}_{xy}{}^2 + \dot{\varepsilon}_{yz}{}^2 + \dot{\varepsilon}_{zx}{}^2)\} + \frac{1}{g}\dot{\varepsilon}_v{}^2 \tag{5.16}$$

式 (5.15) を式 (5.10) に代入すると節点力が得られる。

$$\int_V [B]^T[C'][B]\,dV\{v\} = \{F^{EXT}\} \tag{5.17}$$

式 (5.17) は節点速度だけを変数とする連立方程式である。圧縮特性法では，得られた解は体積変化を含んでいるが，体積変化は計算誤差程度であり，非圧縮性を近似できる。剛塑性 FEM には，体積一定条件をペナルティ項として取り扱うペナルティ法[3] があるが，この方法も得られた解はわずかの体積変化を含んでおり，圧縮特性法と同様な方法である。

## 5.3 有限変形理論

### 5.3.1 有限変形理論と微小変形理論

剛塑性 FEM では，ひずみ増分理論に基づいて**図 5.1** に示すように変形をいくつかの小さなステップに分割して計算を行い，通常 1 変形ステップは微小であるとして変形ステップの最初の時点において定式化を行う。

弾塑性 FEM では応力成分が増分形で表されていたため応力に関する積分があるが，剛塑性有限要素法ではその積分がなく瞬間的な力の釣合いを解いてい

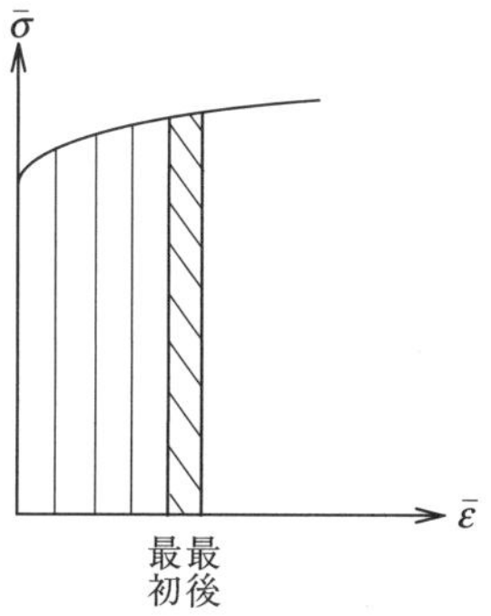


**図 5.1** ひずみ増分理論における変形ステップ

るため，変形ステップの最初の時点における定式化でも通常の塑性加工では計算精度が高い。しかしながら，変形ステップ間で変形形状および加工硬化などが変化し，それらが変形挙動に大きく影響する場合もある。例えば，くびれ，座屈などの不安定問題では，変形ステップ間の形状および加工硬化などの変化によって解が大きく影響を受ける。

5.2 節の定式化では，どの時点において節点力を釣り合わせるかということは議論しなかった。剛塑性 FEM における各変形ステップの最初の時点での定式化を微小変形理論，最後の時点での定式化を有限変形理論と呼ぶが，弾塑性 FEM の有限変形とは違った定式化である。剛塑性 FEM では最初の時点で定式化を行うと，変形に伴う物理量の変化を考慮しなくてもよいため式が単純になるが，弾塑性 FEM と違って応力の増分を積分する必要がなく，有限変形においても加工硬化と形状の変化を取り扱うだけであり，定式化は比較的簡単である。

### 5.3.2　有限変形理論の定式化 [2)]

剛塑性 FEM の有限変形理論において，変形ステップ間の変形形状および加工硬化の変化を取り扱う。1 変形ステップの最初の時点において節点速度 $\{v^{(0)}\}$ を既知とし，最後の時点における節点速度 $\{v^{(1)}\}$ を求める。まず，変形ステップ間の形状変化を取り扱うことを考える。1 変形ステップ最後の時点の節点座標 $\{x^{(1)}\}$ は，式 (5.18) のように速度の平均値で近似する。

$$\{x^{(1)}\} = \{x^{(0)}\} + \frac{\{v^{(0)}\} + \{v^{(1)}\}}{2} \Delta t \tag{5.18}$$

ここで，添え字の 0，1 は変形ステップの最初と最後を表し，$\Delta t$ は変形ステップの時間増分である。要素内の 1 変形ステップの最初と最後のひずみ速度はそれぞれ式 (5.19)，(5.20) のように表される。

$$\{\dot{\varepsilon}^{(0)}\} = [B^{(0)}]\{v^{(0)}\} \tag{5.19}$$

$$\{\dot{\varepsilon}^{(1)}\} = [B^{(1)}]\{v^{(1)}\} \tag{5.20}$$

$[B^{(1)}]$ は式 (5.18) の座標から求まり，$\{\dot{\varepsilon}^{(1)}\}$ は $\{v^{(1)}\}$ の非線形な関数になり，

$B$ マトリックスのなかに形状変化の影響が取り入れられたことになる。$\{\dot{\varepsilon}^{(0)}\}$ および $\{\dot{\varepsilon}^{(1)}\}$ は，最初および最後をそれぞれ基準状態としたときのひずみ速度であり，それぞれグリーンのひずみ速度と一致する。また，節点力を求める際に体積積分を行うが，そのヤコビアンも式 (5.18) から求めているため，形状変化の影響が考慮されている。

つぎに加工硬化の変化の影響を考える。最後の時点での相当ひずみ $\bar{\varepsilon}^{(1)}$ は，相当ひずみ速度の平均値で近似する。

$$\bar{\varepsilon}^{(1)} = \bar{\varepsilon}^{(0)} + \frac{\dot{\bar{\varepsilon}}^{(0)} + \dot{\bar{\varepsilon}}^{(1)}}{2} \Delta t \tag{5.21}$$

$\bar{\varepsilon}^{(1)}$ から変形抵抗曲線を用いて，1 変形ステップ最後の時点の相当応力を決定すると，ステップ間における加工硬化の変化の影響が考慮されたことになる。多孔質材料では塑性変形によって見掛けの密度が変化するが，同様な取扱いによって密度変化が考慮できる[4]。

マトリックス $[B]$，相当応力が節点速度の関数になったため，節点力の釣合い式がかなり複雑になる。しかしながら，式 (5.17) は節点速度の一次の項がかかっているため，非線形連立方程式を式 (5.22) のように線形連立方程式に近似し，直接反復法によって解を求める。

$$[K^{(n-1)}]\{v^{(n)}\} = \{F^{(n-1)}\} \tag{5.22}$$

ここで

$$[K] = \int_V [B]^T [C'] [B] dV \{v\}$$

ここで，添え字 $n-1$ は繰返しにおける 1 回前の節点速度を用いて係数を求めることを示している。$n$ 回目の解が求まると，それからつぎの回の係数を求め，繰返し計算によって非線形連立方程式を解く。直接反復法では $B$ マトリックス，相当応力の値を繰返しのなかで修正するだけであるため，微小変形理論のプログラムを少し変更するだけで有限変形理論のものになる。違いとしては収束性が少し低下する場合があるぐらいであり，有限変形理論は比較的簡単に取り扱える。剛塑性 FEM は本来非線形方程式を解いているため，有限変形理論では非線形項が増加したことになる。

本方法は変形ステップの最後で定式化を行って，その間の物理量の変化を考慮する意味で有限変形理論と名づけた。しかしながら，変形ステップの最後で定式化を行うため，一種の時間積分の方法と考えることもでき，その意味では陰解法と呼ぶこともできる。しかしながら，剛塑性 FEM における微小変形理論では，変形ステップの最初で定式化を行い時間積分を行っていないため陽解法と呼ぶことはできず，微小変形理論と有限変形理論という名称のほうがよいと思われる。

# 6. 工具と被加工材との接触問題

板材成形解析で取り扱う変形形態は，工具と被加工材の接触を伴いながら成形する過程が中心である。このため成形中に時々刻々変化する工具と被加工材の接触状況を正確に解析に反映させることはたいへん重要である。また多くの場合，工具は，その形状の複雑さから膨大な数の“有限要素メッシュ”などによりモデル化されることになるため，接触状況を探索するのに要する計算時間が大きな問題となるケースも少なくない。本章では，これらの問題のなかで“工具面形状の表現方法”，“接触探索アルゴリズム”，“接触による拘束条件の組込み”および“摩擦の取扱い”という4項目に注目し，具体的アルゴリズムを例示しながら接触解析の実現方法を明らかにする。

## 6.1 工具面形状の表現方法[1),2)]

プレス加工のFEMシミュレーションでは，工具を剛体と考えて工具表面の形状のみをモデル化する場合が多く，またその表現方法もいくつか提案されている。ここではその代表的な取扱い手法を取り上げ，それぞれの手法の概略および特徴を示す。

### 6.1.1 点集合による表現

ある平面（$XY$ 面とする）に切られた格子を考える。このとき，各格子点上に工具面を形成する点があると考えて，その $Z$ 座標の大きさで工具面を表現する方法を**点集合**による表現と呼ぶ。$X$，$Y$ 方向に規則的に並ぶ点の集合で工具面を表現するため，このような名前で呼ばれる〔**図 6.1**（a）〕。

（a） 点集合による表現　　（b） 有限要素メッシュによる表現

**図 6.1** 工具面表現方法

この手法では工具面形状が $XY$ 平面上の格子を除けば各点の $Z$ 座標のみで表現されるため，工具面の記述が簡潔である。また，これらの点を工具節点とみなせば工具要素も規則的に並ぶこととなり，その結果，**接触探索**が非常に容易になるという利点がある（接触探索については 6.2 節参照）。しかし，$XY$ 平面上の格子に基づいて節点を作成するため，局所的に格子間隔を細かくしても，その格子に沿った部分全体が細かくなり，結果としてデータ量が大きくなるという欠点がある。

また，各工具について一つの格子点は一つの工具面上の点しかもつことができないという制約から，立て壁部やアンダーカット形状を有する工具には対応できないという問題がある。そのため図（a）の場合，立て壁部にわずかなこう配を設けることでいくつかの節点をもたせるという工夫をしている。

### 6.1.2 有限要素メッシュによる表現

本手法は材料と同様に工具表面についても有限要素メッシュを用いて離散化する方法であり，現在の FEM シミュレーションソフトウェアで最もよく用いられている〔図 6.1（b）〕。通常，有限要素メッシュには三角形一次要素または四角形一次要素が用いられる。四角形要素のほうが三角形要素に比べて自由度が多く，かつ要素数を削減できるという利点がある。

本手法の場合，**CAD**（computer-aided design）システム上や**メッシュジェネレータ**（**メッシュ生成ソフトウェア**）でモデルを作成することができ，データ作成などの取扱いが容易である。また，点集合と異なりどんな工具形状にも対応でき，また形状に応じて局所的に粗密をつけることもできるという利点をもつ。しかし，モデル化の精度は要素分割の仕方に大きく依存し，特にフィレット（稜線 $R$）部などは非常に細かい要素分割が必要となる。また，点集合とは異なり工具要素は規則的に配列されていないため，効率のよい接触探索には工夫が必要である。

このほかにも，CADなどで用いられるパラメータ表現をそのままFEMシミュレーションで用いる方法も提案されている。この方法は実際の工具表面に最も近いモデル化が可能であるが，ほかの方法に比べて取扱いが困難であるなどの理由から，あまり用いられていない。

冒頭で示したように，一般に塑性加工のシミュレーションでは材料の変形に比べて工具の変形は十分小さいものとして，工具を剛体として取り扱う場合が多い。しかし，工具の変形も同時に考えて解析を行う場合には，工具を六面体要素などのソリッド要素により離散化することになる。すなわち，これまで示したような“工具表面形状”のみのモデル化ではなく，“工具全体”をモデル化する必要がある。

### 6.1.3 工具面法線ベクトルの定義[3)]

工具に接触した材料節点は固着摩擦状態ではないかぎり，工具面の接線方向へすべることはできる。しかし，工具内へ潜り込む方向（工具面の法線方向）に動くことはできない。したがって，工具と接触した材料節点に対して工具面の法線方向へは動くことができないという**変位拘束条件**を導入する必要がある。このとき，拘束条件の導入には6.3節に示すように工具面の法線方向を規定する工具面法線ベクトルを用いる。そこで，以下に離散化された工具面に関する法線ベクトルの定義の方法を示す。

工具面が三角形一次要素で離散化されている場合を考える〔**図6.2**(a)〕。各工具要素はつねに平面を構成するため，各要素の単位法線ベクトル $\boldsymbol{V}$ は式(6.1)により一義的に与えられる。

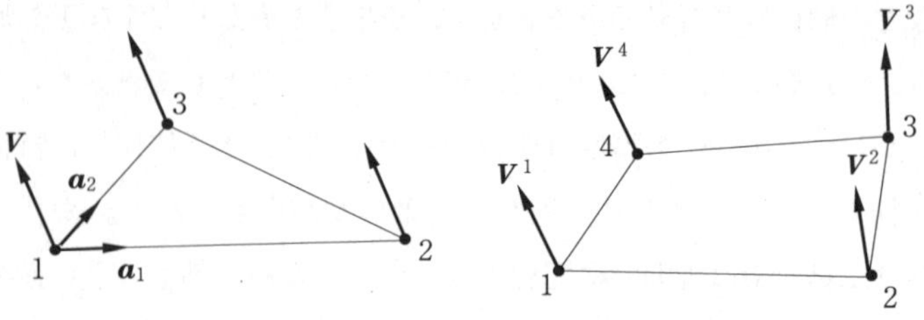


（a）　三角形一次要素　　　（b）　四角形双一次要素

**図 6.2**　工具面法線ベクトルの定義

$$\boldsymbol{V} = \frac{\boldsymbol{a}_1 \times \boldsymbol{a}_2}{|\boldsymbol{a}_1 \times \boldsymbol{a}_2|} \tag{6.1}$$

一方，四角形一次要素の場合，各工具要素は通常平面を構成しない。そこでまず，図（b）に示すように各工具節点上の単位法線ベクトル $\boldsymbol{V}^\alpha$ を式 (6.1) により定義する。そして，要素内の任意点における法線ベクトル $\boldsymbol{V}$ は式 (6.2) のように内挿によって近似する。

$$\boldsymbol{V} = \sum_{\alpha=1}^{4} N^\alpha \boldsymbol{V}^\alpha \tag{6.2}$$

ここで，$N^\alpha$ は四角形一次要素の形状関数である。

式 (6.1) あるいは式 (6.2) により工具面法線ベクトルを定義した場合，一つの節点上で複数（その節点が属する要素数分）の工具面法線ベクトルが定義されることとなる〔**図 6.3**（a）：三角形要素の例〕。その結果，工具面法線ベクトルの分布は節点近傍で不連続となる。この不連続性は工具面の急激なこう配変化をもたらし，接触節点のすべる方向を急激に変化させるため，さまざまな不具合を引き起こす可能性がある。そこで，工具面法線ベクトルの連続性を保持するため，図（b）に示すように各工具節点上で定義された複数の単位法線ベクトルの平均をとり，それをその節点唯一の工具面法線ベクトルと定義する方法が提案されている。

$$\boldsymbol{V}^n = \frac{\sum_k \boldsymbol{V}_k^n}{|\sum_k \boldsymbol{V}_k^n|} \tag{6.3}$$

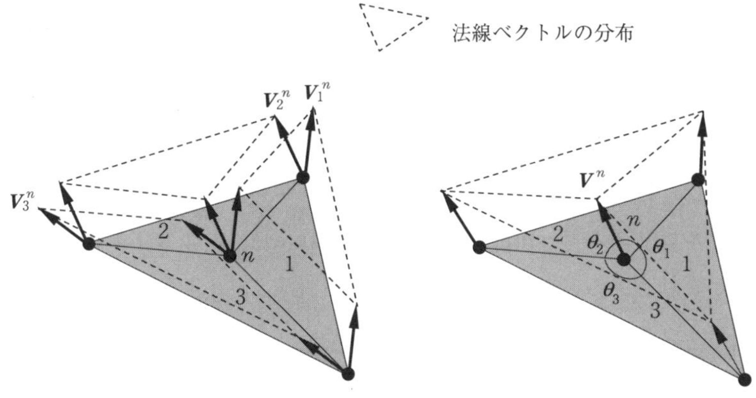


（a） 不連続な法線ベクトル分布　　（b） 連続な法線ベクトル分布

**図 6.3**　三角形一次要素の場合の不連続な法線ベクトルと連続な法線ベクトルの分布

ここで，$\boldsymbol{V}^n$ は節点 $n$ 上で平均化された単位法線ベクトル，$\boldsymbol{V}_k^n$ は要素 $k$ 上で定義された節点 $n$ における単位法線ベクトルである。式 (6.3) により定義される法線ベクトルは実際の工具要素面の向きと若干異なることになるが，工具全体にわたって連続性をもつこととなり，滑らかな工具表面を表すことができる。しかし，式 (6.3) による定義では要素形状によっては特定の要素の影響を大きく受ける場合もある。それを回避するために要素のある特定の角度や面積を重みとして掛ける方法もあり，例えば角度 $\theta_k$ を重みとして考えると

$$\boldsymbol{V}^n = \frac{\sum_k \theta_k \boldsymbol{V}_k^n}{\left|\sum_k \theta_k \boldsymbol{V}_k^n\right|} \tag{6.4}$$

で与えられる。

## 6.2　接触探索アルゴリズム

### 6.2.1　接触探索アルゴリズムとは

工具の移動および材料の変形に伴い，工具と材料の接触・離脱の状況は時々刻々変化する。この接触状況の変化の様子をシミュレーション中で再現してい

くためには，どの材料節点がどの工具と接触しているのか，またどの材料節点が工具から離脱しようとしているのかを正確に，かつ効率よく判定していくことが重要となる。また，接触している材料節点が工具面上をすべることに伴う接触状態の変化に追従していくことも，高精度な解析を行ううえで欠かせない。

本節では，材料節点が工具に接触したかどうかを探索するアルゴリズム〔**接触探索アルゴリズム**（contact search algorithm)〕，および工具から離脱したかどうかを判定するアルゴリズムについて概説する。6.1 節で示したように接触探索アルゴリズムは工具面形状の表現方法に大きく依存するものであるが，ここでは工具面が有限要素メッシュで表現されている場合を対象とする。これまでさまざまな接触探索アルゴリズムが提案されている[4)~11)]が，本書ではそのなかからいくつかを例にとり概説する。

### 6.2.2　接触探索アルゴリズム

工具と接触した材料節点は，すべり摩擦状態にあるかぎり工具面上をすべる（または，工具面の接線方向へ動く）ことはできるが，接触位置における工具面の法線方向には動くことはできない。接触探索アルゴリズムの役割は，① 材料節点が実際に工具に接触したかどうかを判定し，② 接触状態にある（になった）材料節点の変位拘束方向を特定する（工具面法線ベクトルを算出する）こと，にある。ここで求まった工具面法線ベクトルを用いることにより，節点変位増分ベクトルが工具面の法線方向成分をもたないような拘束条件を剛性方程式へ導入することができる。剛性方程式への導入方法は 6.3 節で示す。

板成形シミュレーションにおける接触の取扱いでは，通常，材料節点が工具要素と接触しているかどうかを探索する。このような手法は **master-slave algorithm** と呼ばれ，材料節点を **slave node,** 工具要素を **master segment** と呼ぶ。通常，厳密に工具要素上に材料節点がくる瞬間を求めるのではなく，材料節点が工具要素の法線方向に設けられた許容値内に含まれた時点で接触したとみなす場合が多い。接触探索の流れは以下のようである。

（1）**図 6.4** に示すように材料節点とペアになる工具要素を見つける（この

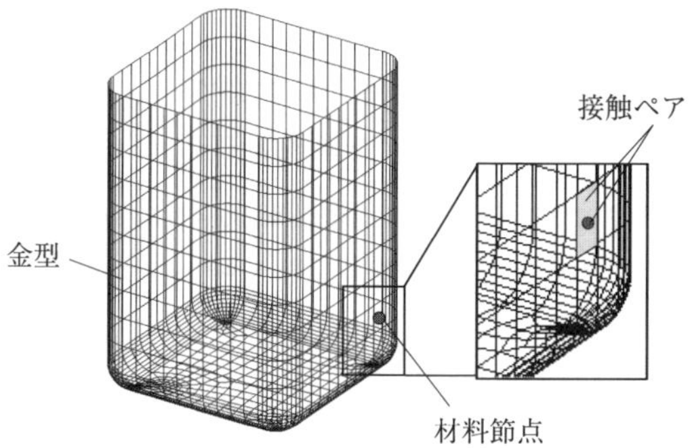


**図 6.4** 工具と材料の接触と接触ペア

材料節点-工具要素の組を**接触ペア**と呼ぶ)。

（2） 材料節点が接触ペアとなった工具要素に設けられた許容値の範囲に含まれるか否かをチェックし，含まれている場合はその材料節点はその工具要素と接触すると判定する。

（3） 工具要素上の接触位置の位置ベクトル，およびその点での工具面法線ベクトルを算出する。

接触ペアの探索を行うにあたり，すべての材料節点に関してすべての工具要素を対象として一つずつ探索を行うことも可能である。しかしこの手法は非常に計算コストがかかり[7]，実部品レベルの大規模な問題の解析を行う場合，連立方程式を解く時間よりも要する場合もある。そこで通常接触探索は，計算効率の向上を目的として**グローバルサーチ**（global search）と**ローカルサーチ**（local search）の二つのステップに分けて行われる。

グローバルサーチの役割は，各材料節点に対して接触ペアとなりそうな候補工具要素を限定することであり，計算時間の短縮に主眼をおいている。したがって，これは先に示した接触探索の流れの（1）の前に行う作業である。そしてグローバルサーチで選び出された候補のみに対して（1）の作業をローカルサーチで行う。そしてローカルサーチの判定結果に基づき，（1）で選ばれた要素のみに対して（2），（3）の作業をローカルサーチの後処理として行う。このようにローカルサーチでは接触しているかどうかの実質的な判定を行うため，厳密な探索が必要とされる。

以下に，グローバルサーチ，ローカルサーチのそれぞれについてこれまで提案されているアルゴリズムのいくつかを概説する。

〔1〕 **グローバルサーチ**[5),7),8),11)]　接触探索に必要な計算時間は，すべての接触ペアを見つけて最終的な接触判定を行うまでのローカルサーチの回数によって決まる。したがってグローバルサーチにおいて，どれだけ接触ペアとなりそうな候補工具要素を限定し，無駄な探索時間を省けるかがポイントとなる。このような役割から，グローバルサーチは多少大ざっぱであっても計算時間がほとんどかからず，かつできるだけ候補を狭い範囲に限定できる手法が求められる。

これまでさまざまな手法が提案されているが，基本的な考え方には共通したものが多い。ここでは，その取扱いの一例を示す。

ある材料節点に対してどの工具要素が接触ペアとなるか，という探索を行うことを考える。この場合，接触ペアとなる工具要素が見つかるまでに候補となる工具要素の数が少ないほど，探索時間が短くなる。そこで**図 6.5** のようにまず各工具それぞれが含まれる直方体を考え，それを三次元の**セル構造**に分割する。このセル一つ一つを**バケット**（bucket）と呼ぶ。このときそれぞれの方向へ均一に分割すると，後の取扱いが簡単になる。続いて各工具要素がどのバケット内に含まれるか分類しそれを記憶する。この記憶のさせ方には，各バケットに番号を付け工具要素にバケット番号を記憶させる方法や，各バケットが

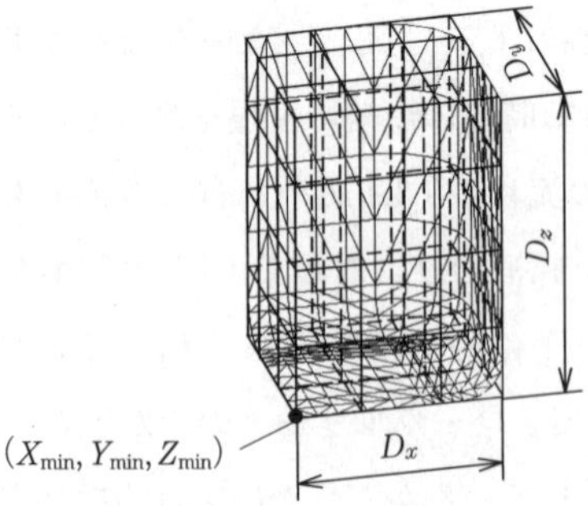


工具を $(N_x, N_y, N_z) = (3, 3, 4)$ で分割した場合

**図 6.5**　工具のバケット分割

含んでいる工具要素番号を記憶する方法などいくつかあり，これはアルゴリズムの構築の仕方に依存する。セル構造が工具とともに移動すると考えれば，工具を剛体として解析する場合は，この分類作業は解析前に一度行うだけでよい。

以上の前処理に基づき，各材料節点がどの工具のどのバケットに含まれるかを特定する。直方体がそれぞれの方向に均一に分割されている場合，材料節点 $i$ の座標を $(x_i, y_i, z_i)$，図に示すように工具が含まれる直方体の寸法を $(D_x, D_y, D_z)$，直方体の最も原点に近い点の座標を $(X_{\min}, Y_{\min}, Z_{\min})$，各方向の分割数を $(N_x, N_y, N_z)$ とすると，材料節点 $i$ を含むバケットの分割位置 $(I^i{}_x, I^i{}_y, I^i{}_z)$ は式 (6.5) で与えられる。

$$I_x^i = \mathrm{int}\left\{\frac{(x_i - X_{\min})N_x}{D_x}\right\} + 1, \quad I_y^i = \mathrm{int}\left\{\frac{(y_i - Y_{\min})N_y}{D_y}\right\} + 1,$$
$$I_z^i = \mathrm{int}\left\{\frac{(z_i - Z_{\min})N_z}{D_z}\right\} + 1 \tag{6.5}$$

これをバケットの番号と定義してもよい。このとき

$$0 < I_x^i \leqq N_x, \quad 0 < I_y^i \leqq N_y, \quad 0 < I_z^i \leqq N_z \tag{6.6}$$

の関係を満たさない場合，材料節点 $i$ はその工具と接触する可能性はない。したがってこれ以降の接触探索を行うことなく，“材料節点 $i$ はその工具とは接触しない”と判定することができる。

式 (6.6) を満たし，式 (6.5) よりバケットが特定された後は，そのバケットに含まれる工具要素のみを対象として以降の探索を行えばよい。これにより，その材料節点に関して接触ペアとなる工具要素およびその近傍の要素のみを探索するだけで済み，計算時間の短縮となる。このようなグローバルサーチ手法を**バケットソートアルゴリズム** (bucket sort algorithm)，**バケットサーチアルゴリズム** (bucket search algorithm) などと呼ぶ。

バケットサーチを用いる場合，$(N_x, N_y, N_z)$ の決め方が大きな問題となる。細かく分割すれば一つのバケットに含まれる工具要素数は当然少なくなり，計算時間の短縮となる。しかし工具要素サイズに対して必要以上に細かくすると，逆に効率が悪くなることもあり，また探索ミスをまねく恐れもある。した

がって，バケットの最適分割数は工具要素のサイズに応じて変わってくることに注意する必要がある。

すでに接触している節点の接触位置の更新に関する探索を行う場合，その材料節点の前ステップ終了時での接触ペアはすでに明らかとなっている。したがって，この場合バケットサーチを行わずに，前ステップで接触ペアとなった工具要素およびその**隣接要素**（とその近傍）のみに対してバケットサーチ以降の接触探索を行うという手法をとることもできる。

隣接要素の考え方を**図 6.6** に示す。1 ステップでの変位増分が小さければたかだか隣の工具要素に移動する程度であるため，これにより効率的な探索を行うことができる。しかし，**図 6.7** に示すように非常に細長い（**アスペクト比**が大きい）要素に接触している場合，1 ステップでいくつもの要素上を移動する可能性がある。したがって，このような要素が用いられているモデルに対しては，このアルゴリズムは適さない。

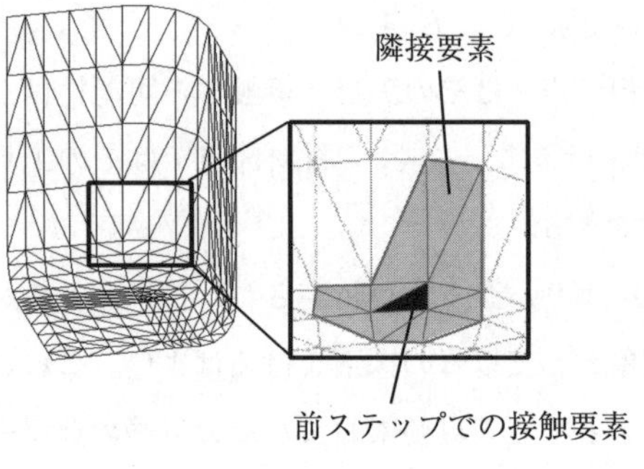


**図 6.6**　接触節点に関する隣接要素を用いた接触探索

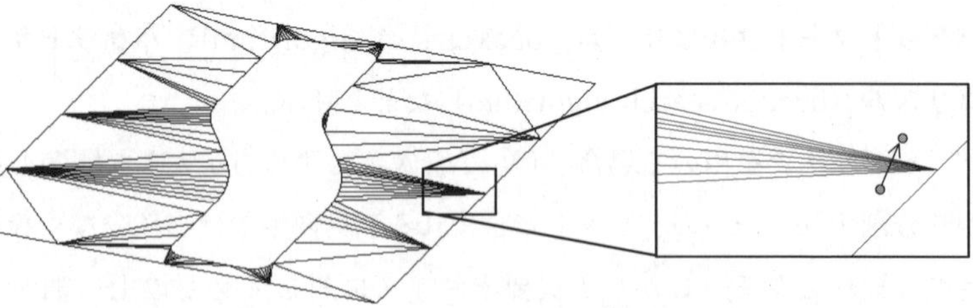

**図 6.7**　接触探索に時間がかかる例

また非常に細かいバケット分割が可能であり，1要素に対する隣接要素数よりも一つのバケットに含まれる要素数のほうが少ない場合にはバケットサーチを行うほうが効率的である。したがって，すでに接触している材料節点に関する探索を行う場合には，どの手法が最も効率的であるかは解析モデルによって異なることに注意する必要がある。

〔2〕 **ローカルサーチ**　ローカルサーチでは，グローバルサーチで絞り込まれた候補工具要素に対して，幾何学的な位置関係からどの工具要素と接触ペアになるかを厳密に計算する。通常，接触ペアには，材料節点から最短の距離にある工具要素，もしくは材料節点から発するなんらかの射影ベクトルとの交点を有する工具要素が選ばれる。そして見つかった接触ペアに対して，実際に接触しているかどうかの最終的な判定を行う。したがって，多少煩雑であっても正確な探索を行う必要がある。ローカルサーチは接触ペアが見つかるまで繰り返され，グローバルサーチで絞り込まれた候補工具要素のなかから見つからない場合，その材料節点はその工具とは接触しないと判定される。

グローバルサーチとは異なりローカルサーチに関する研究事例は少ないが，つぎに示す node to segment algorithm は広く知られている手法の一つである。

（a） **node to segment algorithm** [4),5)]　材料節点から最短の距離にある工具要素を接触ペアとみなす手法である。つまり材料節点から工具要素へ垂線を下ろし，その垂線の足が工具要素内にあるどうか，また材料節点がその工具要素に潜り込んでいるかどうかを探索する。

この手法では，ローカルサーチを二つのステップに分けて行う。まず，対象とする材料節点がすでに接触している，していないにかかわらず，考えている候補工具要素と実際に接触ペアになるかどうかチェックする。**図6.8**に示すように工具要素 $T$ を構成する節点のうちで材料節点 $i$ と最も近い節点を1とし，また節点1における**工具面法線ベクトル**を $\boldsymbol{V}_1$ とする。このとき式(6.7)を満たすかどうかチェックする。

$$(\boldsymbol{a}_1 \times \boldsymbol{p})\cdot(\boldsymbol{a}_1 \times \boldsymbol{a}_2) \geqq 0, \quad (\boldsymbol{a}_1 \times \boldsymbol{p})\cdot(\boldsymbol{p} \times \boldsymbol{a}_2) \geqq 0 \tag{6.7}$$

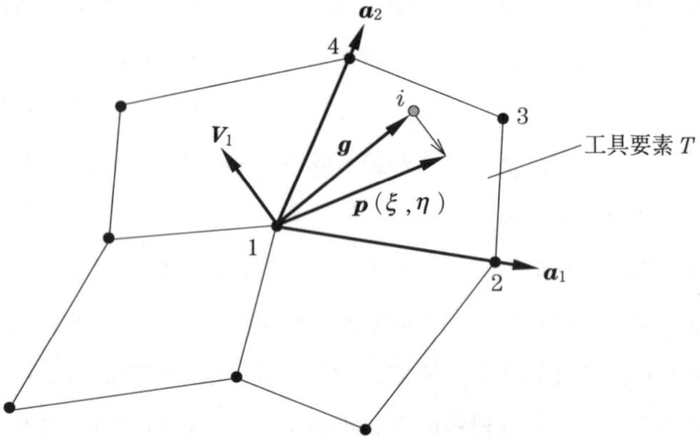


図 6.8　node to segment algorithm

ただし

$$\boldsymbol{p} = \boldsymbol{g} - (\boldsymbol{g}\cdot\boldsymbol{V}_1)\boldsymbol{V}_1 \tag{6.8}$$

$$\boldsymbol{V}_1 = \frac{\boldsymbol{a}_1 \times \boldsymbol{a}_2}{|\boldsymbol{a}_1 \times \boldsymbol{a}_2|} \tag{6.9}$$

である。式 (6.7) は節点 $i$ を $\boldsymbol{V}_1$ 方向に射影したときに，工具要素 $T$ 上に交点があるかどうかを確認する式である。式 (6.7) の関係を満足する場合，材料節点 $i$ は工具要素 $T$ と接触ペアになると判断する。さらに

$$(\boldsymbol{a}_1 \times \boldsymbol{a}_2)\cdot\boldsymbol{g} \leqq 0 \tag{6.10}$$

を満たす場合，材料節点 $i$ は工具要素 $T$ に潜り込んでいるとし，実際にその工具（要素）と接触していると判定する。そして，工具要素上での接触点位置ベクトル（すなわち**射影ベクトル** $\boldsymbol{V}_1$ と工具要素の交点)，および接触点における工具面法線ベクトルを求める計算に移る。

工具要素が四角形要素により構成されている場合を考える。材料節点 $i$ の位置ベクトルを $\boldsymbol{x}$，工具要素上へ垂線を下ろしたときの位置ベクトルを $\boldsymbol{s}$ とすると，式 (6.11)，(6.12) の関係が成立する。

$$\frac{\partial \boldsymbol{s}}{\partial \xi}\cdot(\boldsymbol{s} - \boldsymbol{x}) = 0 \tag{6.11}$$

$$\frac{\partial \boldsymbol{s}}{\partial \eta}\cdot(\boldsymbol{s} - \boldsymbol{x}) = 0 \tag{6.12}$$

ここで，$(\xi, \eta)$ は自然座標を表す。四角形要素は通常平面ではなく曲面を構成する。また，それにより四角形一次要素の形状関数は $(\xi, \eta)$ に関して双一次の関数となる。したがって式 (6.11)，(6.12) は解析的に解くことができず，**ニュートン・ラフソン法**を用いて数値的に解く必要がある。そこで，$\boldsymbol{s}$ をテイラー展開し，二次以上の微小項を無視すると

$$\boldsymbol{s}(\xi + \varDelta\xi, \eta + \varDelta\eta) = \boldsymbol{s} + \frac{\partial \boldsymbol{s}}{\partial \xi}\varDelta\xi + \frac{\partial \boldsymbol{s}}{\partial \eta}\varDelta\eta \tag{6.13}$$

〔ただし，$\boldsymbol{s} \equiv \boldsymbol{s}(\xi, \eta)$ としている〕

となり，これを式 (6.11) に代入して整理すると，式 (6.14) のようになる。

$$(\boldsymbol{s} - \boldsymbol{x})\cdot\left(\frac{\partial \boldsymbol{s}}{\partial \xi} + \frac{\partial^2 \boldsymbol{s}}{\partial \xi \partial \eta}\varDelta\eta\right) + \frac{\partial \boldsymbol{s}}{\partial \xi}\cdot\frac{\partial \boldsymbol{s}}{\partial \xi}\varDelta\xi + \frac{\partial \boldsymbol{s}}{\partial \xi}\cdot\frac{\partial \boldsymbol{s}}{\partial \eta}\varDelta\eta = 0 \tag{6.14}$$

同様に式 (6.12) について整理すると，式 (6.15) のようになる。

$$(\boldsymbol{s} - \boldsymbol{x})\cdot\left(\frac{\partial \boldsymbol{s}}{\partial \eta} + \frac{\partial^2 \boldsymbol{s}}{\partial \xi \partial \eta}\varDelta\xi\right) + \frac{\partial \boldsymbol{s}}{\partial \eta}\cdot\frac{\partial \boldsymbol{s}}{\partial \eta}\varDelta\eta + \frac{\partial \boldsymbol{s}}{\partial \xi}\cdot\frac{\partial \boldsymbol{s}}{\partial \eta}\varDelta\xi = 0 \tag{6.15}$$

式 (6.14)，(6.15) を連立させてマトリックス形式で表すと，式 (6.16) のようになる。

$$\left[\begin{Bmatrix}\dfrac{\partial \boldsymbol{s}}{\partial \xi}\\[2ex] \dfrac{\partial \boldsymbol{s}}{\partial \eta}\end{Bmatrix}\left\{\frac{\partial \boldsymbol{s}}{\partial \xi}\ \frac{\partial \boldsymbol{s}}{\partial \eta}\right\} + (\boldsymbol{s} - \boldsymbol{x})\cdot\begin{bmatrix}0 & \dfrac{\partial^2 \boldsymbol{s}}{\partial \xi \partial \eta}\\[2ex] \dfrac{\partial^2 \boldsymbol{s}}{\partial \xi \partial \eta} & 0\end{bmatrix}\right]\begin{Bmatrix}\varDelta\xi\\ \varDelta\eta\end{Bmatrix} = -(\boldsymbol{s} - \boldsymbol{x})\cdot\begin{Bmatrix}\dfrac{\partial \boldsymbol{s}}{\partial \xi}\\[2ex] \dfrac{\partial \boldsymbol{s}}{\partial \eta}\end{Bmatrix} \tag{6.16}$$

式 (6.16) を解くことにより $(\varDelta\xi, \varDelta\eta)$ を求め

$$\xi_{m+1} = \xi_m + \varDelta\xi, \quad \eta_{m+1} = \eta_m + \varDelta\eta$$

として十分に収束するまで繰り返し計算を行う。反復計算が収束しない場合に備えて通常，繰返し数は最大 10 回程度と設定する。

工具要素が三角形である場合，要素は完全な平面をなし，また，形状関数も一次であるため式 (6.11)，(6.12) は線形の方程式となり解析的に解くことができる。

以上の計算により得られる $(\xi, \eta)$ を用いて式 (6.17)，(6.18) により工具要

素上での接触点 $\boldsymbol{s}$，および $\boldsymbol{s}$ における工具面法線ベクトル $\boldsymbol{V}_s$ を求める。

$$\boldsymbol{s} = \sum_{\beta} N^{\beta} \underline{\boldsymbol{X}}^{\beta} \tag{6.17}$$

$$\boldsymbol{V}_s = \frac{\dfrac{\partial \boldsymbol{s}}{\partial \xi} \times \dfrac{\partial \boldsymbol{s}}{\partial \eta}}{\left| \dfrac{\partial \boldsymbol{s}}{\partial \xi} \times \dfrac{\partial \boldsymbol{s}}{\partial \eta} \right|} \tag{6.18}$$

ただし，$N^{\beta}$ は形状関数，$\underline{\boldsymbol{X}}^{\beta}$ は工具要素を構成する節点の位置ベクトルである。

この探索手法は歴史が古く，また広く知られており，商用コードでも用いられている[14)]。しかし，つぎに示す二つの欠点をもつ。

**1） 反復計算の必要性**　前述のように，接触探索に要する計算時間は1回のローカルサーチにかかる時間，およびローカルサーチの回数によって決まる。したがって反復計算を行うことは1回のローカルサーチにかかる時間を増大させ，不利となる。また反復計算で用いる初期値も収束性に大きく影響し，場合によっては収束せずに探索ミスとなる場合もある。特に図6.7に示したようなアスペクト比の大きい要素の場合，収束しづらい。

**2） デッドゾーンの問題**　本手法では材料節点から工具要素に対して垂線を下ろした位置を工具要素上の接触点と定義している。このとき実際は接触しているにもかかわらず，どの工具要素上にも接触点が見つからない死角が発生し，適切な接触探索を行うことができない場合がある。このような死角を**デッドゾーン**（dead zone）と呼ぶ。

**図6.9**の場合を例として考える（簡単のため二次元とする）。節点 $A_1$ は工

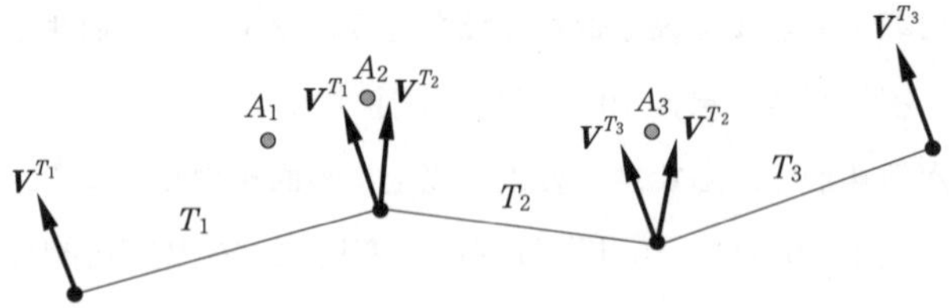


**図6.9**　デッドゾーン

具要素 $T_1$ と接触ペアになりうるが，節点 $A_2$ は $T_1$，$T_2$ のどちらの要素上に法線ベクトル $\boldsymbol{V}$ を用いて射影しても要素外となり，接触ペアを見つけることができない。また逆に，節点 $A_3$ は $T_2$，$T_3$ のいずれの要素とも接触ペアとなりうるため，一義的に決定するにはさらなる判定が必要となる。このような状況は接触探索ミスの大きな原因となるため，対応策を講じる必要がある。

1），2）の問題点は，接触探索を不安定にする要因として知られている。そこでこれらの問題点を克服して計算の安定化，高精度化を目指したアルゴリズムがいくつか提案されている。

**（b） pinball algorithm** [9),10)]　**図 6.10** に示すように，工具要素および材料要素を，要素重心を中心とした球と近似し，球どうしが重なり合うかどうかで接触の判定を行う。これは球の中心間の距離を求めるだけで接触判定，潜り込み量を求めることができ，また反復計算を行うことなく高速に探索を行うことができる。デッドゾーンの問題も発生しない。しかし，厳密に工具要素-材料節点間での接触状況を探索するわけではなく，たがいの接触面を球面の集合として探索を行うため探索の精度はよくない。

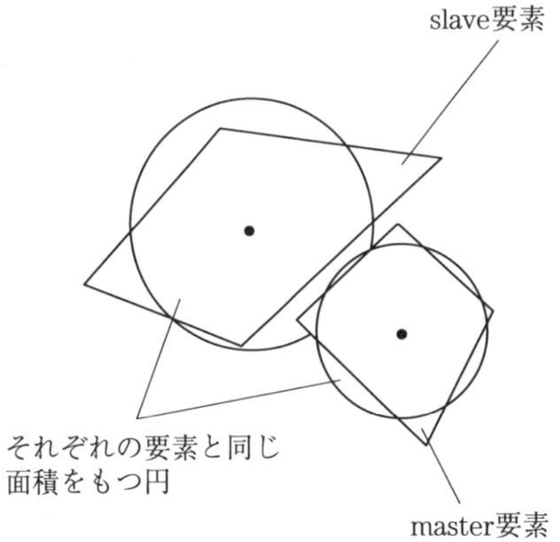


**図 6.10**　pinball algorithm

球を小さくして一つの要素に対して複数の球を設けることで精度を向上させようという試みもなされているが，板成形のように工具と材料間で接触，離脱が頻繁に起こる問題には不向きであるといえる。また，この手法はソリッド要素を用いることを前提としており，シェル要素を用いる場合はさらなる工夫が必要となる。

（c） **inside-outside algorithm**[6)]　　材料節点 $x$ に関する単位法線ベクトル $\boldsymbol{V}_x$ を式 (6.3) などから求め，これを材料節点から発する射影ベクトルとして用いる。シェル要素を用いる場合は各材料節点の**ファイバベクトル**（ディレクタ）を射影ベクトルとして用いることも可能である。**図 6.11** のように

$$\boldsymbol{V}_{1x} = \boldsymbol{V}_1 \times \boldsymbol{g}_{1x} \tag{6.19}$$

で与えられるベクトル $\boldsymbol{V}_{1x}$ を求め，さらに

$$d_1 = \boldsymbol{V}_{1x} \cdot \boldsymbol{V}_x \tag{6.20}$$

で与えられるスカラ量 $d_1$ を求める。$d_1$ は射影ベクトル $\boldsymbol{V}_x$ と工具要素 $T$ の交点 $p$ が辺12よりも要素側にあるかどうかを示すものであり，$d_1 \leqq 0$ の場合，辺 12 よりも要素側となる。

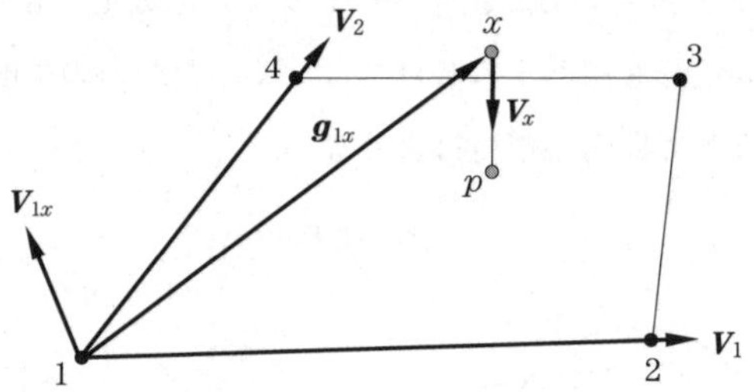


**図 6.11**　inside-outside algorithm

同様に節点 2，3，4 について，式 (6.19)，(6.20) の計算を繰り返す。その結果，すべての辺について要素側という結果が得られた場合，交点 $p$ は要素内にあることとなり，この材料節点 $x$ と工具要素 $T$ は接触ペアになると判定される。すでにその工具要素に食い込んでいる場合は上記の計算はすべての辺について要素の外側という結果となり，この場合も接触ペアになると判定される。

以上の計算により接触ペアが見つかった後，交点（工具要素上の接触点）$p$ の位置ベクトルを工具節点座標からの内挿により求める。本アルゴリズムで

は，node to segment algorithm で行ったような厳密な自然座標値を求めることはせず，工具要素が三角形であるか四角形であるかにかかわらず**面積座標**から形状関数値を算出する。特に四角形要素の場合には，Zhong ら[11]によって提案された四角形要素に対する面積座標を用いた近似的な形状関数値の算出法を用いている。本算出法によれば，**図 6.12** のように材料節点 $x$ から工具要素 $T$ 上への射影点が $s$ とすると，点 $s$ における形状関数値は面積座標を用いて近似的に式 (6.21)～(6.24) で与えられる。

$$N^1 = \frac{\Delta_2\Delta_3}{\Delta} \tag{6.21}$$

$$N^2 = \frac{\Delta_3\Delta_4}{\Delta} \tag{6.22}$$

$$N^3 = \frac{\Delta_4\Delta_1}{\Delta} \tag{6.23}$$

$$N^4 = \frac{\Delta_1\Delta_2}{\Delta} \tag{6.24}$$

ただし

$$\Delta = (\Delta_1 + \Delta_3)(\Delta_2 + \Delta_4) \tag{6.25}$$

であり，各面積 $\Delta_i$ には式 (6.20) で求められた $d_i$ を用いている。

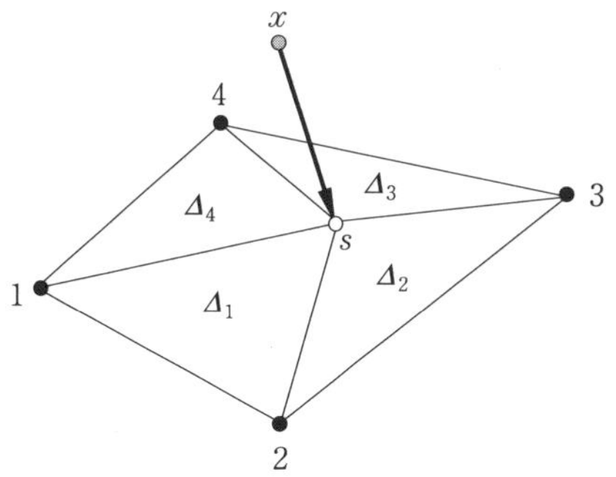


**図 6.12**　四角形要素に関する面積座標

四角形要素において接触点における形状関数値を求めるには，本来，前述の node to segment algorithm のように反復計算により数値的に求める必要がある。しかし，本アルゴリズムでは上記の近似的な手法を用いることにより，工具面形状が四角形要素で記述されている場合も反復計算を用いることなく形状関数値を求めている。

また，本アルゴリズムでは材料節点から工具要素への射影には各材料節点固有のベクトルを用いるため，デッドゾーンの問題も発生しない。そのため，非常に安定した接触探索を行うことができる。

しかし，ここで用いている四角形要素に対する形状関数値算出法は，あくまでも計算を容易に行うための近似式であり，実際の値と大きく異なってくる場合がある。そのため，精度面で注意する必要がある。

以上示したように，工具要素として四角形要素を用いる場合，反復計算の問題，デッドゾーンの問題，探索精度の問題，のすべてを満足する手法はなく，今後さらなる検討が期待される。しかし三角形要素を用いる場合は，これまで示した手法以外でもたいていの場合，反復計算を用いることなく接触探索を行うことができる。また，inside-outside algorithm で用いているように，射影ベクトルとして材料節点上で定義される固有のベクトルを用いることにより，デッドゾーンの問題が発生することなく探索を行うことができる[6),11)]。さらに工具要素がつねに平面を構成するため，接触位置における形状関数値も精度よく求めることができる。したがって，接触探索の観点から考えると工具要素には三角形要素を用いるほうがよいといえる。

工具の変形も考慮した変形体どうしの接触を考える場合や，衝突問題などで重要となる**同一材料内での接触**（self contact）を考慮する必要がある場合は，slave 側と master 側を入れ替えて探索を繰り返し行う必要や[11),15)]，同一物体内で slave と master の両方を考える必要がある[5)]。しかし工具を剛体と考えた塑性加工解析では，材料を slave と，工具を master と固定して考える手法で十分対応できると考えられる。

### 6.2.3　離脱の取扱い

自由節点が接触状態に入るかどうかの探索は，6.2.2 項で示したように，工具要素と材料節点の幾何学的な位置関係から判定を行う。一方，接触節点が工具から離脱して自由節点になるかどうかの判定は，材料節点に作用している節点力の大きさによって判定する。すなわち，材料節点が工具から反力を受けなくなるとき，工具から離脱することとなる。静的陽解法の枠内で考えると，4.3.2項にも示したように離脱に関する比 $r_{re}$ は式 (6.26) で与えられる[12]。

$$r_{re} = -\frac{f_n}{\Delta f_n} \tag{6.26}$$

ここで，$f_n$ は増分前の配置における節点力の工具面法線方向成分，$\Delta f_n$ はその増分である。また，増分量決定後に離脱の判定を行う場合には，増分後の配置における節点力の工具面法線方向成分 $f_n$ の正負で判定すればよい。

材料節点が工具から離脱するたびに $r_{\min}$ 法により増分ステップを刻んでいくと，離脱に起因する比 $r_{re}$ が小さくなり，その結果ステップ数が増大してしまうという問題が発生する場合がある。これは離散化された工具面の精度の問題や，工具への潜り込みを許容する問題などに起因する現象である。この問題を解決するために，節点力が小さく，離脱する可能性の高い節点に対しては，$r_{\min}$ 法は用いずに増分ステップ内で反復計算を行うことにより，接触問題を安定的に解こうとする試みもなされている[16]。

ここで示した方法では，離脱が発生するたびに境界条件の切替えを行う必要がある。これに対して節点力が発生している間は，工具から離れないという条件を定式に導入することで，離脱が起こった場合でも境界条件の切替えを行う必要のない統一的な手法も多数提案されており[13]，現在でもさまざまな研究が進められている。

## 6.3　接触による拘束条件の組込み

6.2節で示した接触探索アルゴリズムを用いることにより，材料節点がどの工具要素と接触し，変位をどの方向へ拘束する必要があるのか，といった条件を得ることができる。本節ではこれら拘束条件を剛性方程式へ組み込む方法を概説する。拘束条件の導入には**ラグランジュ未定乗数法**や**ペナルティ法**，**拡張**

**ラグランジュ未定乗数法**などいくつかの方法が用いられるが[15)]，ここではペナルティ法を用いた手法の一例を示す。また，ここでは工具を剛体とし，材料のみが変形する場合を考える。

### 6.3.1　局所座標系の導入[17),18)]

工具と接触した材料節点の変位増分ベクトルは，接触位置における工具面法線方向の成分をもたないように拘束される。そこで，**図 6.13** に示すように接触点 A において工具面法線ベクトル $\boldsymbol{V}^A$ を $Z$ 軸方向**基底ベクトル** $\boldsymbol{e}_3^l$ とする局所座標系を導入する。

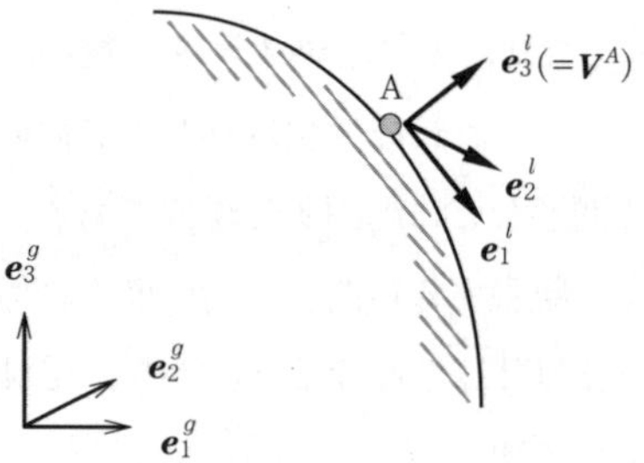


**図 6.13**　接触点に関する局所座標系

工具面の接線方向を向く二つの基底ベクトル $\boldsymbol{e}_1^l$，$\boldsymbol{e}_2^l$ を適当に定めると，任意のベクトル $\boldsymbol{a}$ の成分を局所座標系から全体座標系へ変換する**座標変換マトリックス** $[T]$ を式 (6.27) のように得ることができる。

$$\begin{Bmatrix} a_1^g \\ a_2^g \\ a_3^g \end{Bmatrix} = \begin{bmatrix} \boldsymbol{e}_1^g\cdot\boldsymbol{e}_1^l & \boldsymbol{e}_1^g\cdot\boldsymbol{e}_2^l & \boldsymbol{e}_1^g\cdot\boldsymbol{e}_3^l \\ \boldsymbol{e}_2^g\cdot\boldsymbol{e}_1^l & \boldsymbol{e}_2^g\cdot\boldsymbol{e}_2^l & \boldsymbol{e}_2^g\cdot\boldsymbol{e}_3^l \\ \boldsymbol{e}_3^g\cdot\boldsymbol{e}_1^l & \boldsymbol{e}_3^g\cdot\boldsymbol{e}_2^l & \boldsymbol{e}_3^g\cdot\boldsymbol{e}_3^l \end{bmatrix} \begin{Bmatrix} a_1^l \\ a_2^l \\ a_3^l \end{Bmatrix} \equiv [T] \begin{Bmatrix} a_1^l \\ a_2^l \\ a_3^l \end{Bmatrix} \tag{6.27}$$

このとき右肩の添え字 $g$ は全体座標系を，$l$ は局所座標系を表し，また $(\boldsymbol{e}_1^g, \boldsymbol{e}_2^g, \boldsymbol{e}_3^g)$ は全体座標系の基底ベクトルを表す。この座標変換マトリックス $[T]$ を用いることにより，接触節点の変位増分ベクトル $\Delta\boldsymbol{u}$，節点力増分ベクトル $\Delta\boldsymbol{f}$ をそれぞれ式 (6.28) のように局所座標系での成分で表すことができる。

$$\begin{Bmatrix}\Delta u_1^g\\\Delta u_2^g\\\Delta u_3^g\end{Bmatrix}=[\,T\,]\begin{Bmatrix}\Delta u_1^l\\\Delta u_2^l\\\Delta u_3^l\end{Bmatrix},\quad\begin{Bmatrix}\Delta f_1^g\\\Delta f_2^g\\\Delta f_3^g\end{Bmatrix}=[\,T\,]\begin{Bmatrix}\Delta f_1^l\\\Delta f_2^l\\\Delta f_3^l\end{Bmatrix}\tag{6.28}$$

ただしここでは，各節点が並進自由度のみを有すると仮定している。ここで，材料節点 $n$ が工具に接触している場合を考える。材料節点 $n$ の変位増分ベクトル成分と節点力増分ベクトル成分の関係は式 (6.29) で与えられる。

$$[{}^{nn}k^g]\{{}^n\Delta u^g\}=\{{}^n\Delta f^g\}\tag{6.29}$$

ここで，$[{}^{nn}k^g]$ は剛性マトリックスのサブマトリックスであり，上付き添え字 $g$ は全体座標系を参照して成分表示されていることを示す。式 (6.29) に式 (6.28) を代入し整理すると，式 (6.30) のようになる。

$$[\,T\,]^T[{}^{nn}k^g][\,T\,]\{{}^n\Delta u^l\}=[{}^{nn}k^l]\{{}^n\Delta u^l\}=\{{}^n\Delta f^l\}\tag{6.30}$$

式 (6.30) を用いることにより，式 (6.29) 全体を局所座標系で表記することができる。

同様に異なる節点間，例えば節点 $n$ の変位増分と節点 $m$ の節点力増分の関係は

$$[{}^{nm}k^g][\,T\,]\{{}^n\Delta u^l\}=\{{}^m\Delta f^g\}\tag{6.31}$$

また逆に

$$[\,T\,]^T[{}^{mn}k^g]\{{}^m\Delta u^g\}=\{{}^n\Delta f^l\}\tag{6.32}$$

以上の変換を行うことにより，節点 $n$ に関するすべての成分を局所座標系で記述することができる。これを**全体剛性マトリックス**に適用して考えると，接触節点に関する $[{}^{mn}k^g]$ すべてを局所座標系で記述することに相当する。この座標変換をすべての接触節点について行うことにより，接触節点に関する成分すべてをそれぞれの局所座標系で表すことができる。

以上のような座標系の変換は必ずしも必要なものではなく，全体座標系のままでも拘束条件の導入を行うことはできる。しかし，上記変換を行うことにより変位拘束は局所座標系第 3 方向成分のみに与えればよいこととなり，拘束条件の導入が容易となる。

### 6.3.2 変位境界条件の導入[17)]

続いて実際の変位拘束条件の導入方法を示す。ここでは変分原理に基づく理論的な取扱いについては省き，全体剛性方程式への具体的な導入方法のみを示すこととする。

本書のペナルティ法は拘束条件を厳密に満足させることを目的とはせず，若干の誤差を許容する手法である。しかし，ラグランジュ乗数法のように未知数を増やすことなく変位拘束を行うことができるため，よく用いられている。

以下，剛性方程式ではすでに，接触節点に関する成分はすべて局所座標系で記述されているとする。全節点の変位増分ベクトル成分を1列に並べてベクトル表示したときに，$i$ 番目の自由度 $\varDelta u_i$ に

$$\varDelta u_i = \varDelta \bar{u}_i \tag{6.33}$$

という変位拘束を行う場合を考える。以下にその手順を示す。

① 剛性方程式において既知変位増分の成分を右辺へ移項する。また，同時に無視できるほど十分小さい値 $X$ を変位増分ベクトル内で $\varDelta u_i$ の位置に導入する。このとき $X$ は許容される工具内への潜り込み量を意味し

$$X = -\frac{\varDelta f_i}{\alpha} \tag{6.34}$$

を満たす。ここで $\alpha$ は剛性マトリックス成分に対して十分に大きい**ペナルティ数**である。以上の操作を行うことにより全体剛性方程式は式(6.35)のように変形できる。

$$\begin{bmatrix} K_{11}\cdots K_{1i}\cdots K_{1n} \\ \vdots \ \ddots \ \vdots \ \ddots \ \vdots \\ K_{i1}\cdots K_{ii}\cdots K_{in} \\ \vdots \ \ddots \ \vdots \ \ddots \ \vdots \\ K_{n1}\cdots K_{ni}\cdots K_{nn} \end{bmatrix} \begin{Bmatrix} \varDelta u_1 \\ \vdots \\ X \\ \vdots \\ \varDelta u_n \end{Bmatrix} = \begin{Bmatrix} \varDelta f_1 \\ \vdots \\ \varDelta f_i \\ \vdots \\ \varDelta f_n \end{Bmatrix} - \begin{Bmatrix} K_{1i}\varDelta \bar{u}_i \\ \vdots \\ K_{ii}\varDelta \bar{u}_i \\ \vdots \\ K_{ni}\varDelta \bar{u}_i \end{Bmatrix} + \begin{Bmatrix} K_{1i}X \\ \vdots \\ K_{ii}X \\ \vdots \\ K_{ni}X \end{Bmatrix}$$

$$\approx \begin{Bmatrix} \varDelta f_1 \\ \vdots \\ \varDelta f_i \\ \vdots \\ \varDelta f_n \end{Bmatrix} - \begin{Bmatrix} K_{1i}\varDelta \bar{u}_i \\ \vdots \\ K_{ii}\varDelta \bar{u}_i \\ \vdots \\ K_{ni}\varDelta \bar{u}_i \end{Bmatrix} \tag{6.35}$$

② 続いて剛性マトリックス中の $i$ 成分対角項にペナルティ数 $\alpha$ を加える。このとき，$K_{ii}+\alpha\approx\alpha$ という近似が成り立つことから，式 (6.35) は式 (6.36) のようになる。

$$\begin{bmatrix} K_{11}\cdots K_{1i}\cdots K_{1n} \\ \vdots \ \ddots \ \vdots \ \ddots \ \vdots \\ K_{i1}\cdots \ \alpha \ \cdots K_{in} \\ \vdots \ \ddots \ \vdots \ \ddots \ \vdots \\ K_{n1}\cdots K_{ni}\cdots K_{nn} \end{bmatrix} \begin{Bmatrix} \Delta u_1 \\ \vdots \\ X \\ \vdots \\ \Delta u_n \end{Bmatrix} = \begin{Bmatrix} \Delta f_1 \\ \vdots \\ \Delta f_i \\ \vdots \\ \Delta f_n \end{Bmatrix} - \begin{Bmatrix} K_{1i}\Delta \bar{u}_i \\ \vdots \\ K_{ii}\Delta \bar{u}_i \\ \vdots \\ K_{ni}\Delta \bar{u}_i \end{Bmatrix} + \begin{Bmatrix} 0 \\ \vdots \\ \alpha X \\ \vdots \\ 0 \end{Bmatrix}$$

$$= \begin{Bmatrix} \Delta f_1 \\ \vdots \\ 0 \\ \vdots \\ \Delta f_n \end{Bmatrix} - \begin{Bmatrix} K_{1i}\Delta \bar{u}_i \\ \vdots \\ K_{ii}\Delta \bar{u}_i \\ \vdots \\ K_{ni}\Delta \bar{u}_i \end{Bmatrix} \tag{6.36}$$

ただし，式 (6.34) の関係を用いている。式 (6.36) を解くことにより拘束条件式 (6.33) を満足した変位増分ベクトルが得られる。また，このときの節点力増分ベクトルの成分は式 (6.34) の関係から式 (6.37) で与えられる。

$$\Delta f_i = -\alpha X \tag{6.37}$$

以上のように，結果的には既知変数を右辺に移動するとともに，**剛性マトリックス**の**対角項**にペナルティ数を加えるだけで，拘束条件を導入することができる。また，式 (6.34) の関係を導入して剛性マトリックスを変形することにより，節点力増分ベクトルの成分も式 (6.37) から容易に求めることができ，求解後の処理も非常に容易となる。

## 6.4 摩擦の取扱い

プレス成形においては工具と板材が接触する界面に働く摩擦力が，成形過程の変形挙動に大きく影響する。板材に生じる応力やひずみの分布が摩擦状態の影響を受けるため，絞り成形時の**深絞り性**だけでなく，張出し成形時の成形限界や，スプリングバックに起因する**形状凍結性**に対しても，摩擦による影響が無視できないことが多い[19]。このため，弾塑性 FEM によるシミュレーションにおいて，割れ，しわ，スプリングバック，**面ひずみ**などの不具合を精度よく予測するためには，摩擦現象を正確に考慮した定式を導入することが不可欠である。

摩擦の記述には，摩擦力が接触する2物体間に働く垂直力に比例するとする**クーロン**（Coulomb）**則**が用いられる場合が多い。これは，この法則がごく単純な関係式で記述することができるにもかかわらず，さまざまな接触現象に適用可能な法則であることによる。

一方，表面処理材や高張力鋼板などの場合には，摩擦係数一定として扱えない現象がしばしば起こる。このため，より正確な摩擦モデルとして，摩擦係数をいくつかの変数〔例えば板材の相当塑性ひずみとしゅう（摺）動距離[20]，表面が受けた摩擦仕事量[21]など〕の関数として表現する非線形摩擦則を構築する試みも行われている。しかしながら，いずれの非線形摩擦則も限られた条件下での実験から求められたものがほとんどであり，あらゆる条件に対して統一的に対応できる摩擦モデルを得るには至っていない[22]。

以下，本節ではクーロン則を中心に FEM プログラムへの導入方法および解析例について述べる。

### 6.4.1　摩 擦 構 成 則

ここでは，工具に接触する板材と工具との間に発生する摩擦力の定式化について，静的陽解法における具体例を中心に述べる。摩擦則としてクーロン則を仮定し，工具の変形は無視できるものとする。摩擦における固着/すべり現象と，弾塑性モデルにおける降伏現象の類似性から，古典弾塑性論における分解則や流れ則と同様の手続きで定式化が行われるのが一般的である。

Kawka らは，静的陽解法による FEM プログラムのなかで摩擦構成側を“摩擦境界条件を与えるスプリング要素”として定式化した。このモデルは以下の仮定に基づいて構築されている[23),24]。

①　摩擦状態は，すべり状態と板材と工具の相対速度が非常に小さい擬似固

着状態の二つに分類される。このことから，板材の節点の工具に対する相対速度 $\tilde{\boldsymbol{v}}$ は，式 (6.38) のように弾塑性材料のひずみと同様の分解が可能である[25)]。

$$\tilde{\boldsymbol{v}} = \tilde{\boldsymbol{v}}^e + \tilde{\boldsymbol{v}}^p \qquad (6.38)$$

ここで，$\tilde{\boldsymbol{v}}^e$ および $\tilde{\boldsymbol{v}}^p$ は，それぞれ**擬似固着領域**および**すべり領域**における相対速度を表す（**図 6.14**）。

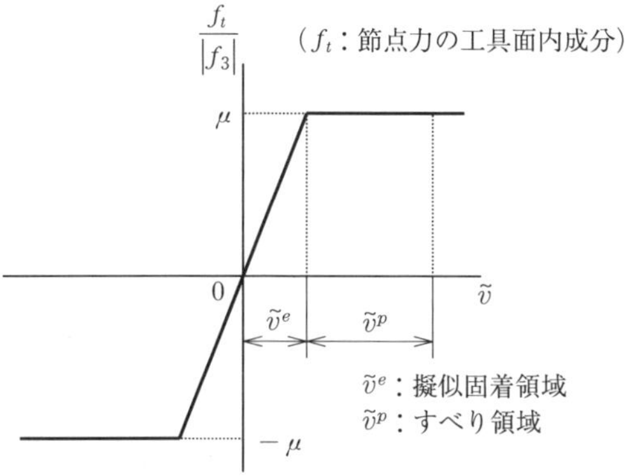


**図 6.14** 擬似固着領域とすべり領域

② 擬似固着状態での変位と力は，つぎの弾性構成則の式 (6.39) に従う。

$$\overset{\triangledown}{\boldsymbol{f}} = \boldsymbol{E}\cdot\tilde{\boldsymbol{v}}^e, \quad \overset{\triangledown}{f}_i = E_{ij}\tilde{v}_j^e \qquad (6.39)$$

ここで，$\overset{\triangledown}{\boldsymbol{f}}$ は共回転の節点力速度ベクトルであり，スピンテンソル $\boldsymbol{W}$ を用いて

$$\overset{\triangledown}{f}_i = \dot{f}_i - W_{ij} f_j \qquad (6.40)$$

と表すことができる†。$\overset{\triangledown}{f}_1$ および $\overset{\triangledown}{f}_2$ は接触位置での工具面に平行な成分，$\overset{\triangledown}{f}_3$ は法線方向の成分である。また，$\boldsymbol{E}$ は対角マトリックスであり，工具面内方向の剛性 $E_t$，および法線方向の剛性 $E_n$（いずれも変位拘束条件を与える**ペナルティ係数**とみなすことができる。6.3.2 項参照）を用いて

† $\boldsymbol{W}$ については，接触点での工具表面曲率を利用して法線ベクトルの回転による影響として定式化する手法[26)]などが提案されている。また，とりあえず $\boldsymbol{W}$ を考慮せずに解いてステップ終了時点で補正する方法[27),28)]も考えられる。摩擦構成則を導くにあたって，ただちに必要となるわけではないので，具体形の記述は省略する。

$$\boldsymbol{E} = \begin{bmatrix} -E_t & 0 & 0 \\ 0 & -E_t & 0 \\ 0 & 0 & -E_n \end{bmatrix} \tag{6.41}$$

と表すことができる。

③ 摩擦状態は式 (6.42) が満たされたとき，**擬似固着状態**から**すべり状態**へと移行する。

$$F = f_1^2 + f_2^2 - \mu^2 f_3^2 = 0 \tag{6.42}$$

ここで，$\mu$ は摩擦係数である。弾塑性論における弾性状態から塑性状態への状態変化との類似性から，式 (6.42) は摩擦による降伏曲面を与える式とみなすことができる（**図 6.15**）。

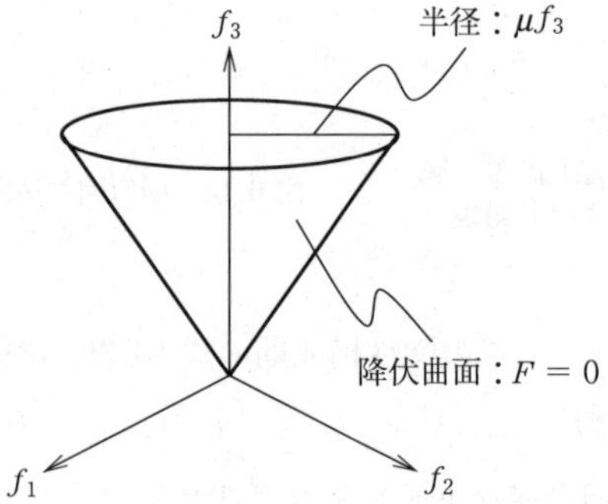


**図 6.15**　摩擦による降伏曲面

④ すべり状態における摩擦力は接触力の法線方向成分に比例し，$\tilde{\boldsymbol{v}}^p$ の逆向きとなる。すなわち，摩擦に関する非関連流れ則として

$$\tilde{v}_i^p = -\lambda \frac{\partial G}{\partial f_i} \qquad (G = f_1^2 + f_2^2) \tag{6.43}$$

と記述できる。ここで，$G$ は摩擦における塑性ポテンシャルである。また，$\lambda$ は正の定数である。摩擦力は非保存力であるため，結果として後述するように構成則が非対称となる点に注意する[29]。

すべり状態の最中は，つねに $F = 0$ が満たされることになるので

$$\dot{F} = \frac{\partial F}{\partial f_i} \overset{\triangledown}{f_i} = 0 \tag{6.44}$$

これに式 (6.38)，(6.39) および式 (6.43) を代入することにより

$$\frac{\partial F}{\partial f_i}E_{ij}\left(\tilde{v}_j + \lambda\frac{\partial G}{\partial f_j}\right) = 0 \tag{6.45}$$

となる。したがって，$\lambda$ は

$$\lambda = -\frac{\dfrac{\partial F}{\partial f_l}E_{lj}\,\tilde{v}_j}{\dfrac{\partial F}{\partial f_r}E_{rs}\dfrac{\partial G}{\partial f_s}} \qquad (l, j, r, s = 1, 2, 3) \tag{6.46}$$

と表すことができ，これを用いて式 (6.47) のようなすべり状態に関する摩擦構成則が得られる。

$$\overset{\triangledown}{\boldsymbol{f}} = (\boldsymbol{E} + \boldsymbol{P})\,\tilde{\boldsymbol{v}} \tag{6.47}$$

ここで

$$\boldsymbol{P} = \frac{1}{f_1^2 + f_2^2}\begin{bmatrix} E_t\,f_1^2 & E_t\,f_1f_2 & -\mu^2E_n\,f_1f_3 \\ E_t\,f_1f_2 & E_t\,f_2^2 & -\mu^2E_n\,f_2f_3 \\ 0 & 0 & 0 \end{bmatrix} \tag{6.48}$$

さて，上記摩擦構成則を静的陽解法に導入する方法について考える。まず，工具に接触しているある節点に関する剛性方程式が式 (6.49) のように表されるとする。

$$\boldsymbol{k}^{ep}\cdot\varDelta\boldsymbol{u} + \boldsymbol{k}_J^{ep}\cdot\varDelta\boldsymbol{u}_J = \varDelta\boldsymbol{f} \tag{6.49}$$

ここで，剛性マトリックス $\boldsymbol{k}^{ep}$，節点変位増分 $\varDelta\boldsymbol{u}$ および節点力増分 $\varDelta\boldsymbol{f}$ の各成分は，接触位置での工具面の外向き法線方向を $z$ 軸とする座標系を参照しているものとする。また，$\varDelta\boldsymbol{u}_J$ は当該節点以外の節点の変位増分を表し，$\boldsymbol{k}_J^{ep}$ はそれに対応する剛性係数である。

摩擦構成則を導入するにあたり，節点の相対速度 $\tilde{\boldsymbol{v}}$ を節点速度 $\dot{\boldsymbol{u}}$ および工具の移動速度 $\dot{\boldsymbol{u}}^{tool}$ を用いて $\tilde{\boldsymbol{v}} = \dot{\boldsymbol{u}} - \dot{\boldsymbol{u}}^{tool}$ と書き，さらに式 (6.47) を増分形で表すことによって，式 (6.50) のように剛性方程式 (6.49) を変形する。

$$(\boldsymbol{k}^{ep} - \boldsymbol{E} - \alpha\boldsymbol{P})\varDelta\boldsymbol{u} + \boldsymbol{k}_J^{ep}\cdot\varDelta\boldsymbol{u}_J = (\boldsymbol{E} + \alpha\boldsymbol{P})\varDelta\boldsymbol{u}^{tool} \tag{6.50}$$

ここで

擬似固着状態の場合：$\alpha = 0$,　　すべり状態の場合：$\alpha = 1$

である。

式 (6.50) の左辺に現れる剛性マトリックスの各成分および右辺は，すべて増分ステップ開始時に値がわかっているため，反復計算を伴うことなく陽的に解くことができる。このことは，静的陽解法の枠組みのなかで特別なテクニックを用いずに摩擦が扱えることを意味している。ただし，式 (6.48) から明らかなように，剛性マトリックスは一般的には非対称となる。したがって，式 (6.50) をそのまま解くことは計算コスト上好ましくない。

そこで，式 (6.50) において摩擦に関しては対称項以外を無視することにより非対称マトリックスを回避し，そのかわり非対称項については反復計算により処理する方法[23]や，その処理を次ステップに回す方法[27),28)]などが提案されている。

### 6.4.2　固着－すべり状態変化の扱い

静的陽解法においては，$r_{\min}$ 法により増分ステップサイズを決定する（4 章参照）。摩擦の扱いにおいても，擬似固着からすべりへの状態変化が強い非線形性を伴うため，弾塑性状態変化と同様の考え方によって $r_{\min}$ を導入し，大きな不釣合い力の発生を避ける必要がある。

時刻 $t$ で工具に接触し擬似固着状態にあった節点が，時刻 $t+\varDelta t$ においても同じ工具との接触が続いていたとする。時刻 $t$ での節点力の工具外向き法線方向および面内方向に分解した成分をそれぞれ $f_n$，$\boldsymbol{f}_t$，また時間増分 $\varDelta t$ での増分をそれぞれ $\varDelta f_n$，$\varDelta \boldsymbol{f}_t$ とすると，この増分ステップ内で擬似固着からすべりへの状態変化が起こるかどうかは，つぎの $r$ に関する方程式 (6.51) の解が $0 < r \leqq 1$ の範囲に存在するか否かによって決まる。

$$\mu\,|f_n + r\varDelta f_n| = \|\boldsymbol{f}_t + r\varDelta \boldsymbol{f}_t\| \tag{6.51}$$

式 (6.51) は $r$ に関する二次方程式であり，その解は

$$r = \frac{-b-\sqrt{b^2-ac}}{a} \tag{6.52}$$

ただし

$$a = \mu^2|\Delta f_n|^2 - \|\Delta \boldsymbol{f}_t\|^2,\quad b = \mu^2 f_n\,\Delta f_n - \boldsymbol{f}_t\cdot\Delta \boldsymbol{f}_t,\quad c = \mu^2|f_n{}^2| - \|\boldsymbol{f}_t\|^2$$

である。

ここまで述べてきた摩擦モデルを実際の解析に適用するにあたっては，パラメータ $E_t$ を適切に選ぶ必要がある[23)]。固着状態を実質的な強制変位（工具に対する相対変位 $=0$）とみなし，$E_t$ をその境界条件を導入するためのペナルティ係数として用いる場合には，剛性マトリックスのほかの成分より数けた以上大きな値にしなくてはならない。ところがこの場合，擬似固着状態で許されるわずかなすべりが事実上 0 となるため，式 (6.51) で決定される $r$ の値が極端に小さくなり，結果として計算に要する総ステップ数，すなわち計算時間の増大を引き起こす可能性がある。

また逆に $E_t$ が小さすぎると，擬似固着状態で許容される相対変位が大きくなりすぎ，すべり状態へ移行することができないという状況に陥ってしまう。この場合は実際の摩擦現象とはかけ離れた挙動を示すことになる（**図 6.16**）。

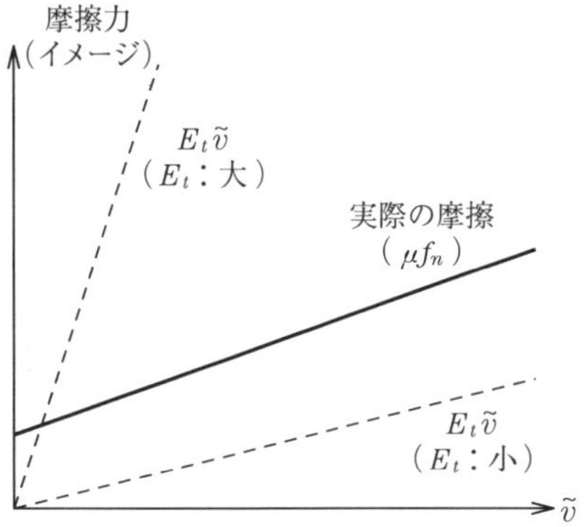


**図 6.16** パラメータ $E_t$ の違いによる摩擦挙動への影響

そこで，適切な $E_t$ を選択するための解析が以下のように実施された。

Kawka ら[23)] は球頭ポンチによる張出し成形において，$E_t$ の値を変化させて解析を実施したときのポンチ荷重および板厚ひずみ分布の違いを検証し，最適な $E_t$ の値を決定している。この例では，$E_t$ の値が 500 N/mm³ より大きい

場合には $E_t$ の増加に伴って計算時間は増大するものの，解析結果として得られるポンチ荷重や板厚ひずみ分布に大きな変化は認められないため，500 N/mm$^3$ が最適な値であるとしている。

## 6.5 お わ り に

本章では，剛体工具と被加工材の接触問題に注目して，工具の表現法，接触探索，接触境界条件の導入法など最も基本的な部分の取扱い方法を示した。しかし，実際の塑性加工解析での運用を考えた場合，さらに多くのことを考慮する必要がある。例えば，被加工材にシェル要素を用いた場合の接触の取扱い[14)]や，工具の変形も考慮した弾性工具と被加工材の接触問題[30)]などである。また，これまでみてきたように工具反力は工具面形状に依存して決定される。そのため，特に反復計算を行わない静的陽解法では，増分中の工具面法線ベクトルの変化に追従するための荷重補正が不可欠である[31)]（このような観点から考えると，工具反力も7章で述べる圧力のように追従力の一種であるといえる）。このように接触問題の取扱いは非常に奥の深い技術であり，塑性加工解析における一つの肝といっても過言ではない。

# 7. 板成形に特有な問題の取扱い

6章までは，接触を考慮した弾塑性 FEM における最も基本的な部分の取扱い手法を示してきた。これらは板成形に限らず，どのような弾塑性解析に対してでも応用可能である。一方，板成形シミュレーションでは，成形上不可欠な要素技術や，板成形において最も重要な問題といっても過言ではないスプリングバックなど，いくつかの特有な問題をリーズナブルな時間で取り扱う必要がある。本章ではこれらの特有な問題のうち，“絞りビード”，“スプリングバック”，“ハイドロフォーミング成形”に焦点を当てて，シミュレーション上での取扱い手法について論じる。

## 7.1 絞りビード

### 7.1.1 絞りビードとは

自動車の車体に用いられる薄板部品など，ある程度複雑な形状をもつ部品を絞り成形によって加工する際には，多くの場合，**絞りビード**（drawbead）による成形条件のコントロールが行われる（**図 7.1**）。

絞りビードの役割は，板がビード部を通過するときに生じる曲げおよび曲げ戻し変形に起因する通過抵抗により，成形中の板材に張力を与えることである。すなわち，適度な張力を与えることにより，しわや割れを回避するという，代表的な板成形特有の要素技術である。単に張力を与えるという意味においては，**しわ押え力**（ブランクホールド力）による摩擦抵抗と同等の働きであるが，その張力を部分的に強めたり弱めたりすることにより最適な絞り条件を得たい場合には，部位別に異なった形状のビードを設定することになる。

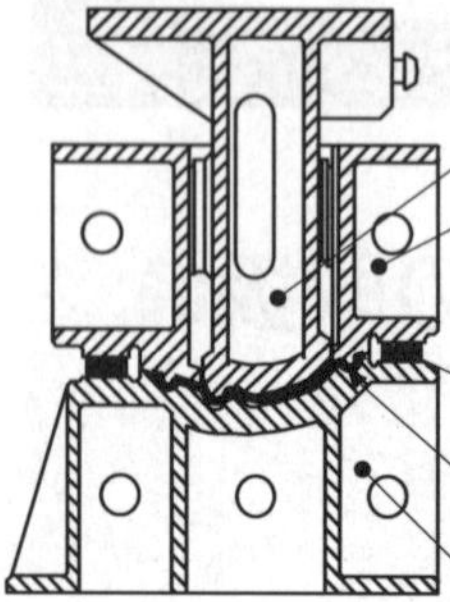


（a）ドロー型概略図

（b）下　型（ダイ）

**図 7.1**　絞り工程の金型

**図 7.2** は，絞りビードによる張力が小さい場合に発生した成形中のしわが，大きなビード力を与えた際に消滅した例である。このように，同じ形状の部品を同じダイフェース形状（しわ押え面の形状）で絞る場合でも，絞りビードの設定，すなわちビード力が異なると板材の挙動が大きく異なってくる。したがって，部品の設計形状が与えられて，その形状を得るためのプレス工程をこれから設計しようとするときに，どのようなビードを用いて絞り成形を実現するかが非常に重要な工程パラメータとなる。

**表 7.1** は，自動車部品のプレス成形に用いられる絞りビードの断面形状の例である。これらの典型的なビードで板厚 0.8 mm 程度の軟鋼を引き抜いた場

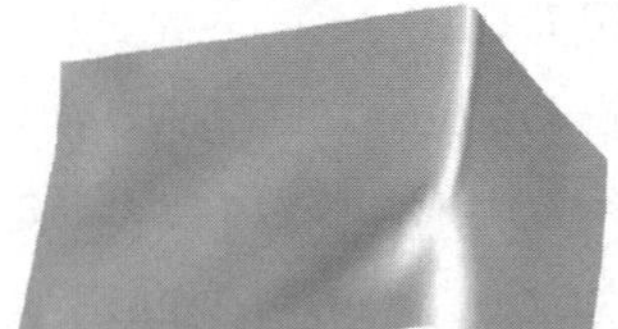

（a）　ビード力 = 100 N/mm
（しわ発生）

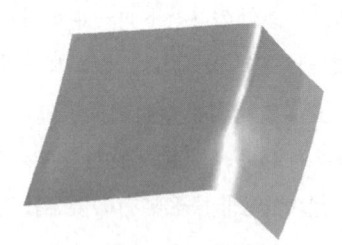

（b）　ビード力 = 200 N/mm
（しわなし）

部品：トランクリッドアウタ（対称形状の 1/2 のみ）

**図 7.2**　ドロー工程シミュレーション結果

表 7.1　絞りビードの種類

| 種類 | | 断面形状 |
|---|---|---|
| 角ビード | | 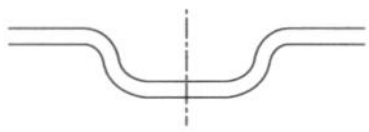 |
| 丸ビード | シングル | 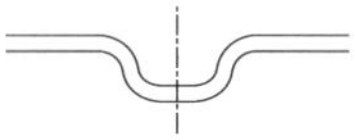 |
| | ダブル |  |
| ステップビード | |  |

合，その引抜き力はビードの単位長さ当りの力として数十〜300 N/mm 程度となるのが普通である[1)]。ビード力は，ビードの断面形状のほかにしわ押え力，摩擦係数，材料特性値，固定しわ押え方式の場合は上下型のクリアランスなど，数多くのパラメータに影響される。これらのメカニズムを実験から解明しようとする試みが数多く行われており[1)~7)]，金型設計における絞りビードの選択に際しての参考としてのみならず，シミュレーションでの境界条件値としても利用されている。

シミュレーションにおいては，絞りビードの三次元形状をそのまま工具形状としてモデリングし，板材がビード部を通過する過程を十分再現できるくらい細かい材料メッシュを用いて解析するのが望ましい。しかし，それを自動車部品規模のシミュレーションのなかで行うことは，シェル要素を用いたとしても板材だけで数十万の要素数が必要となることに加え，成形上あくまでも補助的役割を担うビード部の変形解析に多大なコンピュータ資源を集中させることになるため，今日のコンピュータの力を借りたとしても得策ではない。そこで，金型モデルからビード形状を省略するかわりに，前述の単位長さ当りのビード力を境界条件的に付与することによって，板材メッシュが実際のビード形状を変形しながら通過したのと同様の効果を得ようとする手法が一般的には用いられている。

### 7.1.2 ビード引抜き力モデル

ビード断面形状などが与えられたときに，発生するビード力を見積もるための研究（多くは実験をベースとしたアプローチ）は，これまで数多く行われてきている。例えば古林ら[1),2)]は，板材の工具への巻き付き状態を仮定し，平面ひずみ条件のもとで全ひずみ理論によりビード力が推定できることを示した。また，小嶋[3)]はさまざまなビード断面形状に対してしわ押え力付与の条件下で得られた実験結果をビード壁の傾斜角で整理することにより，精度の高い実験式を得た。さらに長井ら[4)]は，ビードを通過する板材の断面形状を直線と円弧で近似し，ビード通過に伴う塑性仕事最小の条件を用いてより汎用性の高いビード力計算手法を提案した。

しかしながら，実際のビードにおいて引抜き力に影響する因子は非常に多く，そのすべてが網羅的に考慮されたモデルが構築されるには至っていない。また一方で，ラボ実験による実験式構築が難しい複雑な引抜き形態に関しては，ビード引抜き試験の三次元 FEM シミュレーションを行うことにより実験を補うといったことも試みられている[5)]。以下，これらの研究例のなかから固定しわ押え（引抜き過程中クリアランス一定）条件下でビード形状と引抜き力との関係を調査した事例[6)]について示す。

**図 7.3** に**丸ビード**の断面形状を示す。**図 7.4** は，図 7.3 で示した丸ビードに対して引抜き試験を行い，数種類のポンチ肩（上型凸部）$R$ ($R_P$)，ダイ肩 $R$ ($R_D$) およびクリアランス $c$ に対して，得られた単位材料幅当りの引抜き力 $f^b$ を引抜き角度（材料の傾斜角度）$\phi$ で整理したグラフである。ただし，クリアランス $c$ は，0〜0.8 mm の範囲で変化させてあり，$R_P$ および $R_D$ はそれぞれグラフ中に示された値を用いて実験が行われた。また，供試材は板厚 0.8 mm の冷延軟鋼板である。

このように，ビード力 $f^b$〔N/mm〕は $R_P$〔mm〕により層別したうえで $\phi$ の関数として式 (7.1) のように整理することができる。

$$f^b = a\phi - b \qquad (7.1)$$

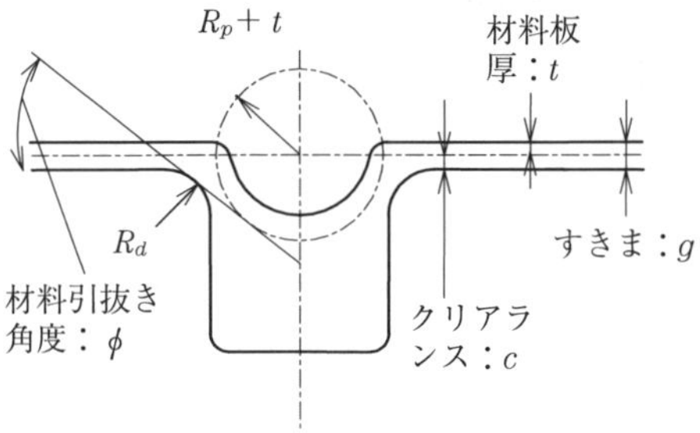


図 7.3 丸ビード断面形状

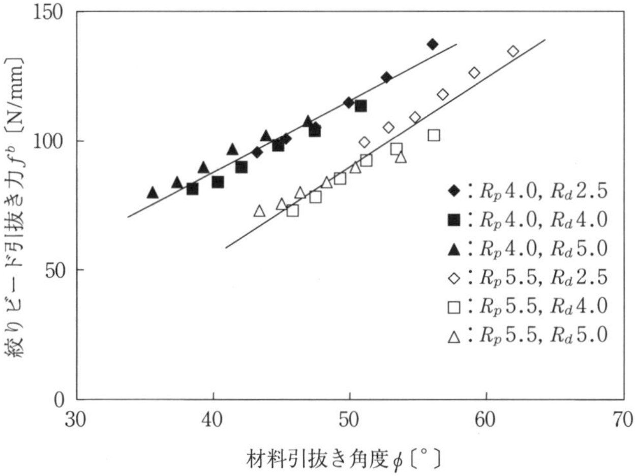


図 7.4 材料引抜き角と絞りビード引抜き力の関係

係数 $a$ および $b$ の値は，**表 7.2** のようになる。このように，ビード力を決定する形状因子に着目した場合，引抜き角度（材料の傾斜角度）が一つの有力なパラメータとなることが，いくつかの研究で示されている。

**表 7.2** 絞りビードを通過する材料要素

| ビード寸法 | $a$ | $b$ |
|---|---|---|
| $R_P$ = 4.0 mm | 2.50 | 11.46 |
| $R_P$ = 5.5 mm | 3.31 | 75.23 |

### 7.1.3　三次元 FEM におけるビードの取扱い

FEM において絞りビードの影響を考慮するために，実際のビード形状を用いて成形するのではなく，7.1.2 項で示されたようなビード力モデルを用いて擬似的に張力を与える方法が採用されるのが一般的である。その具体的手法は FEM コードそのものの特性や，採用するビード力モデルに大きく依存するため，普遍的な手法が確立されているわけではない。したがって，ここではあるビード力モデルに従い $f^b$ が与えられたとき，それを三次元 FEM のなかで実現するための離散化手順の一例を述べるにとどめることにする。

材料要素は四角形 4 節点シェル要素とし，**図 7.5** で示されているように，工具上に固定され，直線で近似されたビード中心線（ビードライン）が，要素 $E$ を横切るとき，ビードラインが要素によって切り取られる長さを $l^E$ とする。このとき，ビードによる仮想仕事 $\delta W^b$ および要素内部の内力による仮想仕事 $\delta U$ は等しくなる（ただし，体積力は無視する）。

$$\delta U = \delta W^b \tag{7.2}$$

ここで，$\delta W^b$ は式 (7.3) のように表される。

$$\delta W^b = \int_{l^E} \boldsymbol{f}^b \cdot \delta \boldsymbol{u} dl \tag{7.3}$$

簡単のために $\boldsymbol{f}^b$ は線分 $l^E$ 上で一定であるとすると，式 (7.4) のようになる。

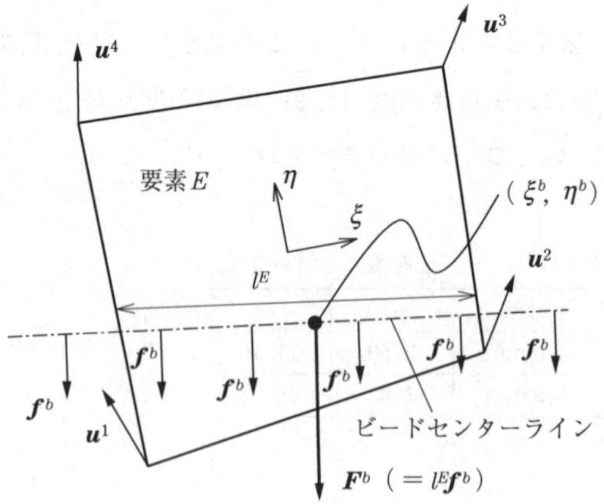


**図 7.5**　絞りビードを通過する材料要素

$$\delta W^b = l^E \cdot \boldsymbol{f}^b \cdot \delta \boldsymbol{u}^b \equiv \boldsymbol{F}^b \cdot \delta \boldsymbol{u}^b \tag{7.4}$$

式 (7.4) において，$\delta \boldsymbol{u}^b$ はビード力 $\boldsymbol{F}^b$ が**集中荷重**として作用する点，すなわち線分 $l^E$ の中点での仮想変位であるから，仮想節点変位 $\delta \boldsymbol{u}^\alpha$（$\alpha$ は節点番号，$\alpha = 1, \cdots, 4$）を用いて式 (7.5) のように表すことができる。

$$\{\delta u^b\} = [N^b]\{\delta u^\alpha\} \tag{7.5}$$

ここで，$[N^b]$ は材料要素の形状関数を用いて表されるマトリックスで，z 軸が工具面の外向き法線方向となるように座標系を設定すると

$$\left.\begin{aligned} &\{\delta u^b\}^T = \{\delta u_x^b \quad \delta u_y^b\} \\ &[N^b] = \begin{bmatrix} N^1 & 0 & N^2 & 0 & N^3 & 0 & N^4 & 0 \\ 0 & N^1 & 0 & N^2 & 0 & N^3 & 0 & N^4 \end{bmatrix} \\ &\{\delta u^\alpha\}^T = \{\delta u_x^1 \quad \delta u_y^1 \cdots \quad \delta u_x^4 \quad \delta u_y^4\} \end{aligned}\right\} \tag{7.6}$$

である。ビード力が働いている節点は工具に接触している，すなわち工具法線方向の相対変位が 0 であるとみなせるので，ここでは近似的にビード力作用点と各材料節点での工具接平面内の変位成分のみを考えた。$N^\alpha$ は 4 節点双線形要素の形状関数であり，ビード力作用点の自然座標 $(\xi^b, \eta^b)$ を用いて

$$N^\alpha = \frac{1}{4}(1 + \xi^b \xi^\alpha)(1 + \eta^b \eta^\alpha) \tag{7.7}$$

となる。式 (7.6) を式 (7.4) に代入すると，ビード力による仮想仕事は

$$\delta W^b = \{\delta u^\alpha\}^T [N^b]^T \{F^b\} \tag{7.8}$$

となる。一方

$$\delta U = \{\delta u^\alpha\}^T [k^E] \{u^\alpha\} \qquad (k^E \text{ は要素剛性マトリックス}) \tag{7.9}$$

と書けるので，式 (7.2) が任意の仮想節点変位 $\{\delta u^\alpha\}$ に対して成り立つという条件から

$$[k^E]\{u^\alpha\} = [N^b]^T \{F^b\} \tag{7.10}$$

となる。式 (7.10) は要素節点内力とビード力の釣合い方程式であり，右辺が離散化されたビード力を表す。

## 7.2 スプリングバック

成形が完了した後に板材を金型から取り出すと，金属材料特有の弾性回復現象に起因して**スプリングバック**（springback）と呼ばれるわずかな変形が発生する。製品に要求される寸法精度や見栄え品質が高い場合には，このわずかな変形のために所定の品質が得られないといった結果につながることもある。

こういった問題への対処としては，スプリングバックの小さい材料，形状，または工程パラメータ（しわ押え力，ビード力など）を採用するといった，あくまでもスプリングバックが0の状態を目指すといったアプローチのほかに，スプリングバックをある程度許すかわりにその変形量をあらかじめ見込んで，製品形状とは異なる金型形状を採用し，結果的に設計どおりの形状を得るといった試みもなされている。

いずれの場合にも，スプリングバック現象を事前にできるだけ精度よく予測することが効果的な対策を行うための鍵となるため，FEM シミュレーションが果たすべき役割は重要である。

以下，静解析におけるスプリングバック解析手法について具体的に述べる。

**節点力除去法と工具移動法**

離型後のスプリングバック現象も一般的には複雑な非線形現象であるため，シミュレーションにおいてもできるだけ実際の変形現象に忠実な解析を行うことが望ましい。すなわち，**複動プレス**による絞り工程後のスプリングバックを例にとると，以下のような手順を踏むことになる（“**工具移動法**”とする）。

① 絞り成形完了（下死点）

② 絞りビードモデルによる節点力など，付加的な外力のキャンセリング

③ ポンチの上昇

④ ブランクホルダの上昇

すべての工具からの反力が0となった時点で計算終了とする（**図7.6**）。

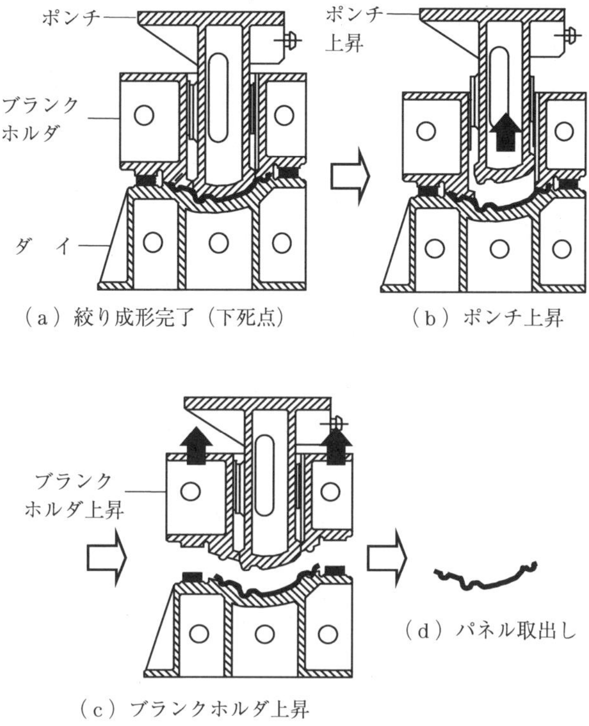


**図 7.6** 工具移動法によるスプリングバック手順

通常，このプロセスで生じる非線形因子としては，塑性から弾性への状態変化とともに，工具からの離脱による境界条件の変化が支配的となる。このため，スプリングバックによる変形量が，絞り成形過程の変形に比べてはるかに小さい場合においても，工具からの離脱を追跡するための計算時間（増分ステップ数，または収束計算のための繰返し数）が大きくなる。

そこで，工具接触状況変化に起因する非線形性を避けるために，成形が完了した時点で工具の存在を無視し，それによって生じる不釣合い力を消去するという手法がとられることがある（以下，**“節点力除去法”** と呼ぶ）。

この手法ではスプリングバック過程を簡略化して解析することになるのだが，計算時間の面で有利であることから一般的には多く用いられている。節点力除去法のプロセスは以下のようになる。

まず，ここでは成形中は節点内力ベクトル $\boldsymbol{F}^{INT}$ と外力ベクトル $\boldsymbol{F}^{EXT}$ が釣り合っているものと仮定する。すなわち，時刻 $t$ を成形終了時点，時刻 $t+dt$ をスプリングバック完了時点とすると，この間の有限の時間増分 $dt$ における釣合い方程式は

$$ {}^{t}\boldsymbol{K}\varDelta\boldsymbol{U} = \varDelta\boldsymbol{F}^{EXT} = {}^{t+dt}\boldsymbol{F}^{EXT} - {}^{t}\boldsymbol{F}^{EXT} = {}^{t+dt}\boldsymbol{F}^{EXT} - {}^{t}\boldsymbol{F}^{INT} \tag{7.11} $$

と表すことができる。ここで，左上の添え字は参照時刻を表し，${}^{t}\boldsymbol{F}^{EXT} = {}^{t}\boldsymbol{F}^{INT}$ の関係を用いた。また，${}^{t}\boldsymbol{K}$ は接線剛性マトリックス，$\varDelta\boldsymbol{U}$ は節点変位増分である。このとき，すでに工具の存在を無視しているため，工具反力，すなわち外力 $\boldsymbol{F}^{EXT}$ を零ベクトルで置き換える。すなわち，式 (7.11) は

$$ {}^{t}\boldsymbol{K}\varDelta\boldsymbol{U} = -\,{}^{t}\boldsymbol{F}^{INT} \tag{7.12} $$

となる。式 (7.12) の意味は時刻 $t$ で工具が消滅したことによって発生した不釣合い力をキャンセルするための節点力増分を与えるということであり，4 章で述べた各種不釣合い力消去アルゴリズムを適用することができる。

式 (7.12) を**静的陽解法**で解く場合は，時間増分 $dt$ を $r_{\min}$ 法（4.4 節参照）によってさらに小さな時間増分 $\varDelta t = r_{\min}\,dt$ に区切り，各増分では区分的線形を仮定する。その際，各増分ステップ開始時に接線剛性マトリックス $\boldsymbol{K}$ および内力ベクトル $\boldsymbol{F}^{INT}$ を逐一更新することによって，スプリングバック完了時の釣合いの崩れを最小限に抑える。

一方，**静的陰解法**においては，式 (7.12) に例えばニュートン・ラフソン法に基づく反復解法を適用する（4 章参照）。すなわち

$$ \left.\begin{aligned} &{}^{t+dt}_{\ \ \ t}\boldsymbol{K}^{(m-1)}\varDelta\boldsymbol{U}^{(m)} = -\ {}^{t+dt}_{\ \ \ t}\boldsymbol{F}^{INT(m-1)} \\ &{}^{t+dt}\boldsymbol{U}^{(m)} = {}^{t+dt}\boldsymbol{U}^{(m-1)} + \varDelta\boldsymbol{U}^{(m)} \\ &{}^{t+dt}_{\ \ \ t}\boldsymbol{K}^{(0)} = {}^{t}_{t}\boldsymbol{K}, \quad {}^{t+dt}_{\ \ \ t}\boldsymbol{F}^{INT(0)} = {}^{t}_{t}\boldsymbol{F}^{INT}, \quad {}^{t+dt}\boldsymbol{U}^{(0)} = {}^{t}\boldsymbol{U} \end{aligned}\right\} \tag{7.13} $$

で与えられるアルゴリズムにより ${}^{t+dt}\boldsymbol{U}$ を求める。ここで，$m$ は反復回数，左上添え字は解くべき時刻を，左下添え字は参照する時刻を表す。

# 7.3　ハイドロフォーミング成形

## 7.3.1　液圧の取扱い

液圧による分布荷重をシミュレーション中で扱う場合，圧力を直接離散化して**表面力**として与える方法と，**圧力媒体**の体積を増減させることにより与える方法の2通りがある[8)]。圧力を直接離散化する方法では圧力増分が各ステップで与えるべき状態変数となり，圧力媒体の体積を増減させる方法では，体積増分が与えるべき状態変数となる。ここでは，実際の解析において扱いが容易である，表面力として直接取り扱う方法を示す[9),10)]。

## 7.3.2　液圧を表面力として取り扱う場合の定式

液圧の作用する材料が4節点シェル要素あるいは8節点ソリッド要素で表されている場合を考える。一つの四辺形要素に圧力が作用する場合を考えると，この四辺形要素は**図7.7**に示すように4節点シェル要素の場合は一つの要素に対応し，8節点ソリッド要素の場合は圧力の作用する一つの表面（例えばチューブの場合，チューブの内表面を構成する面）に対応する。

圧力による**等価節点力増分ベクトル** $\varDelta \boldsymbol{f}_e^p$ を

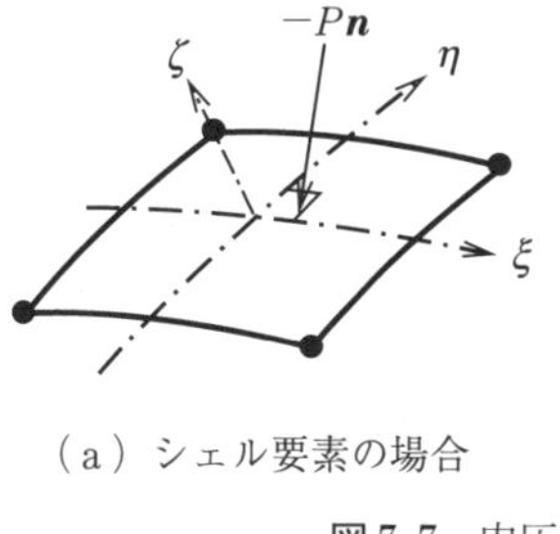


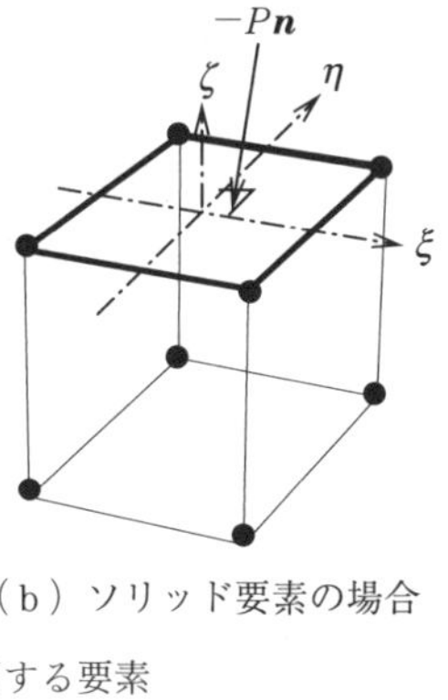


**図7.7**　内圧 $P\boldsymbol{n}$ の作用する要素

$$\Delta \boldsymbol{f}_e^p = \{\Delta f_{e_1}^{p^1} \quad \Delta f_{e_2}^{p^1} \quad \Delta f_{e_3}^{p^1} \quad \Delta f_{e_1}^{p^2} \quad \Delta f_{e_2}^{p^2} \quad \Delta f_{e_3}^{p^2} \cdots \Delta f_{e_3}^{p^4}\}^T \tag{7.14}$$

のように1要素に関する全成分をベクトル表示したものと考える（上付き添え字は要素内節点番号，下付き添え字は成分を表す）と，式 (7.15) のように離散化できる。

$$\Delta \boldsymbol{f}_e^p = -\int_{S_e} \boldsymbol{\Phi}^T \Delta(P\boldsymbol{n})dS_e = -\Delta P \int_{S_e} \boldsymbol{\Phi}^T \boldsymbol{n} dS_e - P\int_{S_e} \boldsymbol{\Phi}^T \Delta \boldsymbol{n} dS_e \tag{7.15}$$

ここで，$S_e$ は圧力の作用する表面の面積を，$P$ は圧力の大きさを表す。また $\boldsymbol{\Phi}$ は形状関数 $N^\alpha$ からなる $[3 \times 12]$ のマトリックスを，$\boldsymbol{n}$ は圧力の作用する方向を表す単位ベクトル（面の単位法線ベクトル）をベクトル表示したものであり，それぞれ式 (7.16)，(7.17) で与えられる。

$$\boldsymbol{\Phi} = \begin{bmatrix} N^1 & 0 & 0 & N^2 & 0 & 0 & N^3 & 0 & 0 & N^4 & 0 & 0 \\ 0 & N^1 & 0 & 0 & N^2 & 0 & 0 & N^3 & 0 & 0 & N^4 & 0 \\ 0 & 0 & N^1 & 0 & 0 & N_2 & 0 & 0 & N^3 & 0 & 0 & N^4 \end{bmatrix} \tag{7.16}$$

$$\boldsymbol{n} = \begin{Bmatrix} n_1 \\ n_2 \\ n_3 \end{Bmatrix} = \frac{1}{\left| \dfrac{\partial \boldsymbol{x}}{\partial \xi} \times \dfrac{\partial \boldsymbol{x}}{\partial \eta} \right|} \begin{Bmatrix} \varepsilon_{1jk} \dfrac{\partial x_j}{\partial \xi} \dfrac{\partial x_k}{\partial \eta} \\ \varepsilon_{2jk} \dfrac{\partial x_j}{\partial \xi} \dfrac{\partial x_k}{\partial \eta} \\ \varepsilon_{3jk} \dfrac{\partial x_j}{\partial \xi} \dfrac{\partial x_k}{\partial \eta} \end{Bmatrix} \quad (j, k = 1, 2, 3) \tag{7.17}$$

ここで，$\varepsilon_{ijk}$ は交代記号を表す。式 (7.15) の右辺第1項は圧力の大きさに関する増分を表し，式中の $\Delta P$ が各ステップで与えるべき状態変数となる。また右辺第2項は圧力の作用する方向の変化（単位法線ベクトルの回転）を表しており，後述するように変位増分の関数となる。

シェル要素の場合，**要素の中立面**に圧力を作用させることを想定すると，用いる要素タイプに関係なく式 (7.18) の内挿関係が成り立つ。

$$\boldsymbol{x} = \sum_{\alpha=1}^{4} N^\alpha \underline{\boldsymbol{x}}^\alpha, \quad x_i = \sum_{\alpha=1}^{4} N^\alpha \underline{x}_i^\alpha \tag{7.18}$$

ただし，$\underline{\boldsymbol{x}}^\alpha$ は四辺形を構成する節点 $\alpha$ の座標を表している。以下に，式

(7.15) の右辺各項の詳細な離散化過程を示す。

まず，第1項を考える。式 (7.17)，(7.18) を代入し，さらに

$$dS_e = \left| \frac{\partial \boldsymbol{x}}{\partial \xi} \times \frac{\partial \boldsymbol{x}}{\partial \eta} \right| d\xi d\eta \tag{7.19}$$

という関係式を考慮することにより，式 (7.20) のようになる。

$$\Delta P \int_{S_e} \boldsymbol{\Phi}^T \boldsymbol{n} dS_e = \Delta P \int_{-1}^{1}\int_{-1}^{1} \boldsymbol{\Phi}^T \left\{ \begin{array}{c} \sum_{m=1}^{4}\sum_{l=1}^{4} \frac{\partial N^m}{\partial \xi}\frac{\partial N^l}{\partial \eta} \varepsilon_{1jk} \underline{x}_j^m \underline{x}_k^l \\ \sum_{m=1}^{4}\sum_{l=1}^{4} \frac{\partial N^m}{\partial \xi}\frac{\partial N^l}{\partial \eta} \varepsilon_{2jk} \underline{x}_j^m \underline{x}_k^l \\ \sum_{m=1}^{4}\sum_{l=1}^{4} \frac{\partial N^m}{\partial \xi}\frac{\partial N^l}{\partial \eta} \varepsilon_{3jk} \underline{x}_j^m \underline{x}_k^l \end{array} \right\} d\xi d\eta \tag{7.20}$$

成分表示すると

$$\Delta P \int_{S_e} \sum_{i=1}^{3} \Phi_{in} n_i \, dS_e = \Delta P \int_{-1}^{1}\int_{-1}^{1} \sum_{i=1}^{3}\sum_{m=1}^{4}\sum_{l=1}^{4} \Phi_{in} \frac{\partial N^m}{\partial \xi}\frac{\partial N^l}{\partial \eta} \varepsilon_{ijk} \, \underline{x}_j^m \, \underline{x}_k^l \, d\xi d\eta$$

となる。

つぎに第2項を考える。まず，単位法線ベクトル $\boldsymbol{n}$ を増分形にすると

$$\begin{aligned} \Delta \boldsymbol{n} &= \frac{\left\{ \Delta\left(\frac{\partial \boldsymbol{x}}{\partial \xi}\right) \times \frac{\partial \boldsymbol{x}}{\partial \eta} + \frac{\partial \boldsymbol{x}}{\partial \xi} \times \Delta\left(\frac{\partial \boldsymbol{x}}{\partial \eta}\right) \right\}}{\left| \frac{\partial \boldsymbol{x}}{\partial \xi} \times \frac{\partial \boldsymbol{x}}{\partial \eta} \right|} \\ &= \frac{\left\{ \left( \sum_{k=1}^{4} \frac{\partial N^k}{\partial \xi} \Delta \underline{\boldsymbol{x}}^k \right) \times \left( \frac{\partial \boldsymbol{x}}{\partial \eta} \right) + \left( \frac{\partial \boldsymbol{x}}{\partial \xi} \right) \times \left( \sum_{l=1}^{4} \frac{\partial N^l}{\partial \eta} \Delta \underline{\boldsymbol{x}}^l \right) \right\}}{\left| \frac{\partial \boldsymbol{x}}{\partial \xi} \times \frac{\partial \boldsymbol{x}}{\partial \eta} \right|} \end{aligned} \tag{7.21}$$

という関係を得る。ただし，ここでは増分中の面積変化は無視している。式 (7.21) を整理し，成分表示すると

$$\Delta n_i = \frac{1}{\left| \frac{\partial \boldsymbol{x}}{\partial \xi} \times \frac{\partial \boldsymbol{x}}{\partial \eta} \right|} \varepsilon_{ijk} \sum_{n=1}^{4} \left( \frac{\partial x_k}{\partial \eta}\frac{\partial N^n}{\partial \xi} - \frac{\partial x_k}{\partial \xi}\frac{\partial N^n}{\partial \eta} \right) \Delta \underline{x}_j^n \tag{7.22}$$

となる。さらに式 (7.21) を1要素に関する節点変位増分ベクトル

$$\varDelta \boldsymbol{u}_e \equiv \{\varDelta x_1^1,\ \varDelta x_2^1,\ \varDelta x_3^1,\ \varDelta x_1^2,\ \cdots,\ \varDelta x_2^4,\ \varDelta x_3^4\}^T \tag{7.23}$$

に関して整理し，式 (7.17) のようにベクトル形式で表すと

$$\begin{Bmatrix}\varDelta n_1\\ \varDelta n_2\\ \varDelta n_3\end{Bmatrix}$$

$$=\frac{1}{\left|\dfrac{\partial \boldsymbol{x}}{\partial \xi}\times\dfrac{\partial \boldsymbol{x}}{\partial \eta}\right|}\begin{bmatrix} 0 & \dfrac{\partial x_3}{\partial \eta}\dfrac{\partial N^1}{\partial \xi}-\dfrac{\partial x_3}{\partial \xi}\dfrac{\partial N^1}{\partial \eta} & -\left(\dfrac{\partial x_2}{\partial \eta}\dfrac{\partial N^1}{\partial \xi}-\dfrac{\partial x_2}{\partial \xi}\dfrac{\partial N^1}{\partial \eta}\right) & \\ -\left(\dfrac{\partial x_3}{\partial \eta}\dfrac{\partial N^1}{\partial \xi}-\dfrac{\partial x_3}{\partial \xi}\dfrac{\partial N^1}{\partial \eta}\right) & 0 & \dfrac{\partial x_1}{\partial \eta}\dfrac{\partial N^1}{\partial \xi}-\dfrac{\partial x_1}{\partial \xi}\dfrac{\partial N^1}{\partial \eta} & \cdots \\ \dfrac{\partial x_2}{\partial \eta}\dfrac{\partial N^1}{\partial \xi}-\dfrac{\partial x_2}{\partial \xi}\dfrac{\partial N^1}{\partial \eta} & -\left(\dfrac{\partial x_1}{\partial \eta}\dfrac{\partial N^1}{\partial \xi}-\dfrac{\partial x_1}{\partial \xi}\dfrac{\partial N^1}{\partial \eta}\right) & 0 & \end{bmatrix}\begin{Bmatrix}\underline{\varDelta x_1^1}\\ \underline{\varDelta x_2^1}\\ \underline{\varDelta x_3^1}\\ \vdots\end{Bmatrix}$$

$$\equiv\frac{\boldsymbol{M}\varDelta \boldsymbol{u}_e}{\left|\dfrac{\partial \boldsymbol{x}}{\partial \xi}\times\dfrac{\partial \boldsymbol{x}}{\partial \eta}\right|} \tag{7.24}$$

と変形できる。$\boldsymbol{M}$ は $[3\times 12]$ のマトリックスである。式 (7.19)，(7.24) を式 (7.15) の右辺第 2 項に代入すると

$$P\int_{S_e}\boldsymbol{\Phi}^T\varDelta \boldsymbol{n}dS_e = P\int_{-1}^{1}\int_{-1}^{1}\boldsymbol{\Phi}^T\boldsymbol{M}d\xi d\eta\varDelta \boldsymbol{u}_e \equiv \int_{-1}^{1}\int_{-1}^{1}\boldsymbol{k}_{\varDelta n}^e d\xi d\eta \varDelta \boldsymbol{u}_e \tag{7.25}$$

と整理できる。ただし $\boldsymbol{k}_{\varDelta n}^e$ は $[12\times 12]$ のマトリックスである。

式 (7.20)，(7.25) より，式 (7.15) は最終的に式 (7.26) のように変形できる。

$$\varDelta \boldsymbol{f}_e^p = -\varDelta P\int_{-1}^{1}\int_{-1}^{1}\boldsymbol{\Phi}^T\begin{Bmatrix}\displaystyle\sum_{m=1}^{4}\sum_{l=1}^{4}\frac{\partial N^m}{\partial \xi}\frac{\partial N^l}{\partial \eta}\varepsilon_{1jk}\underline{x_j^m}\,\underline{x_k^l}\\ \displaystyle\sum_{m=1}^{4}\sum_{l=1}^{4}\frac{\partial N^m}{\partial \xi}\frac{\partial N^l}{\partial \eta}\varepsilon_{2jk}\underline{x_j^m}\,\underline{x_k^l}\\ \displaystyle\sum_{m=1}^{4}\sum_{l=1}^{4}\frac{\partial N^m}{\partial \xi}\frac{\partial N^l}{\partial \eta}\varepsilon_{3jk}\underline{x_j^m}\,\underline{x_k^l}\end{Bmatrix}d\xi d\eta - \int_{-1}^{1}\int_{-1}^{1}\boldsymbol{k}_{\varDelta n}^e d\xi d\eta\varDelta \boldsymbol{u}_e \tag{7.26}$$

式 (7.26) の面積積分には剛性マトリックスと同様に**ガウスの数値積分**を用いる。式 (7.26) を要素剛性方程式の右辺に組み込む。ただし，式 (7.26) の右辺第 2 項は節点変位増分の関数であるので，剛性方程式内で左辺に移項して剛性マトリックスに組み込む。そして系全体について加え合わせることにより，

液圧による分布荷重を考慮した全体剛性方程式が得られる。

式 (7.26) の $\boldsymbol{k}_{\Delta n}^{e}$ は**荷重剛性マトリックス**と呼ばれ，圧力のように材料の変形に依存して力の向きや大きさが決まる**追従力**（follower force）を取り扱う場合には必要となる項である[10),11)]。特に，薄板加工の解析を行う場合には解析結果に大きな影響を及ぼすこともある。また，追従力は**非保存力**となることがあり，その場合，$\boldsymbol{k}_{\Delta n}^{e}$ が非対称マトリックスとなることに注意する。

# 8. 異方性降伏関数

板材成形シミュレーションにおいて，破断やしわによる成形限界やスプリングバック量などを高精度に予測するには，材料の弾塑性変形挙動をできるだけ忠実に再現できる材料モデルが必要となる。材料モデルの骨格となるのが降伏関数である。なぜなら，塑性ひずみ速度（塑性ひずみ増分）の方向は，降伏曲面の外向き法線方向に一致し〔**法線則**（normality rule)〕，その大きさは加工硬化則から決まるからである[1]。

本章では，金属板材の塑性異方性を表現するための代表的な降伏関数とそれらがシミュレーションの精度に及ぼす影響について解説する。関連文献として，結晶塑性論および現象論の観点からの包括的で示唆に富む解説[2)~4)]およびテキスト[5)]があるので，併せて参照されたい。

## 8.1　異方性降伏関数

本章では，たがいに直交する三つの面に関して対称な性質をもつ異方性について考える。このような異方性を直交異方性，三つの対称面の交線である直交軸を直交異方性の主軸と呼ぶ。本節では異方性の主軸を座標軸に選び（$xyz$ 座標系として，$x$ 軸を圧延方向に，$y$ 軸を圧延直角方向に，$z$ 軸を板厚方向にとる)，異方性主軸を基底ベクトルとする座標系の成分で記述するものとする。ただし，ここでは初期異方性材料についてのみ考え，変形に伴う異方性の変化は無視する〔物体の剛体回転に伴う座標軸の更新については，例えば文献 6）を参照〕。また，等方硬化材料を対象とし，バウシンガー効果を無視する〔バウシンガー効果の定式の手法については，文献 7）～ 9）を参照〕。

圧延方向から角度 $\varphi$ だけ傾いた方向の単軸引張降伏応力を $\sigma_\varphi$，$r$ 値を $r_\varphi$，等二軸引張変形における降伏応力ならびに塑性ひずみ増分ベクトルの成分比 $d\varepsilon_y^p/d\varepsilon_x^p$ をおのおの $\sigma_b$，$r_b$ と表記する。特に断らないかぎり平面応力状態（$\sigma_z = \sigma_{zx} = \sigma_{zy} = 0$）を仮定する。

降伏関数の各論に入る前に，降伏曲面に関する二つの重要な性質について述べる。Drucker は，材料の加工硬化に関する熱力学的な考察から，降伏曲面はつぎの二つの特性を具備すべきであると主張した[10)]〔証明については例えば文献 11）を参照〕。

① 降伏曲面の凸性　　降伏曲面は凸曲面となる。

② 法　線　則　　塑性ひずみ増分ベクトルの方向は，当該の応力点において降伏曲面に立てた外向き法線ベクトル方向に一致する。

つぎに，降伏関数と材料特性値の関係をみておこう。まず，降伏関数に含まれる未知係数の決定についてであるが，それらは降伏関数から計算される $\sigma_\varphi$，$r_\varphi$（さらに，場合によっては $\sigma_b$，$r_b$ など）が実験値と一致するように決定される。降伏関数を応力空間において図形表示したものを降伏曲面と呼ぶ。わかりやすい例として，応力の主軸が素板の圧延方向および圧延直角方向に一致す

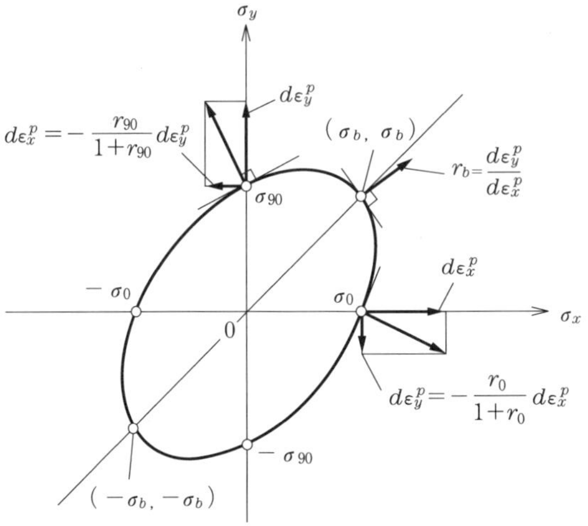


**図 8.1**　等方硬化材料の降伏曲面と材料特性値の関係

る場合には，降伏曲面は模式的に**図 8.1** のように表せる。降伏曲面と $x$ 軸，$y$ 軸および直線 $\sigma_x=\sigma_y$ との交点はおのおの $\sigma_0$，$\sigma_{90}$ および $\sigma_b$ の測定値により定まる。さらに法線則より，上記の交点における降伏曲面の外向き法線ベクトルの方向は，おのおの $r_0\,(=d\varepsilon_y^p/d\varepsilon_z^p)$，$r_{90}\,(=d\varepsilon_x^p/d\varepsilon_z^p)$ および $r_b$ の測定値により定まる。

### 8.1.1　ヒルの二次降伏関数

ヒル（Hill）は von Mises の等方性の降伏関数を一般化して，式 (8.1) のような二次降伏関数を提案した[12)]。

$$
\begin{aligned}
2\,f(\sigma_{ij}) = F\,(\sigma_y-\sigma_z)^2 + G\,(\sigma_z-\sigma_x)^2 + H\,(\sigma_x-\sigma_y)^2 \\
+\,2\,L\sigma_{yz}^2 + 2\,M\sigma_{zx}^2 + 2\,N\sigma_{xy}^2 = 1
\end{aligned}
\tag{8.1}
$$

ここで，$F$，$G$，$H$，$L$，$M$，$N$ は材料の異方性を表す係数である。以下，$\sigma_{yz}=\sigma_{zx}=0$ を仮定する。

圧延方向の単軸引張降伏応力を相当応力 $\bar{\sigma}$ と定義すれば，降伏関数は式 (8.2) で記述される。

$$
\bar{\sigma}^2 = \frac{F\,(\sigma_y-\sigma_z)^2 + G\,(\sigma_z-\sigma_x)^2 + H\,(\sigma_x-\sigma_y)^2 + 2\,N\sigma_{xy}^2}{G+H}
\tag{8.2}
$$

さらに関連流れ則 $d\varepsilon_{ij}^p=(\partial f/\partial\sigma_{ij})d\lambda$ より式 (8.3) を得る。

$$
\left.
\begin{aligned}
d\varepsilon_x^p &= \{-\,G\,(\sigma_z-\sigma_x) + H\,(\sigma_x-\sigma_y)\}d\lambda \\
d\varepsilon_y^p &= \{F\,(\sigma_y-\sigma_z) - H\,(\sigma_x-\sigma_y)\}d\lambda \\
d\varepsilon_z^p &= \{-F\,(\sigma_y-\sigma_z) + G\,(\sigma_z-\sigma_x)\}d\lambda \\
d\varepsilon_{xy}^p &= d\varepsilon_{yx}^p = N\sigma_{xy}d\lambda
\end{aligned}
\right\}
\tag{8.3}
$$

ここで，$d\varepsilon_{ij}^p$ は塑性ひずみ増分テンソルの異方性の主軸座標系に関する成分である。相当塑性ひずみ増分 $\overline{d\varepsilon}^p$ は，$\bar{\sigma}$ と $\overline{d\varepsilon}^p$ の積が単位体積当りの塑性仕事増分を与えるように式 (8.4) で定義される。

$$
\overline{d\varepsilon}^p \equiv \frac{\sigma_x d\varepsilon_x^p + \sigma_y d\varepsilon_y^p + \sigma_z d\varepsilon_z^p + 2\,\sigma_{xy} d\varepsilon_{xy}^p}{\bar{\sigma}}
\tag{8.4}
$$

式 (8.3) を式 (8.4) に代入し，式 (8.2) を考慮すると式 (8.5) を得る。

$$d\lambda = \frac{1}{G+H}\frac{\overline{d\varepsilon}^p}{\bar{\sigma}} \tag{8.5}$$

式 (8.5) を式 (8.3) に代入して $(\sigma_y - \sigma_z)$，$(\sigma_z - \sigma_x)$，$(\sigma_x - \sigma_y)$ をひずみ増分の成分で書き表し，それらを式 (8.2) に代入すると，$\overline{d\varepsilon}^p$ は塑性ひずみ増分の各成分を用いて式 (8.6) のように表記できる。

$$\overline{d\varepsilon}^p = \frac{\sqrt{G+H}}{FH+HG+GF}\left\{F\,(Gd\varepsilon_y^p - Hd\varepsilon_z^p)^2 + G\,(Hd\varepsilon_z^p - Fd\varepsilon_x^p)^2 \right.$$
$$\left. + H\,(Fd\varepsilon_x^p - Gd\varepsilon_y^p)^2 + \frac{2\,(FH+HG+GF)^2}{N}(d\varepsilon_{xy}^p)^2\right\}^{1/2} \tag{8.6}$$

ここでは $r$ 値を用いて $F$，$G$，$H$，$N$ を決定する方法を述べる。圧延方向の引張試験 $(\sigma_y = \sigma_z = \sigma_{xy} = 0)$ より $r_0 \equiv d\varepsilon_y^p/d\varepsilon_z^p$ が定まり，圧延直角方向の引張試験 $(\sigma_x = \sigma_z = \sigma_{xy} = 0)$ より $r_{90} \equiv d\varepsilon_x^p/d\varepsilon_z^p$ が定まるので，式 (8.3) より式 (8.7) を得る。

$$r_0 = \frac{H}{G}, \quad r_{90} = \frac{H}{F} \tag{8.7}$$

$N$ は以下の手順で計算できる。圧延方向から角度 $\varphi$ だけ傾いた方向の単軸引張試験を行ったとき，試験片の板幅方向の塑性ひずみ増分を $d\varepsilon_w^p$ とすれば，座標変換の公式より，式 (8.8)，(8.9) を得る。

$$\sigma_x = \sigma_\varphi \cos^2\varphi, \quad \sigma_y = \sigma_\varphi \sin^2\varphi, \quad \sigma_{xy} = \sigma_\varphi \sin\varphi\cos\varphi \tag{8.8}$$

$$d\varepsilon_w^p = d\varepsilon_x^p \sin^2\varphi + d\varepsilon_y^p \cos^2\varphi - 2\,d\varepsilon_{xy}^p \sin\varphi\cos\varphi \tag{8.9}$$

式 (8.2)，(8.3)，(8.8)，(8.9) より，式 (8.10)，(8.11) を得る。

$$\sigma_\varphi = \bar{\sigma}\sqrt{\frac{G+H}{H + F\sin^2\varphi + G\cos^2\varphi + (2\,N - F - G - 4\,H)\cos^2\varphi\sin^2\varphi}} \tag{8.10}$$

$$r_\varphi \equiv \frac{d\varepsilon_w^p}{d\varepsilon_z^p} = \frac{H + (2\,N - F - G - 4\,H)\sin^2\varphi\cos^2\varphi}{F\sin^2\varphi + G\cos^2\varphi} \tag{8.11}$$

$\varphi = \pi/4$ を代入して，式 (8.12) を得る。

$$\sigma_{45} = 2\sqrt{\frac{G+H}{G+F+2\,N}}\,\bar{\sigma}, \quad r_{45} = \frac{2\,N - F - G}{2\,(F+G)} \tag{8.12}$$

以上より，式 (8.13)，(8.14) を得る。

$$\bar{\sigma}^2 = \frac{r_0 r_{90}}{r_{90}(1+r_0)}\left\{(\sigma_x - \sigma_y)^2 + \frac{1}{r_{90}}(\sigma_y - \sigma_z)^2 + \frac{1}{r_0}(\sigma_z - \sigma_x)^2 + \left(\frac{1}{r_0} + \frac{1}{r_{90}}\right)(2r_{45}+1)\sigma_{xy}^2\right\} \tag{8.13}$$

$$\overline{d\varepsilon}^p = \frac{\sqrt{1+r_0}}{\sqrt{r_0}\sqrt{1+r_0+r_{90}}} \times \sqrt{r_0(1+r_{90})(d\varepsilon_x^p)^2 + 2r_0 r_{90} d\varepsilon_x^p d\varepsilon_y^p + r_{90}(1+r_0)(d\varepsilon_y^p)^2} + 2\sqrt{\frac{r_{90}(1+r_0)}{(2r_{45}+1)(r_0+r_{90})}}\, d\varepsilon_{xy}^p \tag{8.14}$$

ただし，式 (8.14) の導出においては体積一定条件 $d\varepsilon_z^p = -(d\varepsilon_x^p + d\varepsilon_y^p)$ を用いた。

材料が面内等方性 ($r_0 = r_{45} = r_{90} = r$) を有し，かつ平面応力状態 ($\sigma_z = \sigma_{yz} = \sigma_{zx} = 0$) にある場合は，式 (8.15)，(8.16) のようになる。

$$\bar{\sigma}^2 = \sigma_x^2 - \frac{2r}{1+r}\sigma_x\sigma_y + \sigma_y^2 + \frac{2(2r+1)}{1+r}\sigma_{xy}^2 \tag{8.15}$$

$$\overline{d\varepsilon}^p = \frac{1+r}{\sqrt{2r+1}}\sqrt{(d\varepsilon_x^p)^2 + (d\varepsilon_y^p)^2 + \frac{2r}{1+r}d\varepsilon_x^p d\varepsilon_y^p + \frac{2}{1+r}(d\varepsilon_{xy}^p)^2} \tag{8.16}$$

式 (8.15) を主応力平面に描けば**図 8.2** を得る。$r = 1$ の場合は von Mises の降伏曲面に一致する。$r > 1$ では $\sigma_x = \sigma_y$ の方向に伸長，$\sigma_x = -\sigma_y$ の方向に縮退し，$r < 1$ では $\sigma_x = \sigma_y$ の方向に縮退，$\sigma_x = -\sigma_y$ の方向に伸長する形状となる。

ヒルの二次降伏関数については，多くの検証実験が行われている。ここでは，液圧バルジ試験による検証方法を紹介する。素板は面内等方性とし，バルジ試験片頂部の子午線方向応力 $\sigma_x = \sigma_y = \sigma_b$ を式 (8.15) に，板厚ひずみ増分 $d\varepsilon_z^p (= -2\,d\varepsilon_x^p = -2\,d\varepsilon_y^p)$ を式 (8.16) に代入する。試験片頂部ではひずみ比は変化しないので $\overline{d\varepsilon}^p$ が積分できて式 (8.17) を得る。

$$\sigma_b = \sqrt{\frac{r+1}{2}}\,\bar{\sigma},\quad |\varepsilon_z^p| = \sqrt{\frac{2}{r+1}}\,\bar{\varepsilon}^p \tag{8.17}$$

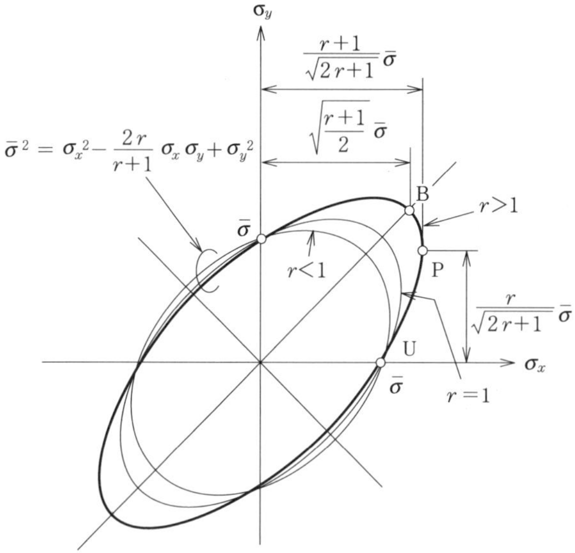


**図 8.2**　面内等方性材料におけるヒルの二次降伏曲面

すなわち，バルジ試験における $\sigma_b - |\varepsilon_z^p|$ 曲線は，単軸引張りの応力-ひずみ曲線と $r$ 値を用いて式 (8.17) から予測できる。Pearce[13] および Woodthorpe-Pearce[14] は，リムド鋼 ($r = 0.38$) や純アルミニウム板 ($0.48 \leqq r \leqq 0.65$) のバルジ試験を行い，$r < 1$ にもかかわらず $\sigma_b/\bar{\sigma} > 1$ となることを示し，これを，ヒルの二次降伏関数では表現できない“異常”な現象という意味で“anomaly”と表現した。吉田ら[15] も同様の実験傾向を見いだし，塑性異方性を表現する特性値として加工硬化の異方性を表す $X$ 値（同一相当ひずみにおける $\sigma_b/\bar{\sigma}$）の重要性を指摘している。

一方，冷延鋼板については，穴広げ試験[16]，バルジ試験[17)~19]，平面ひずみ引張試験[20] によって検証実験が行われており，その塑性変形挙動はヒルの二次降伏関数に基づく解析結果と比較的よく一致することが報告されている。しかしこれらの知見は，素板に加えられた相当塑性ひずみが数 % 以上の場合に対して得られていることに注意する必要がある。実際，相当塑性ひずみ換算で 4 % 以下のひずみ範囲において各種冷延鋼板の二軸引張試験を行ったところ，

平均 $r$ 値がおよそ1.5以上の鋼板では，等二軸引張りから平面ひずみ引張りにかけての塑性流動応力は，ヒルの二次降伏関数が予測するほど大きくならない[21)~23)]（後出の図8.4参照）。

### 8.1.2 Bassaniの降伏関数

Bassaniは，Bishop-Hillの結晶塑性解析法により垂直異方性材料の降伏曲面を計算し，その形状を近似する降伏関数として，式(8.18)を提案した[24)]。

$$f=\left|\frac{\sigma_1+\sigma_2}{2\sigma_b}\right|^n+\left|\frac{\sigma_1-\sigma_2}{2\tau}\right|^m-1 \tag{8.18}$$

ここで，$\sigma_1$，$\sigma_2$ は主応力，$n$，$m$ は独立の次数，$\tau$ はせん断降伏応力である。本降伏関数の特徴は，次数 $n$，$m$ を変化させることにより降伏曲面の曲率を変化させられる点である（$m \geqq 1$，$n \geqq 1$ のとき降伏曲面の凸性が保証される）。また $r<1$ において $\sigma_b/\bar{\sigma}>1$ となりanomalyを表現できる。式(8.18)は式(8.19)のようにも表せる。

$$|\sigma_1+\sigma_2|^n+\frac{n}{m}(1+2r)\bar{\sigma}^{n-m}|\sigma_1-\sigma_2|^m=\bar{\sigma}^n\left\{1+\frac{n}{m}(1+2r)\right\} \tag{8.19}$$

黒崎はBassaniの降伏関数を用いて，円孔の穴広げ成形[25)]や球頭ポンチ張出し成形[26)]を解析して実験値と比較し，前者においては穴縁の内側で板厚が極小になる現象を再現できることを，後者においてはひずみ分布および破断位置の予測精度が向上することを示している。

### 8.1.3 後藤の四次降伏関数

後藤[27)]は，初期直交異方性が支配的に効く問題に関して，ヒルの二次降伏関数が有する不合理性を指摘した。すなわち，①円筒深絞り容器の耳数は，二つ耳，四つ耳のみならず六つ耳，八つ耳を示すこともあるが，ヒルの二次降伏関数ではたかだか四つ耳を形成する材料しか扱えない，②ヒルの二次降伏関数は，$r$ 値の面内分布は精度よく実験値を表現できるが，降伏応力の面内分布については実験値と大きく異なること，などである。これらの事実から，後藤は，初期直交異方性自体が二次関数では十分表現できないとして，式(8.20)に示す四次降伏関数を提案した。

$$
\begin{aligned}
&A_1\sigma_x^4 + A_2\sigma_x^3\sigma_y + A_3\sigma_x^2\sigma_y^2 + A_4\sigma_x\sigma_y^3 + A_5\sigma_y^4 \\
&\quad + (A_6\sigma_x^2 + A_7\sigma_x\sigma_y + A_8\sigma_y^2)\sigma_{xy}^2 + A_9\sigma_{xy}^4 = f
\end{aligned}
\tag{8.20}
$$

$A_1 = 1$ とすれば $f = \sigma_0^4$ である。$A_2 \sim A_5$ は式(8.21)より定まる。

$$
\left.
\begin{aligned}
&A_2 = -\frac{4\,r_0}{1 + r_0},\quad A_5 = \left(\frac{\sigma_0}{\sigma_{90}}\right)^4,\quad A_4 = -\frac{4\,r_{90}}{1 + r_{90}}A_5 \\
&A_3 = \frac{1}{\left(\dfrac{\sigma_b}{\sigma_0}\right)^4} - (A_1 + A_2 + A_4 + A_5)
\end{aligned}
\right\}
\tag{8.21}
$$

$A_6 \sim A_9$ を決定するには，さらに22.5°方向（もしくは67.5°方向）と45°方向の降伏応力と $r$ 値を用いる必要がある。

後藤の四次降伏関数は，係数の決定に $\sigma_0$，$\sigma_{45}$，$\sigma_{90}$，$r_0$，$r_{45}$，$r_{90}$ に加えて $\sigma_{22.5}$，$r_{22.5}$（ないしは $\sigma_{67.5}$，$r_{67.5}$）も用いるため，当然のことながら $r$ 値や単軸引張降伏応力の面内分布も測定値とよい一致を示す[28]。円筒絞りの剛塑性FEM解析において，後藤の四次降伏関数はヒルの二次降伏関数よりも実験値に近い耳形状を予測している[29]。

### 8.1.4 Hosfordの降伏関数

Hosford[30]およびLogan-Hosford[31]は，上界法に基づく結晶塑性解析により，応力の主軸と異方性の主軸が一致する場合（$\sigma_{xy} = 0$）の降伏曲面を計算し，その形状を近似する降伏関数として，式(8.22)を提案した。

$$
F\,|\,\sigma_y - \sigma_z\,|^M + G\,|\,\sigma_z - \sigma_x\,|^M + H\,|\,\sigma_x - \sigma_y\,|^M = 1 \tag{8.22}
$$

ここで，$F$，$G$，$H$ は材料の異方性を表す係数である。次数 $M$ はFCC金属に対しては $M = 8 \sim 10$ が，BCC金属に対しては $M = 6$ が推奨されている。式(8.22)は，Hershey[32]およびHosford[33]により考案された高次の等方性降伏関数を異方性に拡張したものである。

平面応力状態で $M$ が偶数の場合には，式 (8.23) のようになる。

$$F\sigma_y^M + G\sigma_x^M + H(\sigma_x - \sigma_y)^M = 1 \tag{8.23}$$

$M = 2$ のときは，ヒルの二次降伏関数と一致する。式 (8.23) に関連流れ則を適用すると，式 (8.24) を得る。

$$d\varepsilon_x^p : d\varepsilon_y^p : d\varepsilon_z^p = G\sigma_x^{M-1} + H(\sigma_x - \sigma_y)^{M-1} : F\sigma_y^{M-1} + H(\sigma_y - \sigma_x)^{M-1} : -(G\sigma_x^{M-1} + F\sigma_y^{M-1}) \tag{8.24}$$

したがって，$r_0 = H/G$，$r_{90} = H/F$ と決定され，式 (8.25) を得る。

$$r_{90}\sigma_x^M + r_0\sigma_y^M + r_{90}r_0(\sigma_x - \sigma_y)^M = r_{90}(1 + r_0)\bar{\sigma}^M \tag{8.25}$$

面内等方性材料では $r_0 = r_{90} = r$ とおいて，式 (8.26) を得る。

$$\sigma_x^M + \sigma_y^M + r(\sigma_x - \sigma_y)^M = (1 + r)\bar{\sigma}^M \tag{8.26}$$

面内等方性を仮定したときの Hosford の高次降伏曲面およびヒルの二次降伏曲面の比較を**図 8.3** に示す。単軸引張りの降伏応力が同じとき，ヒルの二次降伏関数は Hosford の降伏関数よりも塑性流動応力を大きく予測する。

Hosford の降伏関数はつぎに述べるヒルの '79 年降伏関数の特別な場合であるが，anomaly を表現できない。すなわち，式 (8.26) に $\sigma_x = \sigma_y = \sigma_b$ を

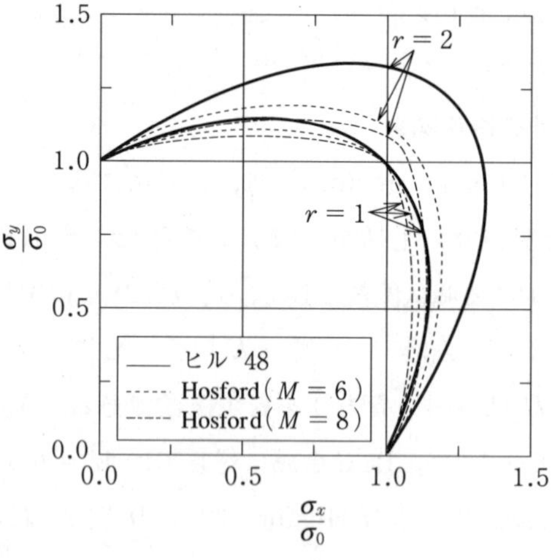


**図 8.3**　面内等方性材料における Hosford の高次降伏曲面とヒルの二次降伏曲面の比較

代入すると，$\sigma_b/\bar{\sigma} = \{(1 + r)/2\}^{1/M}$ となり，$r < 1$ で $\sigma_b/\bar{\sigma} < 1$ となる。

二軸引張試験により測定された鋼板の等塑性仕事面[21),22)] と Hosford の降伏関数 ($M = 6$) の比較を**図 8.4** に示す。両者はよい一致を示している。そのほか，アルミニウム合金板[34)] や機械構造用低炭素鋼鋼管[35)] ならびにアルミニウム合金管など[36)] の等塑性仕事面の測定値，さらに多結晶塑性解析から計算された鋼板[37)] やアルミニウム合金板[38)] の降伏曲面や，塑性ひずみ増分ベクトルの方向は，Hosford の高次降伏関数による計算値とよい一致を示すことが確認されている。

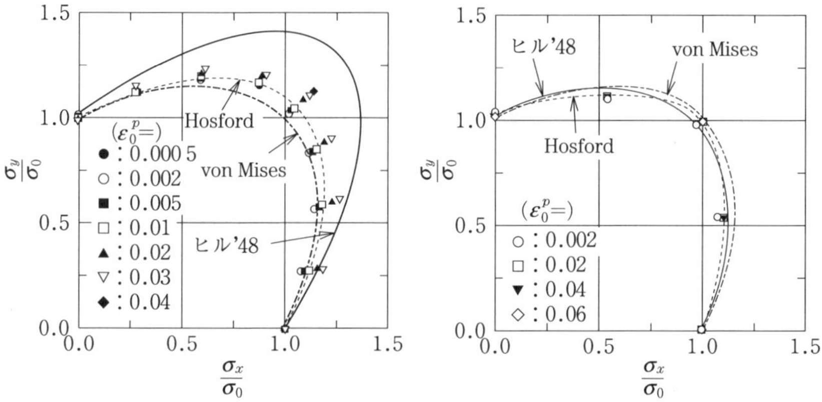


（a） SPCE ($r_0 = 2.01$, $r_{45} = 1.52$, $r_{90} = 2.42$)[21)]　（b） 熱延 2 層組織鋼板 ($r_0 = 0.80$, $r_{45} = 0.95$, $r_{90} = 0.87$)[22)]

同じ種類のプロット点は特定の $\varepsilon_0^p$ (圧延方向単軸引張試験における対数塑性ひずみ) に対応する等塑性仕事面を構成する。各プロット点の応力の値は，当該の $\varepsilon_0^p$ に達したときの単軸引張真応力 $\sigma_0$ で無次元化されている。

**図 8.4**　鋼板の無次元化等塑性仕事面の実験値と理論降伏曲面との比較

Hosford の降伏条件式に従う金属薄板が異方性主軸の方向に応力比一定で負荷を受けるとき，異方性主軸方向に発生する応力-ひずみ曲線は，以下のように計算できる。Hosford の降伏条件式が塑性ポテンシャルに一致すると仮定すると，関連流れ則を式 (8.25) に適用して，式 (8.27) を得る。

$$d\lambda = \frac{d\varepsilon_x^p}{M\,(r_{90}\sigma_x^{M-1} + r_0 r_{90} \mid \sigma_x - \sigma_y \mid^{M-1})}$$
$$= \frac{d\varepsilon_y^p}{M\,(r_0\sigma_y^{M-1} - r_0 r_{90} \mid \sigma_x - \sigma_y \mid^{M-1})} = \frac{d\varepsilon_z^p}{M\,(-\, r_0\sigma_x^{M-1} - r_{90}\sigma_x^{M-1})} \tag{8.27}$$

式 (8.27) より，塑性ひずみ増分比 $\rho \equiv d\varepsilon_y^p/d\varepsilon_x^p$ は応力比 $\alpha \equiv \sigma_y/\sigma_x$ の関数として式 (8.28) より計算できる。

$$\rho = \frac{r_0}{r_{90}} \frac{\alpha^{M-1} - r_{90}\,(1-\alpha)^{M-1}}{1 + r_0\,(1-\alpha)^{M-1}} \tag{8.28}$$

塑性仕事等価説が成り立つと仮定すると，相当塑性ひずみ増分 $\overline{d\varepsilon}^{\,p}$ は式 (8.29) で定義，計算される。

$$\overline{d\varepsilon}^{\,p} \equiv \frac{\sigma_x d\varepsilon_x^p + \sigma_y d\varepsilon_y^p}{\bar{\sigma}} = \frac{\sigma_x}{\bar{\sigma}}(1+\alpha\rho)\,d\varepsilon_x^p = \frac{\sigma_y}{\bar{\sigma}}\{1 + (\alpha\rho)^{-1}\}\,d\varepsilon_y^p \tag{8.29}$$

以上より，応力比 $\alpha$ 一定のもとで塑性変形する金属薄板の異方性主軸方向の応力-ひずみ曲線は，相当応力 $\bar{\sigma}$ と相当塑性ひずみ $\bar{\varepsilon}^p$ の関係曲線に基づいて，式 (8.30)～(8.33) から計算することができる。

$$d\varepsilon_x^p = \frac{r_{90} + r_0 r_{90}\,(1-\alpha)^{M-1}}{\{r_{90}\,(1+r_0)\}^{1/M}\{r_{90} + r_0\alpha^M + r_0 r_{90}\,(1-\alpha)^M\}^{(M-1)/M}}\,\overline{d\varepsilon}^{\,p} \tag{8.30}$$

$$d\varepsilon_y^p = \frac{r_0 - r_0 r_{90}\,(\alpha^{-1} - 1)^{M-1}}{\{r_{90}\,(1+r_0)\}^{1/M}\{r_0 + r_{90}\alpha^{-M} + r_0 r_{90}\,(\alpha^{-1} - 1)^M\}^{(M-1)/M}}\,\overline{d\varepsilon}^{\,p} \tag{8.31}$$

$$\sigma_x = \bar{\sigma}\left\{\frac{r_{90}\,(1+r_0)}{r_{90} + r_0\alpha^M + r_0 r_{90}\,(1-\alpha)^M}\right\}^{1/M} \tag{8.32}$$

$$\sigma_y = \bar{\sigma}\left\{\frac{r_{90}\,(1+r_0)}{r_0 + r_{90}\alpha^{-M} + r_0 r_{90}\,(\alpha^{-1}-1)^M}\right\}^{1/M} \tag{8.33}$$

### 8.1.5　ヒルの '79 年降伏関数

前述の anomaly を表現すべく，ヒルは式 (8.34) の降伏関数を新たに提案した[39)]。

$$f\,|\,\sigma_2-\sigma_3\,|^m+g\,|\,\sigma_3-\sigma_1\,|^m+h\,|\,\sigma_1-\sigma_2\,|^m+a\,|\,2\,\sigma_1-\sigma_2-\sigma_3\,|^m$$
$$+\,b\,|\,2\,\sigma_2-\sigma_3-\sigma_1\,|^m+c\,|\,2\,\sigma_3-\sigma_1-\sigma_2\,|^m=1 \tag{8.34}$$

ここで，$\sigma_1$，$\sigma_2$，$\sigma_3$ は主応力，次数 $m$ は1以上の実数値，$f$，$g$，$h$，$a$，$b$，$c$ は材料定数である。Zhu ら[40] は，面内等方性を与える $a=b$，$f=g$ の場合について詳細な検討を加え，$a=b=0$，$f=g=0$ の場合にのみ式 (8.34) の凸性が保証され，そのほかの場合には，$r$ 値と次数 $m$ の値がある組合せの場合に限り凸性が保証されることを明らかにした。

面内等方性と平面応力状態を仮定すると式 (8.35) を得る。

$$|\,\sigma_x+\sigma_y\,|^m+(1+2\,r)\,|\,\sigma_x-\sigma_y\,|^m=2\,(1+r)\,\bar{\sigma}^m \tag{8.35}$$

等二軸引張りにおいては式 (8.36) が成り立つ。

$$\sigma_b=\frac{\sqrt[m]{2\,(1+r)}}{2}\,\bar{\sigma},\quad |\,\varepsilon_z^p\,|=\frac{2}{\sqrt[m]{2\,(1+r)}}\,\bar{\varepsilon}^p \tag{8.36}$$

すなわち $r<1$ のときは，$1+r>2^{m-1}$ を満足する $m$ を用いれば anomaly を表現できる。また $m=1.6\sim1.8$ にとれば，アルミニウム系材料の塑性変形挙動を比較的精度よく表現できるようである[16),41),42)]。

### 8.1.6 ヒルの '90 年降伏関数

ヒルはさらに式 (8.37) のような平面応力問題用の降伏関数を考案した[43)]。

$$|\,\sigma_x+\sigma_y\,|^m+\frac{{\sigma_b}^m}{\tau^m}\,|\,(\sigma_x-\sigma_y)^2+4\,\sigma_{xy}^2\,|^{m/2}$$
$$+\,|\,\sigma_x^2+\sigma_y^2+2\,\sigma_{xy}^2\,|^{(m/2)-1}\{-2\,a\,(\sigma_x^2-\sigma_y^2)+b\,(\sigma_x-\sigma_y)^2\}=(2\,\sigma_b)^m \tag{8.37}$$

$m=2$ のときはヒルの二次降伏関数に一致する。ここで，$\tau$ は異方性の主軸に平行方向のせん断降伏応力，$m\,(>1)=\ln\,(2+2\,r_{45})/\ln\,(2\,\sigma_b/\sigma_{45})$ である。$a$，$b$ は無次元の材料パラメータであり，降伏応力を用いて決定すると，式 (8.38) のようになる。

$$a=\frac{1}{4}\left\{\left(\frac{2\,\sigma_b}{\sigma_{90}}\right)^m-\left(\frac{2\,\sigma_b}{\sigma_0}\right)^m\right\},\quad b=\frac{1}{2}\left\{\left(\frac{2\,\sigma_b}{\sigma_0}\right)^m+\left(\frac{2\,\sigma_b}{\sigma_{90}}\right)^m\right\}-\left(\frac{2\,\sigma_b}{\sigma_{45}}\right)^m,$$

$$\left(\frac{\sigma_b}{\tau}\right)^m = \left(\frac{2\,\sigma_b}{\sigma_{45}}\right)^m - 1 \tag{8.38}$$

$r$ 値を用いて決定すると，式 (8.39) のようになる。

$$a = \frac{\left(1 - \dfrac{m-2}{2\,r_{45}}\right)(r_0 - r_{90})}{r_0 + r_{90} - (m-2)r_0 r_{90}}, \quad b = m\,\frac{2\,r_0 r_{90} - r_{45}(r_0 + r_{90})}{r_0 + r_{90} - (m-2)r_0 r_{90}},$$
$$\left(\frac{\sigma_b}{\tau}\right)^m = 1 + 2\,r_{45} \tag{8.39}$$

さらに，降伏応力と $r$ 値の分布は式 (8.40)，(8.41) で与えられる。

$$\sigma_\varphi = \frac{2\,\sigma_b}{\left(1 + \dfrac{\sigma_b^m}{\tau^m} - 2\,a\cos 2\,\varphi + b\cos^2 2\,\varphi\right)^{1/m}} \tag{8.40}$$

$$r_\varphi = \frac{1}{2}\,\frac{\dfrac{\sigma_b{}^m}{\tau^m} - a\cos 2\,\varphi + \left(\dfrac{m+2}{2m}\right)b\cos^2 2\,\varphi}{1 - a\cos 2\,\varphi + \left(\dfrac{m-2}{2m}\right)b\cos^2 2\,\varphi} - \frac{1}{2} \tag{8.41}$$

アルミニウム合金板[38),42)] や冷延鋼板[21)] の二軸引張試験の結果によれば，本降伏関数は等塑性仕事面の測定値とよい一致を示す。ただし，例えば降伏応力を用いて材料パラメータを決定した場合，$r$ 値の予測精度は劣る。

### 8.1.7　ヒルの '93 年降伏関数

ヒルの '93 年降伏関数は主応力の三次式で与えられる[44)]。

$$\frac{\sigma_1^2}{\sigma_0^2} - c\,\frac{\sigma_1\sigma_2}{\sigma_0\sigma_{90}} + \frac{\sigma_2^2}{\sigma_{90}^2} + \left\{(p+q) - \frac{p\,|\sigma_1| + q\,|\sigma_2|}{\sigma_b}\right\}\frac{\sigma_1\sigma_2}{\sigma_0\sigma_{90}} = 1 \tag{8.42}$$

ここで，材料定数 $c$，$p$，$q$ は $\sigma_0$，$\sigma_{90}$，$r_0$，$r_{90}$，$\sigma_b$ を用いて式 (8.43) より定まる。

$$\left.\begin{aligned}
c &= \sigma_0\sigma_{90}\left(\frac{1}{\sigma_0^2} + \frac{1}{\sigma_{90}^2} - \frac{1}{\sigma_b^2}\right)\\
p &= \frac{1}{K}\left\{\frac{2\,r_0(\sigma_b - \sigma_{90})}{(1+r_0)\sigma_0^2} - \frac{2\,r_{90}\sigma_b}{(1+r_{90})\sigma_{90}^2} + \frac{c}{\sigma_0}\right\}\\
q &= \frac{1}{K}\left\{\frac{2\,r_{90}(\sigma_b - \sigma_0)}{(1+r_{90})\sigma_{90}^2} - \frac{2\,r_0\sigma_b}{(1+r_0)\sigma_0^2} + \frac{c}{\sigma_{90}}\right\}\\
K &= \left(\frac{1}{\sigma_0} + \frac{1}{\sigma_{90}} - \frac{1}{\sigma_b}\right)
\end{aligned}\right\} \tag{8.43}$$

本降伏関数を用いて黄銅円管の異方硬化挙動[45]やアルミニウム合金板 5182-O の降伏曲面[42]が解析されている。

### 8.1.8 Karafillis-Boyce の降伏関数

Karafillis-Boyce の研究[46]は，異方性降伏関数の構築に関してエレガントな数学的な手法を提案した優れた研究である。彼らは，凸性が保証された等方性降伏関数の一般的な関数形として式 (8.44) を考案した。

$$\varPhi\,(\boldsymbol{s}'(\boldsymbol{\sigma})) = (1-c)\,\varPhi_1(\boldsymbol{s}'(\boldsymbol{\sigma})) + c\,\frac{3^{2k}}{2^{2k-1}+1}\,\varPhi_2(\boldsymbol{s}'(\boldsymbol{\sigma})) = 2\,Y^{2k} \qquad (8.44)$$

ここで，$Y$ は単軸降伏応力，$\boldsymbol{s}'$ はコーシー応力 $\boldsymbol{\sigma}$ の偏差応力テンソル，$c$ は関数 $\varPhi_1$，$\varPhi_2$ の重みを決める係数（材料パラメータ）である。$\varPhi_1$，$\varPhi_2$ は共に等方性降伏関数であり，偏差応力テンソル $\boldsymbol{s}'$ の主値を $s_i'$ とすると，式 (8.45) で与えられる。

$$\left.\begin{aligned} \varPhi_1\,(\boldsymbol{s}'(\boldsymbol{\sigma})) &= (s_1' - s_2')^{2k} + (s_2' - s_3')^{2k} + (s_3' - s_1')^{2k} = 2\,Y^{2k} \\ \varPhi_2\,(\boldsymbol{s}'(\boldsymbol{\sigma})) &= s_1'^{2k} + s_2'^{2k} + s_3'^{2k} = \frac{2^{2k}+2}{3^{2k}}\,Y^{2k} \end{aligned}\right\} \qquad (8.45)$$

$k=1$ のとき $\varPhi_1$ と $\varPhi_2$ は von Mises の降伏条件式に一致する。一方，$k \to \infty$ の場合は，$\pi$ 平面上において，$\varPhi_1$ は von Mises の降伏曲面に内接する正六角形降伏曲面（Tresca の降伏曲面）に収束し（下界），$\varPhi_2$ は von Mises の降伏曲面に外接する正六角形降伏曲面（上界）に収束する。すなわち，式 (8.44) は，$c$ と $k$ を変化させることにより，上界と下界の間に存在する任意形状の等方性降伏曲面を記述できる降伏関数になっている。

さらに Karafillis-Boyce は，式 (8.44) の等方性降伏関数を用いて異方性降伏関数を構築するための数学的手法として，式 (8.46) に示す線形変換式により定義される**等方塑性相当（IPE）偏差応力テンソル** $\boldsymbol{s}$（isotropic plasticity equivalent deviatoric stress tensor）なる概念を考案した。

$$\boldsymbol{s} = \boldsymbol{L} : \boldsymbol{\sigma} \qquad (8.46)$$

ここで，$\boldsymbol{\sigma}$ は異方性物体に実際に作用するコーシー応力テンソル，$\boldsymbol{L}$ は 4 階のテンソル演算子である。$\boldsymbol{s}$ は，式 (8.44) の等方性降伏関数を用いて異方性降伏挙動を再現するための，$\boldsymbol{\sigma}$ と等価な応力テンソルとみなせる。直交対称性を有する材料では，式 (8.46) は式 (8.47) のようにマトリックス表記できる。

$$\begin{Bmatrix} s_x \\ s_y \\ s_z \\ s_{yz} \\ s_{zx} \\ s_{xy} \end{Bmatrix} = C \begin{bmatrix} 1 & \beta_1 & \beta_2 & 0 & 0 & 0 \\ \beta_1 & \alpha_1 & \beta_3 & 0 & 0 & 0 \\ \beta_2 & \beta_3 & \alpha_2 & 0 & 0 & 0 \\ 0 & 0 & 0 & \gamma_1 & 0 & 0 \\ 0 & 0 & 0 & 0 & \gamma_2 & 0 \\ 0 & 0 & 0 & 0 & 0 & \gamma_3 \end{bmatrix} \begin{Bmatrix} \sigma_x \\ \sigma_y \\ \sigma_z \\ \sigma_{yz} \\ \sigma_{zx} \\ \sigma_{xy} \end{Bmatrix} \tag{8.47}$$

ここで，$\beta_1 = (\alpha_2 - \alpha_1 - 1)/2$，$\beta_2 = (\alpha_1 - \alpha_2 - 1)/2$，$\beta_3 = (1 - \alpha_1 - \alpha_2)/2$ である。すなわち，材料パラメータは $c$，$C$，$\alpha_1$，$\alpha_2$，$\gamma_1$，$\gamma_2$，$\gamma_3$，$k$ の 8 個である。材料が等方性の場合は，$C = 2/3$，$\alpha_1 = \alpha_2 = 1$，$\gamma_1 = \gamma_2 = \gamma_3 = 3/2$ で，コーシー応力の偏差応力と一致する。

平面応力問題においては

$$\begin{Bmatrix} s_x \\ s_y \\ s_{xy} \end{Bmatrix} = C \begin{bmatrix} 1 & \beta_1 & 0 \\ \beta_2 & \alpha_1 & 0 \\ 0 & 0 & \gamma_3 \end{bmatrix} \begin{Bmatrix} \sigma_x \\ \sigma_y \\ \sigma_{xy} \end{Bmatrix} \tag{8.48}$$

となり，材料パラメータは $c$，$C$，$\alpha_1$，$\alpha_2$，$\gamma_3$，$k$ の 6 個となる。

### 8.1.9 Barlat らによる一連の高次降伏関数

〔1〕 **Yld 89**　　Barlat-Lian[47] は Hosford の高次降伏関数を発展させ，$\sigma_{xy}$ 成分を考慮できる式 (8.49) に示す降伏関数を考案した。

$$f = a\,|K_1 + K_2|^M + a\,|K_1 - K_2|^M + (2 - a)\,|2K_2|^M = 2\,\bar{\sigma}^M \tag{8.49}$$

$$K_1 = \frac{\sigma_x + h\sigma_y}{2},\quad K_2 = \sqrt{\left(\frac{\sigma_x - h\sigma_y}{2}\right)^2 + p^2\sigma_{xy}^2}$$

式 (8.49) は $0 \leqq a \leqq 2$ を満足するとき凸関数となる。また，$M = 2$ でヒルの二次降伏関数と，$M = 2$ および $a = h = p = 1$ で von Mises の降伏関数と一致する。また $M = 8$ とすれば**結晶塑性理論**（Taylor-Bishop-Hill 理論）より計算されるFCC金属の降伏曲面とよい一致を示す。$a$，$h$，$p$ は材料定数であり，$r$ 値を用いると式 (8.50) より決定できる。

$$a = 2 - 2\sqrt{\frac{r_0 r_{90}}{(1 + r_0)(1 + r_{90})}}, \quad h = \sqrt{\frac{r_0(1 + r_{90})}{r_{90}(1 + r_0)}} \tag{8.50}$$

式 (8.8) を式 (8.49) に代入すると

$$\sigma_\varphi = \bar{\sigma}\left(\frac{2}{a|A + B|^M + a|A - B|^M + (2 - a)|2B|^M}\right)^{1/M} \tag{8.51}$$

$$A = \frac{\cos^2\varphi + h\sin^2\varphi}{2},$$

$$B = \sqrt{\frac{(\cos^2\varphi - h\sin^2\varphi)^2}{4} + (p\cos\varphi\sin\varphi)^2}$$

を得る。さらに，圧延方向から角度 $\varphi$ だけ傾いた方向の $r$ 値は式 (8.52) より計算できる[47)]。

$$r_\varphi = \frac{2M\bar{\sigma}^M}{\left(\dfrac{\partial f}{\partial \sigma_x} + \dfrac{\partial f}{\partial \sigma_y}\right)\sigma_\varphi} - 1 \tag{8.52}$$

パラメータ $p$ は，$\sigma_{45}$ もしくは $r_{45}$ が測定値と一致するように数値計算により決定する。

Yld 89 はアルミニウム合金板用の降伏関数としてさらに精緻（ち）化され，冷延率を大きくすると，$r$ 値の低下に伴って 45° 方向のせん断降伏応力が相対的に大きくなるような Al-2.5 Mg 合金の特性を再現する降伏関数（Yld 94）が考案された[48)]。

〔2〕 **Yld 96**　さらに Barlat ら[49)] は，$r$ 値の計算精度を高めるために，式 (8.53) に示す降伏関数を新たに考案した。

$$\phi = \alpha_1|s_2 - s_3|^M + \alpha_2|s_3 - s_1|^M + \alpha_3|s_1 - s_2|^M = 2\,\bar{\sigma}^M \tag{8.53}$$

ここで，$s_1$，$s_2$，$s_3$ はコーシー応力テンソル $\boldsymbol{\sigma}$ の線形変換 $\boldsymbol{s} = \boldsymbol{L}:\boldsymbol{\sigma}$〔式 (8.46) 参照〕より計算されるテンソル $\boldsymbol{s}$ の主値である。$\boldsymbol{L}$ は4階の線形変換演算子で，直交異方性材料の場合について，Barlat らは式 (8.54) で与えている。

$$
\boldsymbol{L}=\begin{bmatrix}
\frac{c_3+c_2}{3} & -\frac{c_3}{3} & -\frac{c_2}{3} & 0 & 0 & 0\\
-\frac{c_3}{3} & \frac{c_3+c_1}{3} & -\frac{c_1}{3} & 0 & 0 & 0\\
-\frac{c_2}{3} & -\frac{c_1}{3} & \frac{c_1+c_2}{3} & 0 & 0 & 0\\
0 & 0 & 0 & c_4 & 0 & 0\\
0 & 0 & 0 & 0 & c_5 & 0\\
0 & 0 & 0 & 0 & 0 & c_6
\end{bmatrix} \tag{8.54}
$$

ここで，$c_1 \sim c_6$ は材料の異方性パラメータである。$\alpha_1$，$\alpha_2$，$\alpha_3$ は式 (8.55) より計算される。

$$
\left.\begin{aligned}
\alpha_1 &= \alpha_x p_{11}^2 + \alpha_y p_{21}^2 + \alpha_z p_{31}^2\\
\alpha_2 &= \alpha_x p_{12}^2 + \alpha_y p_{22}^2 + \alpha_z p_{32}^2\\
\alpha_3 &= \alpha_x p_{13}^2 + \alpha_y p_{23}^2 + \alpha_z p_{33}^2
\end{aligned}\right\} \tag{8.55}
$$

ここで，$p_{ij}$ は異方性の主軸座標系（$xyz$ 座標系）から $\boldsymbol{s}$ の主軸座標系への座標変換マトリックス $\boldsymbol{p}$ の成分である。

さらに，$\sigma_{45}$ および $r_{45}$ の予測精度を高めるには，$\alpha_z$ が $\boldsymbol{s}$ の主軸方向と異方性の主軸方向のなす角 $\beta$ の関数で表される必要があるとされ，式 (8.56) が提案されている[49]。

$$
\alpha_z = \alpha_{z0}\cos^2 2\beta + \alpha_{z1}\sin^2 2\beta \tag{8.56}
$$

平面応力問題におけるパラメータ数は，$\sigma_{xy}=0$ の場合は $c_1$，$c_2$，$c_3$，$\alpha_x$，$\alpha_y$，$\alpha_{z0}$ のうちの独立な 5 個，$\sigma_{xy}\neq 0$ の場合はさらに $c_6$，$\alpha_{z1}$ を加えた 7 個である ($c_4=c_5=0$)。それらの値を決定するためには，$\sigma_0$，$\sigma_{45}$，$\sigma_{90}$，$\sigma_b$，$r_0$，$r_{45}$，$r_{90}$ の測定値を与えるように非線形方程式を解く必要がある。

本降伏関数の凸性は証明されていない。

〔3〕 **Yld 2000–2d**　Yld 96 を有限要素解析プログラムに組み込む場合，三つの問題点がある[50]。① 凸性が証明されていない，② 応力に関する偏微分を解析的に求めることが難しい，③ 一般の三次元応力問題に適用する場合，いくつかの数値解析上の難点がある。Barlat らは，Yld 96 が有するこれらの問題点を克服すべく，有限要素解析に適用容易な，平面応力問題用の降伏関数

として，式 (8.57) を新たに提案した[50]。

$$\phi = \phi' + \phi'' = 2\,\bar{\sigma}^M \tag{8.57}$$

ここで

$$\phi' = |X_1' - X_2'|^M, \quad \phi'' = |2X_2'' + X_1''|^M + |2X_1'' + X_2''|^M \tag{8.58}$$

$$X_1' = \frac{1}{2}\left(X_{xx}' + X_{yy}' + \sqrt{(X_{xx}' - X_{yy}')^2 + 4X_{xy}'^2}\right)$$

$$X_2' = \frac{1}{2}\left(X_{xx}' + X_{yy}' - \sqrt{(X_{xx}' - X_{yy}')^2 + 4X_{xy}'^2}\right)$$

$$X_1'' = \frac{1}{2}\left(X_{xx}'' + X_{yy}'' + \sqrt{(X_{xx}'' - X_{yy}'')^2 + 4X_{xy}''^2}\right)$$

$$X_2'' = \frac{1}{2}\left(X_{xx}'' + X_{yy}'' - \sqrt{(X_{xx}'' - X_{yy}'')^2 + 4X_{xy}''^2}\right)$$

$X_1'$，$X_2'$，$X_1''$，$X_2''$ は，コーシー応力テンソル $\boldsymbol{\sigma}$ を式 (8.59) に従って線形変換して得られるテンソル $\boldsymbol{X}'$，　$\boldsymbol{X}''$ の主値である。

$$\boldsymbol{X}' = \boldsymbol{L}' : \boldsymbol{\sigma}, \quad \boldsymbol{X}'' = \boldsymbol{L}'' : \boldsymbol{\sigma} \tag{8.59}$$

$\boldsymbol{L}'$，$\boldsymbol{L}''$ は 8 個の独立パラメータ $\alpha_k\,(k = 1\sim 8)$ を含み，式 (8.60)で表現される。

$$\begin{Bmatrix} L_{11}' \\ L_{12}' \\ L_{21}' \\ L_{22}' \\ L_{66}' \end{Bmatrix} = \begin{bmatrix} \frac{2}{3} & 0 & 0 \\ -\frac{1}{3} & 0 & 0 \\ 0 & -\frac{1}{3} & 0 \\ 0 & \frac{2}{3} & 0 \\ 0 & 0 & 1 \end{bmatrix} \begin{Bmatrix} \alpha_1 \\ \alpha_2 \\ \alpha_7 \end{Bmatrix} \tag{8.60 a}$$

$$\begin{Bmatrix} L_{11}'' \\ L_{12}'' \\ L_{21}'' \\ L_{22}'' \\ L_{66}'' \end{Bmatrix} = \frac{1}{9} \begin{bmatrix} -2 & 2 & 8 & -2 & 0 \\ 1 & -4 & -4 & 4 & 0 \\ 4 & -4 & -4 & 1 & 0 \\ -2 & 8 & 2 & -2 & 0 \\ 0 & 0 & 0 & 0 & 9 \end{bmatrix} \begin{Bmatrix} \alpha_3 \\ \alpha_4 \\ \alpha_5 \\ \alpha_6 \\ \alpha_8 \end{Bmatrix} \tag{8.60 b}$$

ここで，$L_{ij}'$，$L_{ij}''\,(i, j = 1, 6)$ はテンソル $\boldsymbol{L}'$，$\boldsymbol{L}''$ の成分をマトリックス表記したときの $i$ 行 $j$ 列成分である〔式 (8.54) 参照〕。式 (8.60) より，式 (8.59) は式 (8.61) のようにマトリックス表記できる。

$$\begin{Bmatrix} X'_{xx} \\ X'_{yy} \\ X'_{xy} \end{Bmatrix} = \begin{bmatrix} \dfrac{2\alpha_1}{3} & -\dfrac{\alpha_1}{3} & 0 \\ -\dfrac{\alpha_2}{3} & \dfrac{2\alpha_2}{3} & 0 \\ 0 & 0 & \alpha_7 \end{bmatrix} \begin{Bmatrix} \sigma_x \\ \sigma_y \\ \sigma_{xy} \end{Bmatrix} \tag{8.61 a}$$

$$\begin{Bmatrix} X''_{xx} \\ X''_{yy} \\ X''_{xy} \end{Bmatrix} = \frac{1}{9} \begin{bmatrix} -2\alpha_3 + 2\alpha_4 + 8\alpha_5 - 2\alpha_6 & \alpha_3 - 4\alpha_4 - 4\alpha_5 + 4\alpha_6 & 0 \\ 4\alpha_3 - 4\alpha_4 - 4\alpha_5 + \alpha_6 & -2\alpha_3 + 8\alpha_4 + 2\alpha_5 - 2\alpha_6 & 0 \\ 0 & 0 & 9\alpha_8 \end{bmatrix} \begin{Bmatrix} \sigma_x \\ \sigma_y \\ \sigma_{xy} \end{Bmatrix} \tag{8.61 b}$$

$\alpha_k\,(k=1\sim8)$ がすべて 1 の場合は式 (8.57) は等方性降伏関数となる。$\alpha_k$ は，後述する要領で，$\sigma_0$，$\sigma_{45}$，$\sigma_{90}$，$\sigma_b$，$r_0$，$r_{45}$，$r_{90}$，$r_b$ を用いて導かれる 8 元連立非線形方程式を解いて決定する。ただし，応力の主軸と異方性の主軸がつねに一致する問題では $\sigma_{xy}=0$ であるので $\alpha_7$，$\alpha_8$ の決定は不要となり，$\sigma_0$，$\sigma_{90}$，$\sigma_b$，$r_0$，$r_{90}$，$r_b$ を用いて $\alpha_1\sim\alpha_6$ を決定すればよい。なお，本降伏関数は凸関数であることが保証されている。

つぎに異方性パラメータ $\alpha_k\,(k=1\sim8)$ の決定方法について述べる。簡単のため，本稿では指数 $M$ は偶数とする。

**（a） $\boldsymbol{\alpha_1\sim\alpha_6}$ の決定方法**　まず主応力状態 ($\sigma_{xy}=0$) を仮定して $\alpha_1\sim\alpha_6$ を決定する。$\alpha_1\sim\alpha_6$ を決定するには 6 個の材料特性値が必要となる。ここでは $\sigma_0$，$\sigma_{90}$，$\sigma_b$ および $r_0$，$r_{90}$，$r_b$ を用いる場合について述べる。

式 (8.57) に式 (8.58)，(8.61) と $\sigma_{xy}=0$ を代入すると式 (8.62) を得る。

$$\begin{aligned} F &\equiv \phi - 2\bar{\sigma}^M \\ &= \frac{1}{3^M}[\{(2\alpha_1+\alpha_2)\sigma_x + (-\alpha_1 - 2\alpha_2)\sigma_y\}^M \\ &\quad + \{(2\alpha_3 - 2\alpha_4)\sigma_x + (-\alpha_3 + 4\alpha_4)\sigma_y\}^M \\ &\quad + \{(4\alpha_5 - \alpha_6)\sigma_x + (-2\alpha_5 + 2\alpha_6)\sigma_y\}^M] - 2\bar{\sigma}^M = 0 \end{aligned} \tag{8.62}$$

まず $\sigma_0$，$\sigma_{90}$，$\sigma_b$ と $\alpha_k\,(k=1\sim6)$ の関係式を求める。$x$ 方向単軸引張り，$y$ 方向単軸引張りおよび等二軸引張りにおいては，おのおの $\sigma_y=0$，$\sigma_x=0$，

$\sigma_x = \sigma_y = \sigma_b$ であるから，それらを式 (8.62) に代入，整理して式 (8.63)〜(8.65) を得る。

$$F_0 = (2\alpha_1 + \alpha_2)^M + (2\alpha_3 - 2\alpha_4)^M + (4\alpha_5 - \alpha_6)^M - 2\left(\frac{3\bar{\sigma}}{\sigma_0}\right)^M = 0 \quad (8.63)$$

$$F_{90} = (-\alpha_1 - 2\alpha_2)^M + (-\alpha_3 + 4\alpha_4)^M + (-2\alpha_5 + 2\alpha_6)^M - 2\left(\frac{3\bar{\sigma}}{\sigma_{90}}\right)^M = 0 \quad (8.64)$$

$$F_b = (\alpha_1 - \alpha_2)^M + (\alpha_3 + 2\alpha_4)^M + (2\alpha_5 + \alpha_6)^M - 2\left(\frac{3\bar{\sigma}}{\sigma_b}\right)^M = 0 \quad (8.65)$$

つぎに，$r_0$，$r_{90}$，$r_b$ と $\alpha_k$ $(k = 1\sim6)$ の関係式を求める。例として，$x$ 方向単軸引張りの場合を考える。降伏関数 $\phi$ が塑性ポテンシャルと一致すると仮定すると，関連流れ則より，式 (8.66) が成り立つ。

$$r_0 = \frac{-d\varepsilon_y^p}{-d\varepsilon_x^p - d\varepsilon_y^p} = \frac{\dfrac{\partial\phi}{\partial\sigma_y}}{-\dfrac{\partial\phi}{\partial\sigma_x} - \dfrac{\partial\phi}{\partial\sigma_y}} \quad (8.66)$$

したがって，式 (8.67) を得る。

$$\frac{\partial\phi}{\partial\sigma_x} r_0 + \frac{\partial\phi}{\partial\sigma_y}(r_0 + 1) = 0 \quad (8.67)$$

式 (8.62) を式 (8.67) に代入し，さらに $\sigma_y = 0$ を代入すると式 (8.68) を得る。

$$\begin{aligned} G_0 = &(2\alpha_1 + \alpha_2)^{M-1}\{(1 - r_0)\alpha_1 + (r_0 + 2)\alpha_2\} \\ &+ (2\alpha_3 - 2\alpha_4)^{M-1}\{(1 - r_0)\alpha_3 - (2r_0 + 4)\alpha_4\} \\ &+ (4\alpha_5 - \alpha_6)^{M-1}\{(2 - 2r_0)\alpha_5 - (r_0 + 2)\alpha_6\} = 0 \end{aligned} \quad (8.68)$$

同様にして，$y$ 方向単軸引張りおよび等二軸引張りに対しては式 (8.69)，(8.70) を得る。

$$\begin{aligned} G_{90} = &(-\alpha_1 - 2\alpha_2)^{M-1}\{r_{90} + 2)\alpha_1 + (1 - r_{90})\alpha_2\} \\ &+ (-\alpha_3 + 4\alpha_4)^{M-1}\{(r_{90} + 2)\alpha_3 - (2r_{90} - 2)\alpha_4\} \\ &+ (-2\alpha_5 + 2\alpha_6)^{M-1}\{(2r_{90} + 4)\alpha_5 - (1 - r_{90})\alpha_6\} = 0 \end{aligned} \quad (8.69)$$

$$G_b = (\alpha_1 - \alpha_2)^{M-1}\{(2\,r_b + 1)\alpha_1 + (r_b + 2)\alpha_2\}$$
$$+ (\alpha_3 + 2\,\alpha_4)^{M-1}\{(2\,r_b + 1)\alpha_3 - (2\,r_b + 4)\alpha_4\}$$
$$+ (2\,\alpha_5 + \alpha_6)^{M-1}\{(4\,r_b + 2)\alpha_5 - (r_b + 2)\alpha_6\} = 0 \tag{8.70}$$

式 (8.63) ～ (8.65) および式 (8.68) ～ (8.70) によって与えられる $\alpha_1$，$\alpha_2$，$\alpha_3$，$\alpha_4$，$\alpha_5$，$\alpha_6$ に関する 6 元非線形連立方程式をニュートン・ラフソン法などにより解いて，$\alpha_1$，$\alpha_2$，$\alpha_3$，$\alpha_4$，$\alpha_5$，$\alpha_6$ を決定する。

**（b） $\boldsymbol{\alpha_7}$，$\boldsymbol{\alpha_8}$ の決定方法**　　式 (8.57) に式 (8.58)，(8.61) を代入すると，せん断応力項を含む Yld 2000-2 d 降伏関数が式 (8.71)，(8.72) のように得られる。

$$\phi = \phi' + \phi'' = 2\,\bar{\sigma}^M \tag{8.71}$$

$$\phi' = \left[\frac{1}{9}\{(2\,\alpha_1 + \alpha_2)\sigma_x + (-\,\alpha_1 - 2\,\alpha_2)\sigma_y\}^2 + 4\,(\alpha_7\sigma_{xy})^2\right]^{M/2} \tag{8.72 a}$$

$$\phi'' = \left\{\frac{3}{2}(A_1\sigma_x + A_2\sigma_y) - \frac{1}{2}\sqrt{(B_1\sigma_x + B_2\sigma_y)^2 + 4\,(\alpha_8\sigma_{xy})^2}\right\}^M$$
$$+ \left\{\frac{3}{2}(A_1\sigma_x + A_2\sigma_y) + \frac{1}{2}\sqrt{(B_1\sigma_x + B_2\sigma_y)^2 + 4\,(\alpha_8\sigma_{xy})^2}\right\}^M \tag{8.72 b}$$

ただし

$$\left.\begin{aligned} A_1 &= \frac{1}{9}(2\,\alpha_3 - 2\,\alpha_4 + 4\,\alpha_5 - \alpha_6),\ A_2 = \frac{1}{9}(-\,\alpha_3 + 4\,\alpha_4 - 2\,\alpha_5 + 2\,\alpha_6) \\ B_1 &= \frac{1}{9}(-6\,\alpha_3 + 6\,\alpha_4 + 12\,\alpha_5 - 3\,\alpha_6),\ B_2 = \frac{1}{9}(3\,\alpha_3 - 12\,\alpha_4 - 6\,\alpha_5 + 6\,\alpha_6) \end{aligned}\right\}$$

異方性パラメータ $\alpha_1$～$\alpha_6$ はすでに求められている。残りの $\alpha_7$，$\alpha_8$ は $\sigma_{45}$ と $r_{45}$ を用いて決定する。圧延方向から 45° 傾いた方向に単軸引張試験を行うとき，式 (8.8) より $\sigma_x = \sigma_y = \sigma_{xy} = \sigma_{45}/2$ であるから，これを式 (8.72) に代入して式 (8.73) を得る。

$$\phi' = {\sigma_{45}}^M\left\{\left(\frac{\alpha_1 - \alpha_2}{6}\right)^2 + {\alpha_7}^2\right\}^{M/2} \tag{8.73 a}$$

$$\phi'' = \sigma_{45}{}^M\left[\left\{\frac{3}{4}(A_1 + A_2) - \frac{1}{2}\sqrt{\left(\frac{B_1 + B_2}{2}\right)^2 + \alpha_8{}^2}\right\}^M\right.$$
$$\left. + \left\{\frac{3}{4}(A_1 + A_2) + \frac{1}{2}\sqrt{\left(\frac{B_1 + B_2}{2}\right)^2 + \alpha_8{}^2}\right\}^M\right] \qquad (8.73\,\mathrm{b})$$

式 (8.73) を式 (8.71) に代入して式 (8.74) を得る。

$$F_{45} = \left\{\left(\frac{\alpha_1 - \alpha_2}{6}\right)^2 + \alpha_7{}^2\right\}^{M/2}$$
$$+ \left\{\frac{3}{4}(A_1 + A_2) - \frac{1}{2}\sqrt{\left(\frac{B_1 + B_2}{2}\right)^2 + \alpha_8{}^2}\right\}^M$$
$$+ \left\{\frac{3}{4}(A_1 + A_2) + \frac{1}{2}\sqrt{\left(\frac{B_1 + B_2}{2}\right)^2 + \alpha_8{}^2}\right\}^M - 2\left(\frac{\bar{\sigma}}{\sigma_{45}}\right)^M = 0$$
$$(8.74)$$

つぎに，$r_{45}$ と $\alpha_1$〜$\alpha_8$ の間の関係式を導出する。異方性主軸座標系 $xyz$ を $z$ 軸回りに反時計方向に角度 $\varphi$ だけ回転させた座標系を $\hat{x}\hat{y}\hat{z}$ 座標系とすると，$\hat{x}$ 軸方向の単軸引張試験により測定される $r$ 値は式 (8.75) で定義される。

$$r_\varphi = \frac{d\hat{\varepsilon}_y^p}{-d\hat{\varepsilon}_x^p - d\hat{\varepsilon}_y^p} = \frac{d\hat{\varepsilon}_x^p}{d\hat{\varepsilon}_x^p + d\hat{\varepsilon}_y^p} - 1 = \frac{d\hat{\varepsilon}_x^p}{d\varepsilon_x^p + d\varepsilon_y^p} - 1 \qquad (8.75)$$

$d\hat{\varepsilon}_z^p = -d\hat{\varepsilon}_x^p - d\hat{\varepsilon}_y^p = -d\hat{\varepsilon}_x^p - d\hat{\varepsilon}_y^p$ を考慮した。

ここで，$d\hat{\varepsilon}_{ij}^p$ は $\hat{x}\hat{y}\hat{z}$ 座標系を参照した塑性ひずみ増分の成分であり，$d\hat{\varepsilon}_z^p = -d\hat{\varepsilon}_x^p - d\hat{\varepsilon}_y^p = -d\varepsilon_x^p - d\varepsilon_y^p$ を考慮した。ところで，降伏関数 $\phi$ は $M$ 次同次関数であるので，オイラーの定理より式 (8.76) が成り立つ。

$$\sigma_x\frac{\partial\phi}{\partial\sigma_x} + \sigma_y\frac{\partial\phi}{\partial\sigma_y} + \sigma_{xy}\frac{\partial\phi}{\partial\sigma_{xy}} + \sigma_{yx}\frac{\partial\phi}{\partial\sigma_{yx}} = M\phi \qquad (8.76)$$

式 (8.76) に関連流れ則を適用すれば，式 (8.77) を得る。

$$\frac{1}{d\lambda}(\sigma_x d\varepsilon_x^p + \sigma_y d\varepsilon_y^p + 2\sigma_{xy}d\varepsilon_{xy}^p) = M\phi \qquad (8.77)$$

さらに，式 (8.8) および $d\hat{\varepsilon}_x^p = d\varepsilon_x^p\cos^2\varphi + d\varepsilon_y^p\sin^2\varphi + 2\,d\varepsilon_{xy}^p\sin\varphi\cos\varphi$ を式 (8.77) に代入すると式 (8.78) を得る。

$$d\hat{\varepsilon}_x^p = \frac{M\phi}{\sigma_\varphi}d\lambda = \frac{2M\bar{\sigma}^M}{\sigma_\varphi}d\lambda \qquad (8.78)$$

式 (8.78) を式 (8.75) に代入すると

$$r_\varphi = \frac{\dfrac{2M\bar{\sigma}^M}{\sigma_\varphi}}{\dfrac{\partial\phi}{\partial\sigma_x} + \dfrac{\partial\phi}{\partial\sigma_y}} - 1$$

さらに $\varphi = \pi/4$ を代入してつぎの方程式 (8.79) を得る。

$$G_{45} = \left.\frac{\partial\phi}{\partial\sigma_x}\right|_{\varphi=\pi/4} + \left.\frac{\partial\phi}{\partial\sigma_y}\right|_{\varphi=\pi/4} - \frac{2M\bar{\sigma}^M}{\sigma_{45}(1+r_{45})} = 0 \tag{8.79}$$

式 (8.74) と (8.79) の 2 元連立方程式を解いて $\alpha_7$，$\alpha_8$ を決定する。

**（c） 相当応力，相当塑性ひずみ増分の計算法**　$\sigma_{xy} = 0$ の場合，式 (8.57) は式 (8.80) のように表記できる。

$$\begin{aligned}\phi &= \frac{1}{3^M}[\{(2\alpha_1+\alpha_2)\sigma_x + (-\alpha_1-2\alpha_2)\sigma_y\}^M + \{(2\alpha_3-2\alpha_4)\sigma_x \\ &\quad + (-\alpha_3+4\alpha_4)\sigma_y\}^M + \{(4\alpha_5-\alpha_6)\sigma_x + (-2\alpha_5+2\alpha_6)\sigma_y\}^M] \\ &= 2\bar{\sigma}^M\end{aligned} \tag{8.80}$$

相当応力 $\bar{\sigma}$ は式 (8.81) で与えられる。

$$\begin{aligned}\bar{\sigma} &= \frac{1}{3\times 2^{1/M}}[\{(2\alpha_1+\alpha_2)\sigma_x + (-\alpha_1-2\alpha_2)\sigma_y\}^M \\ &\quad + \{(2\alpha_3-2\alpha_4)\sigma_x + (-\alpha_3+4\alpha_4)\sigma_y\}^M \\ &\quad + \{(4\alpha_5-\alpha_6)\sigma_x + (-2\alpha_5+2\alpha_6)\sigma_y\}^M]^{1/M}\end{aligned} \tag{8.81}$$

ここで，応力比 $\alpha\,(=\sigma_y/\sigma_x)$ を用いて相当応力を表すと式 (8.82) を得る。

$$\begin{aligned}\bar{\sigma} &= \frac{\sigma_x}{3\times 2^{1/M}}[\{(2\alpha_1+\alpha_2) + (-\alpha_1-2\alpha_2)\alpha\}^M \\ &\quad + \{(2\alpha_3-2\alpha_4) + (-\alpha_3+4\alpha_4)\alpha\}^M \\ &\quad + \{(4\alpha_5-\alpha_6) + (-2\alpha_5+2\alpha_6)\alpha\}^M]^{1/M}\end{aligned} \tag{8.82 a}$$

$$\begin{aligned}\bar{\sigma} &= \frac{\sigma_y}{3\times 2^{1/M}}[\{(2\alpha_1+\alpha_2)\alpha^{-1} + (-\alpha_1-2\alpha_2)\}^M \\ &\quad + \{(2\alpha_3-2\alpha_4)\alpha^{-1} + (-\alpha_3+4\alpha_4)\}^M \\ &\quad + \{(4\alpha_5-\alpha_6)\alpha^{-1} + (-2\alpha_5+2\alpha_6)\}^M]^{1/M}\end{aligned} \tag{8.82 b}$$

つぎに，降伏関数が塑性ポテンシャルと一致すると仮定すると，関連流れ則より塑性ひずみ増分は式 (8.83) のように計算される。

$$d\varepsilon_x^p = \frac{\partial \phi}{\partial \sigma_x} d\lambda$$

$$= \frac{M}{3^M} [\{(2\,\alpha_1 + \alpha_2)\sigma_x + (-\,\alpha_1 - 2\,\alpha_2)\sigma_y\}^{M-1}(2\,\alpha_1 + \alpha_2)$$

$$+ \{(2\,\alpha_3 - 2\,\alpha_4)\sigma_x + (-\,\alpha_3 + 4\,\alpha_4)\sigma_y\}^{M-1}(2\,\alpha_3 - 2\,\alpha_4)$$

$$+ \{(4\,\alpha_5 - \alpha_6)\sigma_x + (-\,2\,\alpha_5 + 2\,\alpha_6)\sigma_y\}^{M-1}(4\,\alpha_5 - \alpha_6)]\, d\lambda \qquad (8.83\,\mathrm{a})$$

$$d\varepsilon_y^p = \frac{\partial \phi}{\partial \sigma_y} d\lambda$$

$$= \frac{M}{3^M} [\{(2\,\alpha_1 + \alpha_2)\sigma_x + (-\,\alpha_1 - 2\,\alpha_2)\sigma_y\}^{M-1}(-\,\alpha_1 - 2\,\alpha_2)$$

$$+ \{(2\,\alpha_3 - 2\,\alpha_4)\sigma_x + (-\,\alpha_3 + 4\,\alpha_4)\sigma_y\}^{M-1}(-\,\alpha_3 + 4\,\alpha_4)$$

$$+ \{(4\,\alpha_5 - \alpha_6)\sigma_x + (-\,2\,\alpha_5 + 2\,\alpha_6)\sigma_y\}^{M-1}(-2\,\alpha_5 + 2\,\alpha_6)]\, d\lambda \qquad (8.83\,\mathrm{b})$$

したがって，塑性ひずみ増分比 $\rho\,(= d\varepsilon_y^p/d\varepsilon_x^p)$ は式 (8.84) で表せる。

$$\rho = \frac{K_1(-\,\alpha_1 - 2\,\alpha_2) + K_2(-\alpha_3 + 4\,\alpha_4) + K_3(-2\,\alpha_5 + 2\,\alpha_6)}{K_1(2\,\alpha_1 + \alpha_2) + K_2(2\,\alpha_3 - 2\,\alpha_4) + K_3(4\,\alpha_5 - \alpha_6)} \qquad (8.84)$$

ここで

$$\left.\begin{array}{l} K_1 = \{(2\,\alpha_1 + \alpha_2) + (-\,\alpha_1 - 2\,\alpha_2)\alpha\}^{M-1} \\ K_2 = \{(2\,\alpha_3 - 2\,\alpha_4) + (-\,\alpha_3 + 4\,\alpha_4)\alpha\}^{M-1} \\ K_3 = \{(4\,\alpha_5 - \alpha_6) + (-\,2\,\alpha_5 + 2\,\alpha_6)\alpha\}^{M-1} \end{array}\right\} \qquad (8.85)$$

つぎに，単位体積当りの塑性仕事増分を考えると，相当塑性ひずみ増分 $\overline{d\varepsilon}^p$ は式 (8.86) で与えられる。

$$\overline{d\varepsilon}^p = \frac{\sigma_x\, d\varepsilon_x^p + \sigma_y d\varepsilon_y^p}{\bar{\sigma}} = \frac{\sigma_x}{\bar{\sigma}} d\varepsilon_x^p (1 + \alpha\rho) = \frac{\sigma_y}{\bar{\sigma}} d\varepsilon_y^p (1 + \alpha^{-1}\rho^{-1}) \qquad (8.86)$$

また，相当応力-相当塑性ひずみ曲線が既知の場合，式 (8.82)，(8.84)，(8.86) より，任意の応力比における真応力-対数塑性ひずみ曲線が計算できる。

**（d） Yld 2000-2d の実験検証**　軸力-内圧型の金属円管用二軸応力試験機を用いて，さまざまな応力経路における 5000 系アルミニウム合金押出管の変形特性を測定・解析した結果を以下に紹介する[36),51),52)]。本試験機の特長は，油圧サーボ制御により管軸方向応力 $\sigma_\phi$ および円周方向応力 $\sigma_\theta$ を任意に制御できることである。

線形応力経路を供試材に加えて測定された等塑性仕事面の測定値と，Yld 2000-2 d およびそのほかの降伏関数による計算値との比較を**図 8.5**[36)] に示す。等塑性仕事面は応力比 $\sigma_\phi:\sigma_\theta=20:23\sim3:4$ 方向に張り出した特異な形状を有している。Yld 2000-2 d による降伏曲面形状はこの傾向をよくとらえており，特に $\varepsilon_0^p=0.002$，$0.01$，$0.025$ に対する等塑性仕事面とほぼ一致している。

さらに，図 8.5 と同一円管に，つぎのような 2 種類の複合応力経路を負荷して，円管に生じたひずみ経路を測定した[51),52)]。

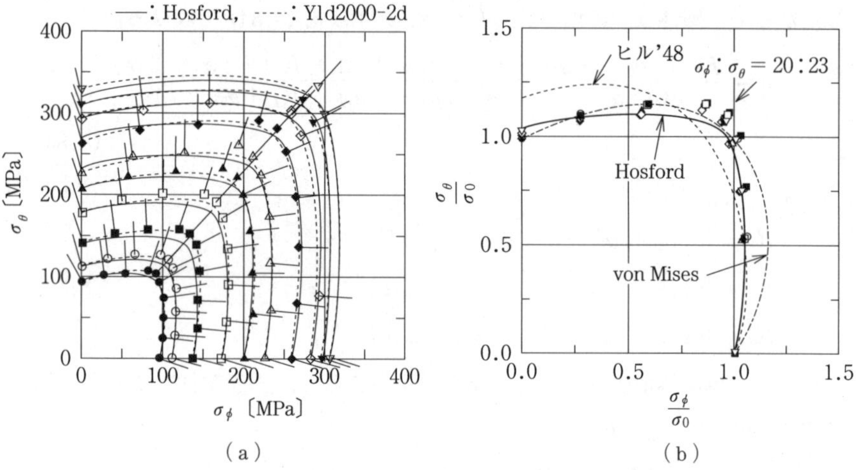


各プロット点は特定の $\varepsilon_0^p$（管軸方向単軸引張試験における対数塑性ひずみ）に対応する等塑性仕事面を構成する。$\varepsilon_0^p=$ ●：0.002，○：0.01，■：0.025，□ 0.05，▲：0.075，△：0.1，◆：0.15，◇：0.2，▼：0.25，▽ 0.3。(b)の等塑性仕事面は，(a)のプロット点の応力値を当該の $\varepsilon_0^p$ に対応する管軸方向単軸引張真応力 $\sigma_0$ で無次元化して示したものである。(a)の測定点に付随する線分は塑性ひずみ増分ベクトル方向の実験値。

**図 8.5**　線形応力経路において測定されたアルミニウム合金管 5154-H 112 押出し円管材の等塑性仕事面と理論降伏曲面との比較[36)]

**複合応力経路 A**：応力速度比 $\dot{\sigma}_\phi : \dot{\sigma}_\theta = 0:1$ 一定で $(\sigma_\phi, \sigma_\theta) = (0, 136)$ MPa まで負荷した後，除荷せずに応力速度比を $\dot{\sigma}_\phi : \dot{\sigma}_\theta = 20:23$ に急変し，円管が破断するまで負荷

**複合応力経路 B**：応力速度比 $\dot{\sigma}_\phi : \dot{\sigma}_\theta = 20:23$ 一定で $(\sigma_\phi, \sigma_\theta) = (160, 184)$ MPa まで負荷した後，除荷せずに応力速度比を $\dot{\sigma}_\phi : \dot{\sigma}_\theta = 0:1$ に急変し，円管が破断するまで負荷

ひずみ経路の測定結果を**図 8.6** [52] に示す。同図には，等方硬化則と関連流れ則に基づいて，各種降伏関数を用いて計算されたひずみ経路も併記されている。ひずみ経路の計算値は降伏関数に大きく依存している。特に，等塑性仕事面の再現性が最も良好であった Yld 2000-2 d が，ひずみ経路の測定結果を最も精度よく再現していることに注意したい。本図は，異方性材料の塑性変形挙動を精度よく予測するためには，材料に適した異方性降伏関数を選択することの重要性を示唆している。

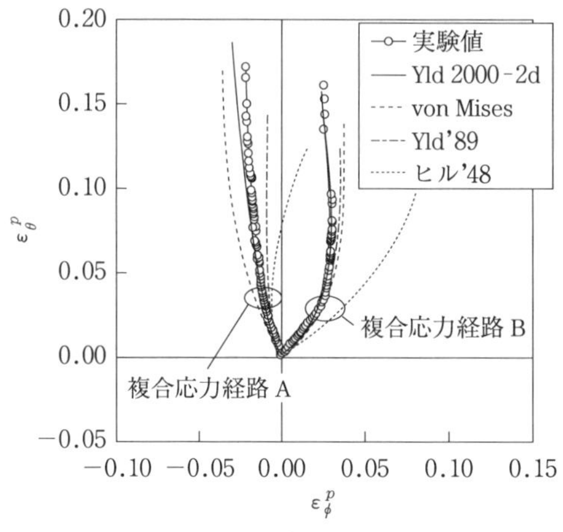


**図 8.6** 複合応力経路 A，B において測定されたアルミニウム合金管 5154-H 112 押出し円管材のひずみ経路，ならびに各種降伏関数による計算値との比較[52]

### 8.1.10 Banabicの降伏関数

Banabicはつぎの降伏関数 (8.87) を考案した[53)]。

$$\bar{\sigma} = \{a(\Gamma + \Psi)^{2k} + a(\Gamma - \Psi)^{2k} + (1-a)(2\Psi)^{2k}\}^{1/(2k)} \tag{8.87}$$

$\Gamma$ と $\Psi$ は応力成分を用いて式 (8.88) により計算される。

$$\Gamma = M\sigma_x + N\sigma_y, \quad \Psi = \sqrt{(P\sigma_x - Q\sigma_y)^2 + R^2\sigma^2{}_{xy}} \tag{8.88}$$

ここで，$a$，$k$，$M$，$N$，$P$，$Q$，$R$ は材料パラメータである。$a$ は $0 \leqq a \leqq 1$，指数 $k$ は，BCC系金属には3が，FCC系金属には4が推奨される。$k$ 以外の6個の材料パラメータ $a$，$M$，$N$，$P$，$Q$，$R$ を七つの材料特性値 $\sigma_0$，$\sigma_{45}$，$\sigma_{90}$，$\sigma_b$，$r_0$，$r_{45}$，$r_{90}$を用いて決めようとすると，条件式が一つ足りない。そこでBanabicらは，式 (8.89) のような評価関数を導入し，その値を最低にするという条件を追加している。

$$\begin{aligned} &F(a, M, N, P, Q, R) \\ &= \left(\frac{\sigma_0}{\sigma_0^{\exp}} - 1\right)^2 + \left(\frac{\sigma_{90}}{\sigma_{90}^{\exp}} - 1\right)^2 + \left(\frac{\sigma_{45}}{\sigma_{45}^{\exp}} - 1\right)^2 + \left(\frac{\sigma_b}{\sigma_b^{\exp}} - 1\right)^2 \\ &\quad + \left(\frac{r_0}{r_0^{\exp}} - 1\right)^2 + \left(\frac{r_{90}}{r_{90}^{\exp}} - 1\right)^2 + \left(\frac{r_{45}}{r_{45}^{\exp}} - 1\right)^2 \end{aligned} \tag{8.89}$$

ここで，$\sigma_\varphi^{\exp}$，$r_\varphi^{\exp}$ は $\varphi$ 方向単軸引張試験において測定される降伏応力と $r$ 値の実験値である。

本降伏関数に基づく構成式の詳細，および降伏曲面の測定結果との比較については文献53) を参照されたい。

## 8.2 材料モデルがシミュレーションの計算精度に及ぼす影響

### 8.2.1 二次元ハット曲げ成形のスプリングバック解析

二次元ハット曲げ成形のスプリングバック解析の事例を**図8.7**[54)] に示す。本解析の特長は，加工硬化モデルとして，材料の微視構造変化を内部状態変数の発展則として記述できるTeodosiu-Huのモデル[8)] が採用されている点にある。これにより応力反転時の軟化挙動（バウシンガー効果）を計算に反映させ

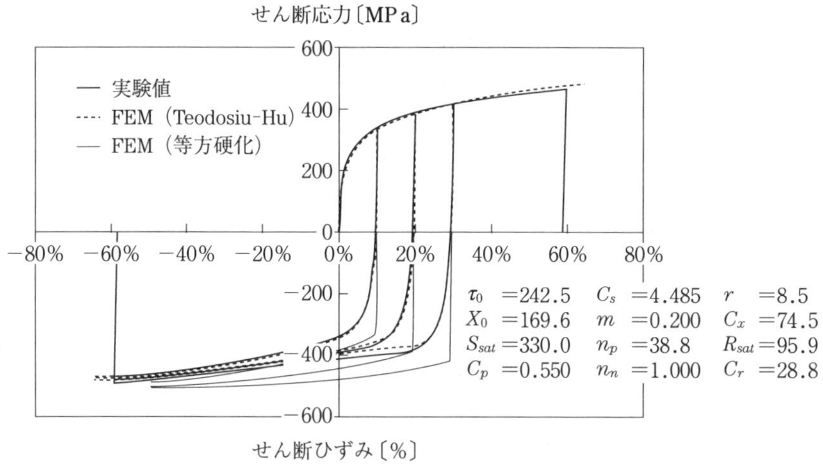


（a） 反転単純せん断試験による 590 MPa 級 2 層組織鋼板のせん断応力-せん断ひずみ(曲線の測定結果と等方硬理論および Teodosiu-Hu モデルによる計算値の比較)

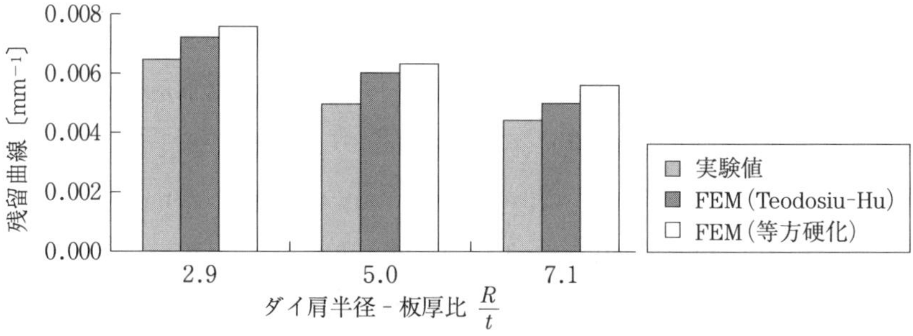


壁部の最大張力：200 MPa，解析ソフトウェア：ABAQUS（静的陰解法），シェル要素

（b） ハット曲げ成形後の縦壁部の残留曲率の実験値と計算値の比較

**図 8.7** Teodosiu-Hu モデルを用いた二次元ハット曲げ成形のスプリングバック解析[54)]

ることができる。図(a)は，反転単純せん断試験により測定された，590 MPa 級二相組織鋼板のせん断応力-せん断ひずみ曲線を示す。

Teodosiu-Hu の加工硬化モデルは，反転負荷後の応力低下を精度よく再現できている。図(b)は，同じ材料を用いて二次元ハット曲げ成形実験を行い，縦壁部の残留曲率の実験値とFEMによる計算値を比較した結果である。Teodosiu-Huモデルを採用することにより，バウシンガー効果を無視した等方硬化モデルよりもスプリングバック量の計算値が小さくなり，解析精度が向上していることがわかる。

バウシンガー効果が曲げ戻し変形後のスプリングバック量（残留曲率）に及ぼす影響はつぎのようである。まず，負荷時のバウシンガー効果は，残留曲げモーメントを低下させるので，バウシンガー効果が存在しない場合よりもスプリングバック量を小さくする効果がある。一方，除荷時にも応力反転は起こる。除荷時のバウシンガー効果は，バウシンガー効果が存在しない場合よりも，残留曲げモーメントが0になるまでの戻り角度を大きくする効果がある。すなわち，スプリングバック量を大きくする[55)]。

### 8.2.2　二次元引張曲げ成形のスプリングバック解析

二次元引張曲げ成形のスプリングバック解析の事例を**図8.8**[56)]に示す。引張曲げ実験は図(a)に示す試験機を用いて行われた。長さ500 mm × 板幅100 mmもしくは50 mmの試験片（板厚0.7 mmの340 MPa級高張力鋼板JSC 340 P）にしわ押え力を加えつつ，半径100 mmのパンチを77 mm押し上げることにより（このとき素板のパンチへの巻付き角はおよそ120°になる），試験片を引張曲げ成形した。試験片長手方向の張力 $T$（公称引張応力）は，しわ押え力を調節することにより変化させた。スプリングバック量は，除荷前後の試験片内側（パンチ接触側）の曲率変化として定義し，式(8.90)より決定した。

$$\frac{\left|\dfrac{1}{r'_{in}}-\dfrac{1}{r_{in}}\right|}{\dfrac{1}{r_{in}}}=\frac{r'_{in}-r_{in}}{r'_{in}}=\frac{\Delta r}{r'_{in}} \tag{8.90}$$

ここで，$r_{in}$ (= 100 mm)，$r'_{in}$ は除荷前後の試験片内表面の曲率半径である。$r'_{in}$ は，試験片中心線を挟む20 mmの区間で形状測定器により測定した。

引張曲げスプリングバック解析は，ABAQUS/Standard Ver.6.2を用いて

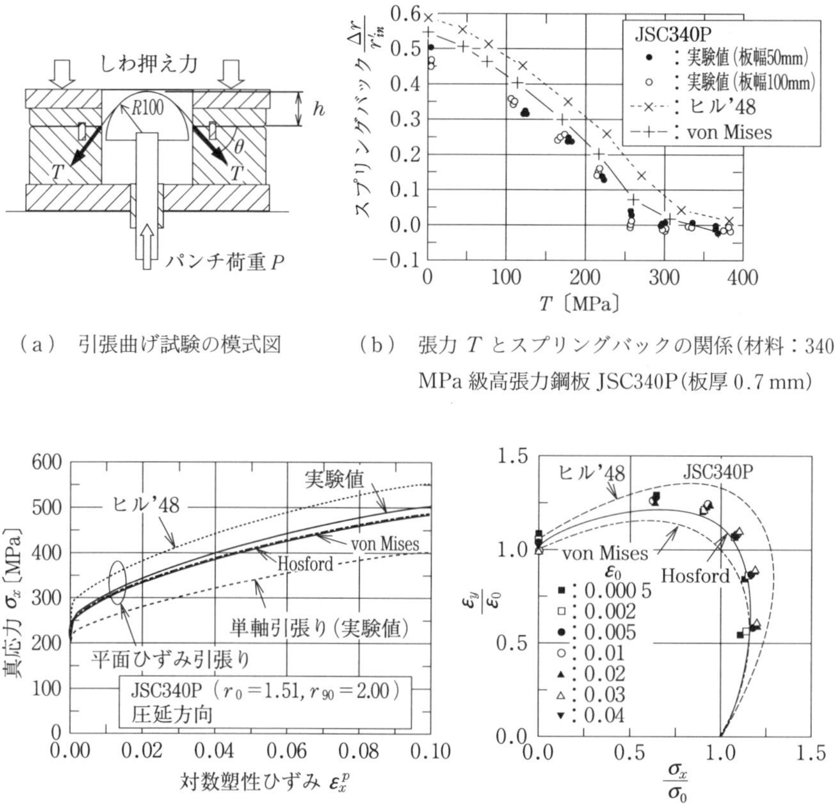


（a） 引張曲げ試験の模式図

（b） 張力 $T$ とスプリングバックの関係(材料：340 MPa 級高張力鋼板 JSC340P(板厚 0.7 mm)

（c） 平面ひずみ引張りにおける真応力 $\sigma_x$-対数塑性ひずみ $\varepsilon_x^p$ 曲線の実験値と各種降伏関数に基づく計算値との比較

（d） 無次元化等塑性仕事面の実験値と理論降伏曲面との比較

**図 8.8** 二次元引張曲げ成形のスプリングバック解析に及ぼす降伏関数の影響[56)]

陰解法で実施した。解析には一次平面ひずみ要素 CPE 4 を使用し，要素は板厚方向に 4 分割した。張力 $T$ とスプリングバックの関係について実験値と計算値を比較した結果を図(b)に示す。ヒルの二次降伏関数を仮定した場合の計算値は，実験値よりも大きい。一方，von Mises の降伏関数仮定して得られた計算値は全体的に低減し，実験値とおおむね一致した。

図（b）の結果は，図（c）から説明できる。図（c）は，圧延方向の平面ひずみ引張試験[23]により測定された本供試材の引張軸方向の真応力 $\sigma_x$ - 対数塑性ひずみ $\varepsilon_x^p$ 曲線の測定結果を示す。$\varepsilon_x^p \leqq 0.01$ の範囲では，実験値は von Mises もしくは Hosford の降伏関数による計算値にほぼ一致している（実際，von Mises の降伏条件式を仮定した場合，$T \leqq 240$ MPa の張力範囲において，試験片外表面の伸びひずみは $\varepsilon_x^p \leqq 0.01$ であった）。

一方，ヒルの二次降伏関数による計算値は，平面ひずみ引張変形状態における本供試材の塑性流動応力を過大に予測している。すなわち，ヒルの二次降伏関数は，平面ひずみ状態における本供試材の塑性流動応力を過大に評価したため，計算における曲げモーメントを過大に評価し，その結果として，スプリングバック量も過大に予測したのである。

参考までに，二軸引張試験より得られた無次元化等塑性仕事面の測定結果を図（d）に示す。Hosford の降伏曲面が等塑性仕事面の形状に最も近い。

### 8.2.3　板材の成形限界

**成形限界線図**（forming limit diagram：**FLD**）の計算値は，降伏関数に大きく依存する[57)~61)]（FLD については 9 章を参照）。例えば，ヒルの二次降伏関数を仮定した場合は，$r$ 値が大きいほど張出し領域の成形限界が低下するのに対し，Hosford の高次降伏関数を仮定した場合は，成形限界は $r$ 値の影響をほとんど受けない[59)]。

複合変形経路における成形限界線の数値解析結果を**図 8.9**[61)]に示す。異方性降伏関数ごとに成形限界線の計算値は異なるが，ひずみ経路の変化が成形限界に及ぼす影響は共通している。すなわち

i）　ひずみ速度比 $\rho\,(=\dot{\varepsilon}_{22}/\dot{\varepsilon}_{11})$ が等二軸引張りから単軸引張りに変化した場合（$\rho = 1 \rightarrow -0.5$）もしくは単軸引張りから等二軸引張りに変化した場合（$\rho = -0.5 \rightarrow 1$）の成形限界は，第 1 負荷時のひずみがある限界値よりも小さければ（② もしくは ④ 以下），比例負荷の成形限界よりも大きくなる。

ii）　i）において，第 1 負荷時のひずみがある限界値よりも大きければ（②

もしくは④以上)，第2負荷開始時に素板は破断してしまう。

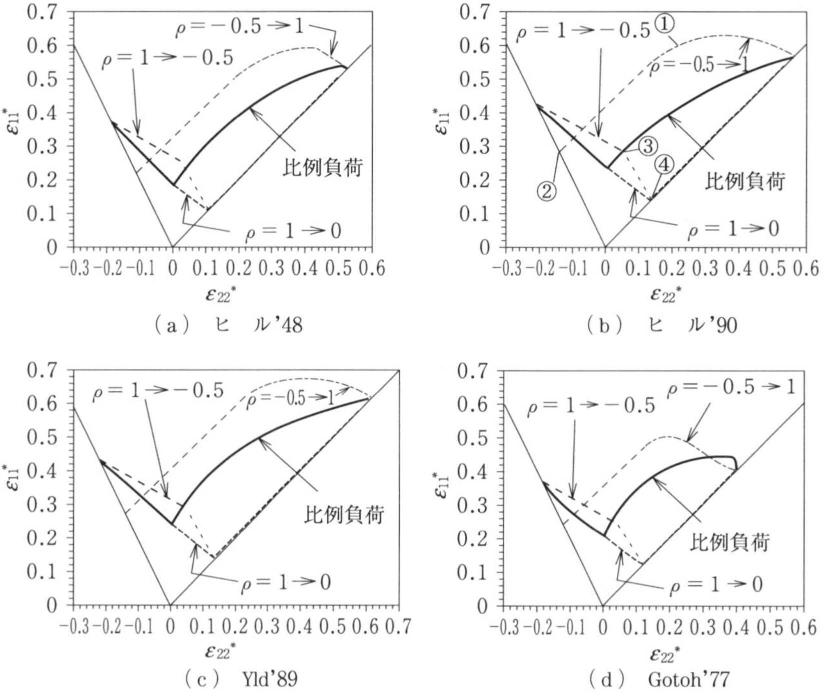


M-K モデル(初期不整＝0.999)。$\rho\,(=\dot{\varepsilon}_{22}/\dot{\varepsilon}_{11})$：ひずみ速度比

**図 8.9**　ひずみ経路を急変させた場合（除荷なし）の FLD の計算値[61)]

iii)　等二軸引張りから平面ひずみ引張りにひずみ増分比が変化した場合 ($\rho = 1 \rightarrow 0$) の成形限界は，比例負荷の成形限界よりも大幅に小さくなる。

局所くびれ解析において，後続降伏曲面の尖(とが)りを考慮することは，FLD の解析精度向上のために必要不可欠である[62),63)]。Kuroda ら[64)] は，多結晶塑性モデルに特有な尖り点効果およびそれに伴う塑性ひずみ増分ベクトルの非法線効果[65),66)] を再現できる現象論的塑性構成式を提案し，降伏関数の次数や塑性ひずみ増分ベクトルの非法線性が成形限界線の計算値に及ぼす影響を詳細に論じている。

# 9. シミュレーションによる割れ・しわの評価

板成形シミュレーション結果に期待される重要なことは，成形限界および成形の障害となっている現象の適切な予測である。これまで板材の成形限界の理論的予測方法は，局部くびれの発生を予測する塑性不安定理論，あるいは分岐理論によって発展してきた。Swift[1)]，ヒル[2)] に始まり，M-K 理論[3)]，S-R 理論[4)] と呼ばれるものがその代表である。わが国でも，山口，後藤，伊藤ら，さっと頭に思い浮かぶ大学関係者だけでも多くの研究者が，さらにそれらの発展，改良に努めている[5)~7)]。

## 9.1 局所分岐理論による板材の成形限界

板材成形の障害となる現象は種々のものが考えられるが，なかでも**破断** (fracture) と**しわ** (wrinkling) の発生はその典型的なものであり，一般に板材の成形限界というときには，成形条件あるいは材料特性に関して，この二つの不良現象が生じないような限界を指している。また，それは板面内の二つの主ひずみ値を軸にとったひずみ平面上での限界線図として表されることが多く，これを成形限界線図，**破断限界ひずみ線図** (flow limit diagram)，あるいは FLD なる略称で呼ばれている。

**図 9.1** は Marciniak[8)] によるその模式図であり，成形完了時まで図中の限界曲線に囲まれた領域内に板材のひずみがとどまっていれば成形可能であり，この領域を超えるひずみが生じたとき，そのひずみ比に対応して図中に模式的に示されているような障害が発生し，以後の成形が不可能であることを示している。ここに示されている 4 種の障害現象は圧縮優勢の応力場で発生の危険があ

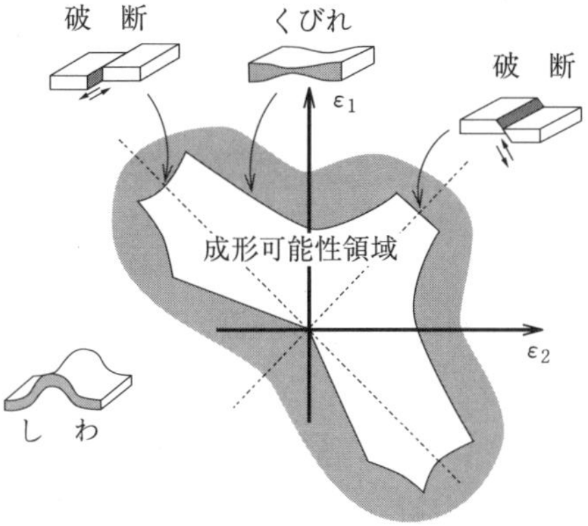


**図 9.1** FLD の模式図[8)]

るしわと，引張り優勢の応力場で生じる破断の前兆現象としての三つの局所変形モードを模式化したものであり，いずれもそれまで継続していた変形様式から加工する側の意図に反した別の様式に変化する現象で，力学的には分岐現象である。このなかで，しわは比較的広い領域にわたる変形であり応力分布や拘束条件と密接にかかわるので，その発生限界をこのようなひずみ平面上で表現することは不適切である。

一方，局所くびれのほうは板厚程度あるいはそれよりはるかに狭い領域に発生するので，FLD のように成形中の板材のある一点の面内ひずみによってその発生限界を表してもよいであろう（もちろんこれも相対的な問題で，周囲のひずみ分布や拘束の影響がある)。実際，破断限界ひずみのみを示したものを FLD というほうが一般的である。

破断は，材料が分離する現象であるから連続体力学の言葉では直接表現することができない。したがって，連続体力学を基礎におく有限要素法においても数値シミュレーションの結果として自然に破断現象を表すことは一般的に不可能である。そこで，特に板成形に特化したソフトでは実験的に取得した FLD をデータベースとして組み込み，シミュレーション結果から得られるひずみと FLD から予測される破断限界ひずみとを比較することによって，成形可否および破断箇所の予測を行っていることが多い。しかしながら，実験による FLD は通常，比例負荷の場合に限定されるが，後に述べるように FLD はひずみ経路に依存することが知られている。

一方，塑性力学においては破断の前兆としての局所くびれの発生限界を予測する理論がいくつか提案されている。局所くびれとはそれまで継続していた比較的一様性の高い変形様式から，狭い領域に変形が集中するモードへの変形場の分岐であり，その発生限界点の予測はヒル[9]の一般分岐理論の枠組みで扱うことができる。これによる破断限界予測式はひずみ履歴の影響を反映した現在の応力状態が既知であれば破断の可否を判断することができる。

したがって，板成形過程のシミュレーション結果から，応力状態を要素ごとに取得することによりこれらの理論を適用して判断限界を予測することもできる。このような方法は岩田ら[10]，吉田ら[11]によって試みられている。そこで板成形シミュレーションにより破断限界を予測するための理論について以下に紹介することにする。

### 9.1.1　変形の局所分岐と破断限界

先に述べたように，破断限界予測理論は破断の前兆としての局所分岐の発生を予測するものである。ただ，局所分岐にはさまざまな形態があり，そのなかから以後の破断に密接に関連するモードをとらえる必要がある。**図 9.2** は，一様変形から局所分岐を経て破断に至る過程の，Marciniak[12]による説明図で

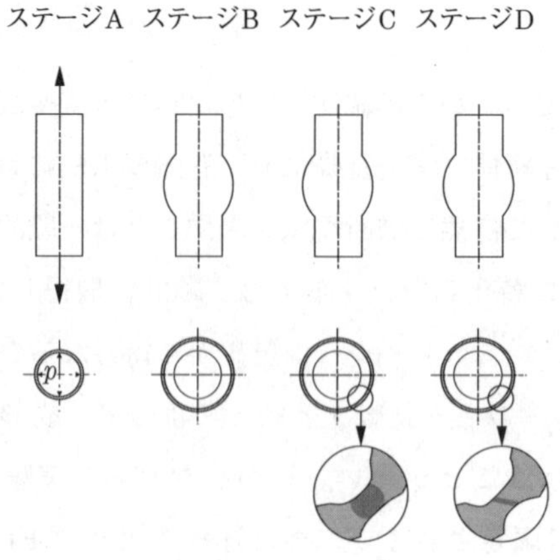


**図 9.2**　局所分岐の過程[12]

ある。

内圧と軸引張力を受ける薄肉円管の変形過程を考える。その際，円管の全長は変化しないように軸力と内圧の比が制御されている。はじめは一様に拡管（ステージ A）されていく円管に，やがて中央付近の拡管率が最大となるような不均一変形が生じる（ステージ B)。さらに負荷を増大させると，今度は変形の軸対称性が破れて，円周方向の一部がほかより肉厚が薄くなる変形モードが現れる（ステージ C)。さらに負荷を増大させながらこの板厚くびれ部を観察すると，板厚方向にわたる狭い領域内にせん断ひずみが集中するようになり終局（ステージ D）を迎える。

ステージ B，C，D はおのおのそれ以前の変形モードからの分岐であり，この順番に局所性が強まる。これを円管に限定することなく一般の板材の変形過程に当てはめて解釈すると，ステージ B での分岐は板面内での変形の局所化であり，板材の単軸引張試験では幅縮みとして観測される**拡散くびれ**（diffused necking）に該当する。この発生基準は Swift[1)]–Hill の拡散くびれの条件として知られている。

この分岐モードは板厚寸法に比べてかなりの広がりをもち，不均一ではあっても速度場の連続性は保たれているので，変形に伴ってその領域が拡大する。それゆえ，拡散くびれモードの発生即破断には結び付かない。ただし，平面ひずみ引張りの場合は幅縮みが拘束されているので，拡散モードは板厚不均一モードとなって現れ，板厚程度の局所性があるため，事実上の破断限界とみなしうる。

ステージ C で生じる板厚くびれは板厚程度の領域内に生じるひずみ集中であり，板面内寸法に比べて十分狭い領域に変形が集中し，これ以後は変形がこの部分に限定されて破断に至ると考えられる。これを狭い意味での**局所くびれ**（localized necking）と称し，板材成形ではこの分岐モードの発生をもって成形限界とみなし，古典的なヒル[2)]の理論や，最近では Stören–Rice[4)] の理論（S-R 理論）によりその発生限界を評価している。板材成形の解析では多くの場合，平面応力の仮定のもとで行われている。

局所くびれは板厚程度の狭い領域に不均一変形が集中するので，平面応力の枠組みでは板厚方向のひずみの変化を考慮できないのでこれを扱えないが，ヒル理論およびS-R理論では平面応力の仮定のもとで，モード速度場に板面内の局所性を確保するための不連続速度場を想定している。

さて，ステージDに至ると局所くびれ領域内に板厚方向にわたる，さらに狭い領域内に**せん断帯**（shear band）と呼ばれるひずみ集中域が出現する。このひずみ集中域は板厚寸法よりはるかに狭いと考えられ，もはや，平面応力下では取り扱うことが不可能である。三次元理論による解析が要請されるどころか，結晶学的サイズにも匹敵するので，その観点からのアプローチも盛んに行われている[13)]。

ここまで，破断に至るまでの変形の局所分岐の推移をみてきた。一般的にいって破断に最も密着した局所分岐はせん断帯分岐であるが，平面応力理論で扱えるのは板厚くびれまでである。いずれにしても破断そのものではなくその前兆現象であり，局所くびれ発生以後変形がこの部分に集中して進行し破断に至る。この過程は分岐後変形であるが，このような観点からの予測モデルにM-Kモデル[3)]がある。

### 9.1.2　板材の破断限界ひずみの予測理論

提案された年代順に述べることにするが，いずれも各種の塑性学の教科書[14)]などで解説されているので，概略のみを紹介しこれらのモデル間の相互関係を考察することにする。

〔1〕 **拡散くびれ理論**　　平面応力下で，二軸引張りを受けて変形する板材において，二つの張力の同時停留，すなわち2方向の張力が同時に最大値に到達するとき拡散くびれが発生するとするもので，変形の局所分岐というよりは力学的な不安定条件である。ただ，後で述べる分岐理論からも，最初に発生しうる分岐モードであることがわかる。

二つの張力の同時停留条件は式 (9.1) となる

$$\delta \Pi_{ij} = \delta\sigma_{ij} - \sigma_{ik}\frac{\partial \delta v_k}{\partial x_j} = 0 \qquad (i, j, k = 1, 2) \tag{9.1}$$

ここで，$\delta \Pi_{ij}$ は公称応力増分である。式 (9.1) より，主軸座標系に対して式 (9.2) を得る。

$$\frac{\partial \sigma_1}{\sigma_1} = \delta\varepsilon_1,\ \ \frac{\delta\sigma_2}{\sigma_2} = \delta\varepsilon_2 \tag{9.2}$$

ここで，降伏関数 $f(\sigma_{ij})$ を塑性ポテンシャルとする関連流れ則と硬化則

$$\left.\begin{aligned} &h\boldsymbol{D} = \frac{\dot{f}\dfrac{\partial f}{\partial \boldsymbol{\sigma}}}{\dfrac{\partial f}{\partial \boldsymbol{\sigma}}:\dfrac{\partial f}{\partial \boldsymbol{\sigma}}},\quad \dot{f} = \boldsymbol{\sigma}:\frac{\partial f}{\partial \boldsymbol{\sigma}} \\ &f(\sigma_{ij}) = F\left(\int \dot{W}^p dt\right),\quad \dot{W}^p = \boldsymbol{\sigma}:\boldsymbol{D} \\ &h = \frac{F'\left(\int \dot{W}^p dt\right)\cdot\boldsymbol{\sigma}:\dfrac{\partial f}{\partial \boldsymbol{\sigma}}}{\dfrac{\partial f}{\partial \boldsymbol{\sigma}}:\dfrac{\partial f}{\partial \boldsymbol{\sigma}}} \end{aligned}\right\} \tag{9.3}$$

を用いて，拡散くびれ発生限界基準式としての式 (9.4) を得る。

$$h_{cr} = \frac{\sigma_1\left(\dfrac{\partial f}{\partial \sigma_1}\right)^2 + \sigma_2\left(\dfrac{\partial f}{\partial \sigma_2}\right)^2}{\left(\dfrac{\partial f}{\partial \sigma_1}\right)^2 + \left(\dfrac{\partial f}{\partial \sigma_2}\right)^2 + \left(\dfrac{\partial f}{\partial \sigma_3}\right)^2} \tag{9.4}$$

ここで，降伏関数に von Mises の相当応力 $\bar{\sigma} = \sqrt{(3/2)\sigma_{ij}\sigma_{ij}}$ と指数硬化則 $\bar{\sigma} = C\bar{\varepsilon}^n$ を選べば，上の基準式 (9.4) から最大主ひずみについて限界ひずみを得る。

$$\varepsilon_1^{cr} = n\frac{2(1 + \alpha + \alpha^2)}{(1 + \alpha)(2 - \alpha + 2\alpha^2)} \tag{9.5}$$

ここで，$\alpha = \varepsilon_2/\varepsilon_1$ はひずみ増分比である。この基準式によれば，単軸引張り ($\alpha = -0.5$)，平面ひずみ ($\alpha = 0$)，等二軸引張り ($\alpha = 1$) で $\varepsilon_1^{cr} = n$ となり，加工硬化指数 $n$ 値が大きい材料は延性が大きいという経験的な傾向と一致する結果を与える。ただ，この基準にはくびれモードになんらの制約も与えていない。またモード速度場が連続であることから，変形の進行に伴ってこの

領域は周囲の材料を不均一モード内に取り込む形で拡散していくと考えられる。したがって，これをもってただちに破断に結び付くとは断定できない。

また，ここで提示した基準式はなんらの拘束を受けない無限に広い板材に対するものであるが，実際には周囲の拘束条件が拡散くびれ発生限界に影響を与えやすいので，普遍的な材料特性としての成形性評価とはなりにくい。ただし，平面ひずみ引張りにおいては幅縮みが拘束されているので拡散くびれは板厚くびれモードとなり，板厚程度の局所性があるので事実上の破断限界とみなしうる。

〔2〕 **ヒルの局所くびれ理論**　ヒル[2),9)]は板厚程度の狭い帯状の領域に変形が集中する局所くびれ（板厚くびれ）の発生条件をつぎのような仮定①～③のもとで与えている（**図 9.3** に示すように，最大主応力軸から $\psi$ だけ傾いた方向 $\boldsymbol{n}$ に垂直な狭いバンドに板厚くびれが発生した瞬間を考える)。

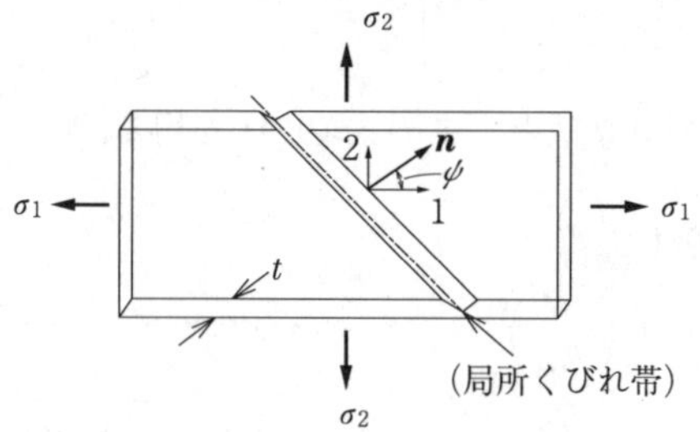


**図 9.3**　局所くびれ

① くびれは線に沿って伸縮はない。すなわち，$\delta\varepsilon_1\cos^2\psi + \delta\varepsilon_2\sin^2\psi = 0$。

② くびれ線に沿う単位幅当りのくびれ線に垂直な張力 $T = t\,(\sigma_1\cos^2\psi + \sigma_2\sin^2\psi)$ は停留する。すなわち，$\delta T = 0$（$t$ は板厚)。

③ くびれバンド内の応力比は変化しない。すなわち，$\delta\sigma_1/\sigma_1 = \delta\sigma_2/\sigma_2$。

仮定①はくびれ領域の変形に伴う板面内での局所性を保証するものである。すなわち，バンド内外の速度場は板厚方向にのみ不連続であり，平面応力の仮定のもとではくびれバンドのみが変形することを妨げないので局所変形が維持される。仮定②は一種の不安定条件である。これらの仮定より式 (9.6) を得る。

$$\frac{\delta\sigma_1}{\sigma_1} = -\frac{\delta t}{t} = -\delta\varepsilon_3 = \delta\varepsilon_1 + \delta\varepsilon_2 \tag{9.6}$$

これに，構成式 (9.3) を用いれば，局所くびれ発生条件式として式 (9.7) を得る。

$$F'\left(\int \dot{W}^p dt\right)_{cr} = \frac{\partial f}{\partial\sigma_1} + \frac{\partial f}{\partial\sigma_2} \tag{9.7}$$

さらに，ここでも von Mises の降伏関数と指数硬化則を用いると，局所くびれ発生限界ひずみとして式 (9.8) を得る。

$$\varepsilon_1^{cr} = \frac{n}{1+\alpha}, \text{ または } \varepsilon_1^{cr} + \varepsilon_2^{cr} = n \tag{9.8}$$

すなわち $(\varepsilon_1, \varepsilon_2)$ 平面で，$\varepsilon_1 = n$ を切片にもつ傾き $-1$ の直線となるが，ひずみ平面の第 1 象限には適用できない。なぜならば仮定 ① よりくびれ線の方向 $\phi$ は

$$\phi = \arctan\left(\pm\sqrt{-\frac{\delta\varepsilon_2}{\delta\varepsilon_1}}\right) = \arctan\left(\pm\sqrt{-\alpha}\right) \tag{9.9}$$

となる。したがって，張出し領域では局所くびれは発生しないことになる。そのため，ひずみ平面の第 2 象限では局所くびれ発生条件を，第 1 象限では便宜上拡散くびれ発生条件式 (9.5) を採用して FLD とすることがよく行われていた。しかし，張出し領域でも明らかに局所くびれの発生が認められる場合が少なくない。

ヒルのモデルでは張出し領域で局所くびれが発生しないことになるのは，その仮定 ① および ③ と von Mises の降伏関数を塑性ポテンシャルとする流れ則を採用していることに由来する。

先にも述べたように，仮定 ① は板厚くびれの変形の局所性（くびれ領域が周囲に拡散しない）を維持するための条件であるが，そのためには必ずしもここまで強い規制は必要としない。後に述べる Stören ら[4] のモデルではこの点をゆるめている。また，仮定 ③ はくびれ発生の瞬間を考えるので，くびれ領域の応力比はそれまでの応力比とそう大きくは変わらないであろうとの前提であるが，これを分岐現象ととらえるときには分岐の瞬間の状態量（応力，ひず

み，変位など）の変化率を正確に表現することが肝要である。

この仮定は，平板や殻の座屈を考えるとき，座屈前の一軸圧縮応力を座屈変形に対しても強要するに等しく，分岐モードに対して必要以上な拘束を課していることになる。ただ，この拘束をゆるめて局所くびれ帯内の応力速度を自由に変化させても，von Mises の降伏関数を塑性ポテンシャルとする流れ則では，くびれ帯内のひずみ速度はくびれ発生前の応力によって完全に規定されるので，くびれ発生条件そのものは依然として変わらない。

**〔3〕 Stören–Rice の局所くびれ理論（S–R モデル）**　Stören ら[4)] は，分岐理論の立場からヒルの局所くびれ理論を拡張したモデルを提案した。これは理論的によく整備され，張出し領域にも適用可能なことから，板材の成形性評価によく用いられている。Stören らの仮定は以下のようである。分岐の瞬間において（図 9.3）

① 速度場は分岐バンドを横切るときのみ変化し，その際の分岐バンド内外の速度差はつぎの形式であるとする。

$$\Delta v_i = f_i(\boldsymbol{n}\cdot\boldsymbol{x}) \qquad (i = 1, 2)$$

② 平面応力場での応力の釣合い条件を保つ。すなわち

$$\frac{\partial(t\sigma_{ij})}{\partial x_i} = 0 \qquad (i, j = 1, 2)$$

となる。仮定①は分岐モードの局所性の条件であり，分岐の瞬間速度場の不連続は，分岐界面を横切るときのみ存在し，その不連続量は分岐界面に沿っては一定であることを意味している。これより速度こう配テンソルの差は

$$\Delta\boldsymbol{L} = \frac{\partial\Delta\boldsymbol{v}}{\partial\boldsymbol{x}} = \boldsymbol{g}\otimes\boldsymbol{n},\ \ \boldsymbol{g} = \{f'(\boldsymbol{n}\cdot\boldsymbol{x})\} \tag{9.10}$$

となるので，分岐モードに対する運動学的拘束としては，分岐界面に沿う速度場の変化率が分岐帯の外側のそれと等しいことのみを要請しており，ヒルのようにくびれ線に沿うひずみが 0 という強い拘束ではない。

さて，分岐前は平面応力一様応力場であるとすると，仮定②の釣合い条件は分岐界面においてのみ意味をもち

$$\boldsymbol{n}\cdot(\varDelta\dot{\boldsymbol{\sigma}} + \boldsymbol{\sigma}\varDelta D_{33}) = 0 \tag{9.11}$$

平面応力としての構成式に式 (9.10) を適用した関係式 (9.12)

$$\left.\begin{aligned}\varDelta\dot{\boldsymbol{\sigma}} &= \boldsymbol{C}^{pl}:\varDelta\boldsymbol{L} = \boldsymbol{C}^{pl}:(\boldsymbol{n}\otimes\boldsymbol{g})\\ \varDelta D_{33} &= \boldsymbol{M}:\varDelta\boldsymbol{L}\end{aligned}\right\} \tag{9.12}$$

を式 (9.11) に代入して式 (9.13) を得る。

$$\{\boldsymbol{n}\cdot(\boldsymbol{C}^{pl} + \boldsymbol{\sigma}\otimes\boldsymbol{M})\cdot\boldsymbol{n}\}\boldsymbol{g} = 0 \tag{9.13}$$

式 (9.13) より，有為な $\boldsymbol{g}$ が存在する条件としての式 (9.14) に示す局部分岐発生条件を得る。

$$\det|\,\boldsymbol{n}\cdot(\boldsymbol{C}^{pl} + \boldsymbol{\sigma}\otimes\boldsymbol{M})\cdot\boldsymbol{n}\,| = 0 \tag{9.14}$$

ここで，$\boldsymbol{C}^{pl}$ は平面応力としての接線剛性テンソルであり，$\boldsymbol{M}$ は平面応力の条件，すなわち $\sigma_{33} = 0$ から板厚ひずみ速度 $D_{33}$ をほかのひずみ速度成分で表したときの係数テンソルである。

これがS-R 理論による局所くびれ発生条件式であるが，張出し領域で現実的な破断限界ひずみを得るには構成式 (9.3) は適用できない。Stören らは $J_2D$ として知られる Hencky の変形論の微分形に基づく構成式を用いて解析を行っている。要は分岐の瞬間の応力速度テンソルの向きの変化に対応して，塑性ひずみ速度テンソルの方向が定まる構成式が必要とされることである。その後，同種の構成式はほかにも提案され[6),15),16)]，S-R 理論に適用した解析例も報告されている[7),17)]。分岐現象はそれまで継続していた変形モードからの突然の変化を扱うのであるから，その結果が構成式における塑性ひずみ増分の応力増分方向依存性にきわめて敏感であることは注意を要する。

ヒルの局所くびれ理論と比較して，① くびれモードに対する制約が一般化され，ヒルの条件を包含する形でゆるめられていること，② 分岐バンド内は応力比のみならず，応力主軸の回転をも許容していること，③ 構成式に応力増分方向依存型を採用していること，の 3 点が異なり，結果として張出し領域への適用が可能となっている。

Stören らは $J_2D$ を用いた解析のなかで，くびれバンドの方向がヒルのモデルと同様に伸縮が 0 の方向に規定した場合について，von Mises 材ではヒルの結果に完全に一致することを示している。また，一般解析の結果，張出し領域ではくびれ線の方向はほとんど最大主応力に直角であり，$n$ 乗硬化則ではその場合，限界ひずみは

$$\varepsilon_1^{cr} = \frac{3\alpha^2 + n(2+\alpha)}{2(2+\alpha)(1+\alpha+\alpha^2)} \qquad (0 < \alpha < 1) \tag{9.15}$$

で与えられる。この結果，平面ひずみ（$\alpha = 0$）では，やはり限界ひずみは $n$ 値に等しい。この結果はまた，$J_2D$ のみならず，ほかの応力増分方向依存型構成式の種類，およびそれぞれの構成式の塑性ひずみ増分方向に対する，応力増分方向の依存性を示すパラメータの値のいかんを問わず，普遍の結果となっている。

### 9.1.3　一般分岐理論による局所くびれ

これまで紹介した理論を統括する一般分岐理論の枠組みはヒル[9]によって与えられている。また，板厚局所くびれは板厚あるいはそれ以下の寸法の領域での不均一変形であるから本来，三次元変形として扱わなければならない。そこで，三次元一般分岐理論の枠組みでこれらの理論を整理してみることにする。ヒルは弾塑性体および剛塑性体についての増分的境界値問題の解の唯一性と平衡状態の安定性に関する一連の研究のなかで，式 (9.16) に示すような分岐基準を与えている。

$$\int \Delta\dot{\boldsymbol{\Pi}} : \Delta\boldsymbol{L}\, dV = 0 \tag{9.16}$$

ここで，$\Delta(\ )$ は 2 組みの解の差を表し，また $\dot{\boldsymbol{\Pi}}$ は公称応力速度テンソルであり，コーシー応力の Jaumann 速度 $\mathring{\boldsymbol{\sigma}}$ とは

$$\begin{aligned}\dot{\boldsymbol{\Pi}} &= \mathring{\boldsymbol{\sigma}} + \boldsymbol{\sigma}\,\mathrm{tr}(\boldsymbol{L}) + \boldsymbol{W}\cdot\boldsymbol{\sigma} - \boldsymbol{\sigma}\cdot\boldsymbol{W} - \boldsymbol{L}\cdot\boldsymbol{\sigma}\\ &= \boldsymbol{C}:\boldsymbol{D} + \boldsymbol{\sigma}\,\mathrm{tr}(\boldsymbol{L}) + \boldsymbol{W}\cdot\boldsymbol{\sigma} - \boldsymbol{\sigma}\cdot\boldsymbol{W} - \boldsymbol{L}\cdot\boldsymbol{\sigma}\\ &= \boldsymbol{A}:\boldsymbol{L}\end{aligned} \tag{9.17}$$

の関係にある。ここに，$\boldsymbol{A}$ は公称応力速度 $\dot{\boldsymbol{\Pi}}$ と速度こう配テンソル $\boldsymbol{L}$ とを関連づける 4 階のテンソルであるが，非線形固体では構成テンソル $\boldsymbol{C}$ を通し

て，速度場 $\boldsymbol{v}$ に依存する量であるため，速度場の差 $\varDelta\boldsymbol{v}$ に対して一意に定義できない。そこで

$$\varDelta\boldsymbol{L}^T : \boldsymbol{A}^L : \varDelta\boldsymbol{L} < \varDelta\boldsymbol{L}^T : \boldsymbol{A} : \varDelta\boldsymbol{L} \tag{9.18}$$

を満たす線形比較体を定義すると，任意の比較速度場 $\varDelta\boldsymbol{v}$ に対して

$$I\,[\varDelta\boldsymbol{v}] \equiv \int \varDelta\boldsymbol{L} : (\boldsymbol{A}^L : \varDelta\boldsymbol{L})dV > 0 \tag{9.19}$$

であれば分岐は起こらないので，つぎの一般分岐条件式 (9.20) を得る。

$$\min\,[I\,[\varDelta\boldsymbol{v}]] = 0 \tag{9.20}$$

〔1〕 **拡散くびれ**　　式 (9.17) 中の構成テンソル $\boldsymbol{C}$ は構成式を応力速度について陽に書いたときの係数テンソルであるが，von Mises 材ではこれを応力速度について逆に解けないので，多少異なった手続きとなり[18]，分岐基準汎関数は式 (9.21) となる。

$$I_{rp}\,[\varDelta\boldsymbol{v}] = \int h\varDelta\boldsymbol{D}^2 dV = \int \sigma_{ik}\left(\frac{\partial\varDelta v_j}{\partial x_k}\frac{\partial\varDelta v_j}{\partial x_i} - 2\,\varDelta D_{ij}\varDelta D_{jk}\right)dV \tag{9.21}$$

ここで，比較速度場 $\varDelta\boldsymbol{v}$ から導かれるひずみ速度 $\varDelta\boldsymbol{D}$ は降伏曲面に垂直でなければならないという制約条件のもとに平面応力状態に対する分岐条件を求めると，式 (9.4) の拡散くびれの条件が得られる。つまり，不安定条件として与えられた拡散くびれは，分岐モードになんらの制約を加えないとき，剛塑性板に最初に発生する分岐モードであることがわかる。

〔2〕 **局所くびれ**　　$\boldsymbol{n}$ を法線とする分岐界面 $\varGamma$ を横切るとき不連続跳躍 $[\boldsymbol{v}]$ が生じるが，その際，速度こう配の差は

$$\varDelta\boldsymbol{L} = \boldsymbol{m} \otimes \boldsymbol{n} \tag{9.22}$$

であるとする。ここで，$\boldsymbol{m}$ は跳躍速度場 $[\boldsymbol{v}]$ に平行なベクトルである。これにより Stören らと同様な局所性を維持できる。そこで，これを式 (9.19) に代入し，速度場 $\varDelta\boldsymbol{v}$ は $\varGamma$ を超えるときのみ不連続かつ非ゼロであり，分岐前の応力場が一様であることを考慮すると，式 (9.12) よりつぎの分岐条件式 (9.23) を得る。

$$\min\,(I\,[\boldsymbol{m}, \boldsymbol{n}]) = \min\,[\boldsymbol{m}\cdot(\boldsymbol{n}\cdot\boldsymbol{A}^L\cdot\boldsymbol{n})\cdot\boldsymbol{m}] = \min\,[\boldsymbol{m}\cdot\boldsymbol{Q}\cdot\boldsymbol{m}] = \boldsymbol{0} \tag{9.23}$$

ここで，$\boldsymbol{Q} = \boldsymbol{n} \cdot \boldsymbol{A}^L \cdot \boldsymbol{n}$ は音響テンソルと呼ばれ，指定された応力状態のもとで分岐界面の法線ベクトル $\boldsymbol{n}$ のみの関数である。$\boldsymbol{Q}$ が対称テンソルであるときは，式 (9.23) は式 (9.24) と等価である。

$$\det |\boldsymbol{Q}| = 0 \tag{9.24}$$

Stören らの分岐条件は平面応力場でのこの条件である。$\boldsymbol{Q}$ が音響テンソルと呼ばれる所以は，このような不連続モードが平面波として伝播（ぱ）するときの波動方程式が

$$[\boldsymbol{Q} - \rho c^2 \boldsymbol{I}]\, \boldsymbol{m}(\boldsymbol{x} \cdot \boldsymbol{n} - ct) = 0 \tag{9.25}$$

で表されるので，波の速度 $c$ は $\boldsymbol{Q}$ の固有値を $\lambda$ として $c = \lambda / \sqrt{\rho}$ と与えられるからである。したがって，S-R の条件は不連続波としての局所変形モードの伝播速度が 0，すなわちなんらかのきっかけで発生した不連続変形はその場所に停留して成長することを意味し，不安定条件でもある。

**〔3〕 三次元局所くびれモード**[19)]　分岐前は平面応力で分岐モードを三次元で考える。すなわち局所分岐帯の方向を示すベクトル $\boldsymbol{n}$ は板面から傾くことが可能である。分岐帯内のひずみ速度は分岐ベクトル $\boldsymbol{m}$ の分岐界面に対する向きで決定されるので，**図 9.4** を参照してこれを

① SH モード：分岐界面内にあり，かつ板面に平行なベクトル

$$\boldsymbol{m}_{SH} = (-\sin\psi, \cos\psi, 0)$$

② SV モード：分岐界面内にあり，$\boldsymbol{m}_{SH}$ に垂直なベクトル

$$\boldsymbol{m}_{SV} = (\cos\psi\cos\phi, \sin\psi\cos\phi, -\sin\phi)$$

③ N モード：分岐界面に垂直なベクトル

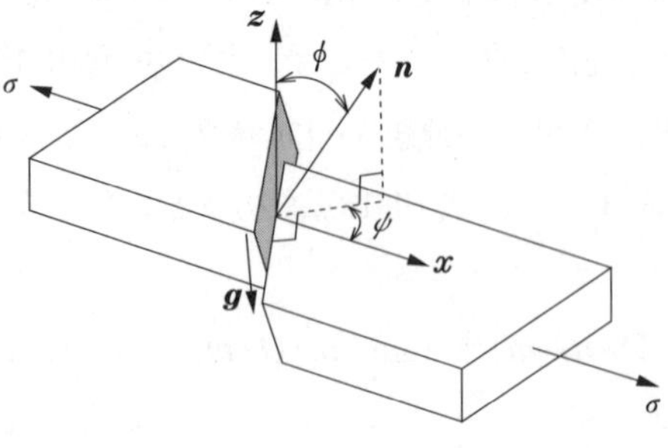


**図 9.4**　三次元局所分岐モデル

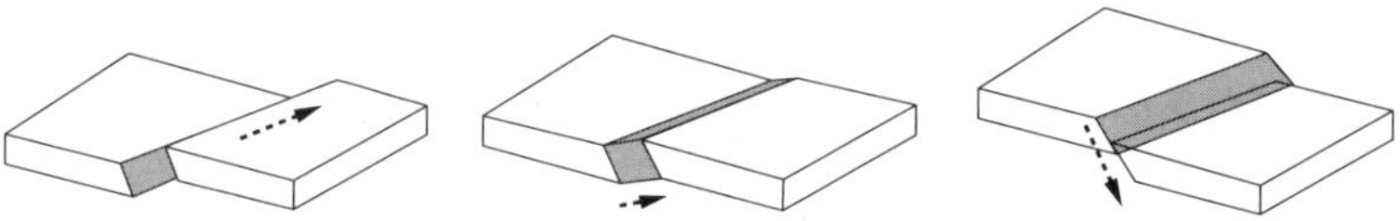


**図 9.5** さまざまな分岐モード

$$\boldsymbol{m}_N = (\cos\psi\sin\phi, \sin\psi\sin\phi, \cos\phi)$$

の三つの基準モードベクトルに分けて考える (**図 9.5**)。

三つのモードベクトル $\boldsymbol{m}_{SV}$，$\boldsymbol{m}_{SH}$，$\boldsymbol{m}_N$ はたがいに直交しているので，任意の分岐モードベクトル $\boldsymbol{m}$ はこれらの基準モードベクトルの重ね合せで一意に表せる。ただし，N モードは体積変化を伴うので通常の塑性体では起こりえないと考えてよい。

S-R 理論など平面応力下での局所分岐理論では，$\phi = \pi/2$ となり，すべてのモードベクトルは板平面内に存在すると同時に，局所性に関する運動学的拘束も板厚方向に関しては不問としているので，三次元モードよりも相対的に拘束がゆるく，分岐発生限界ひずみは三次元モードに先行する。Marciniak による FLD の模式図 9.1 と対比すると，等二軸張出し側の破断は SV モードに，単軸引張側の破断は SH モードに対応している。

**図 9.6** は筆者らの構成式[16]により SV モード，SH モードおよびこれらの混合モードとして最適化した場合の FLD であるが，単軸引張方向（$\varepsilon_2/\varepsilon_1 = 0.5$）を境に，ほぼそれに対応するようなモードの切替わりが認められる。これは図 9.2 のステージ D，すなわちせん断帯分岐発生限界ひずみに対応しているが，各ひずみ比に対して最も低い限界ひずみ値となるモード限界ひずみの包絡線をもってせん断帯発生限界ひずみとみることができ，これをもって最終破断とするならば，S-R 曲線からこの限界曲線までの差は，板厚くびれ発生後破断に至るまでの余裕ひずみを示しており，その程度がひずみ比によって異なることを示唆している。

通常，破断限界ひずみの測定では破断後の試料の破断近傍の面内ひずみを求

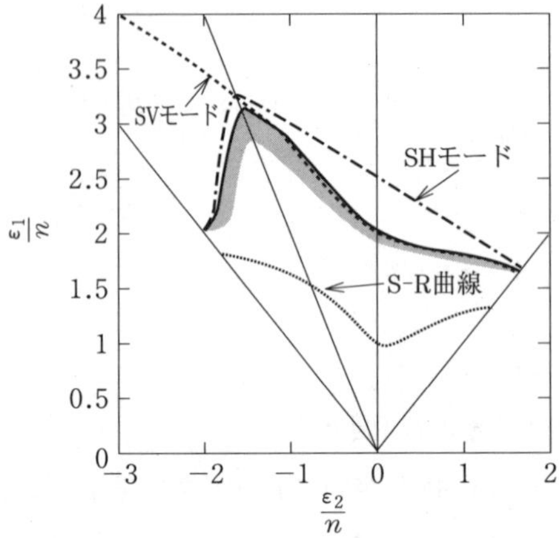


**図 9.6**　三次元局所分岐モデルによる FLD

めている。これを S-R モデルなどによる理論 FLD と対比するときには，局所くびれ発生後は，周囲の変形は完全に停止していることが前提となる。このことが理想的に成立するのはくびれ線が円筒絞りにおけるパンチ肩部破断の場合のように試料内部で閉曲線を形成するか，単軸引張試験の場合のようにその両端が自由辺に貫通している場合に限定される。

一般にはひずみ分布の不均一性などによる周囲の拘束があるため，くびれ部の変形の進行には周囲の変形もある程度伴う必要があると考えなければならない。特に平面ひずみでは，平面応力を前提とするすべての理論で限界ひずみは $n$ 値に等しい。これは破断限界ひずみの理論値に大きな影響を与える構成パラメータである応力増分方向依存性パラメータ（筆者らの構成式では $K_c$，後藤モデルでは尖り半頂角）の値いかんを問わない。

実際，$n$ 値がほぼ等しい異種の材料間で平面ひずみの破断限界ひずみが異なるような実験結果が多く得られている現実を考えると，板厚くびれ発生後せん断帯発生までのひずみ値がこれらの材料間で異なるためとも考えられるので，この問題は今後の重要な検討課題と思われる。

**図 9.7** は，縦軸に一様変形部のひずみを，横軸は分岐バンド内のひずみをとったひずみ平面で表した変形の局所化過程の模式図であり，B，C，D 点はそ

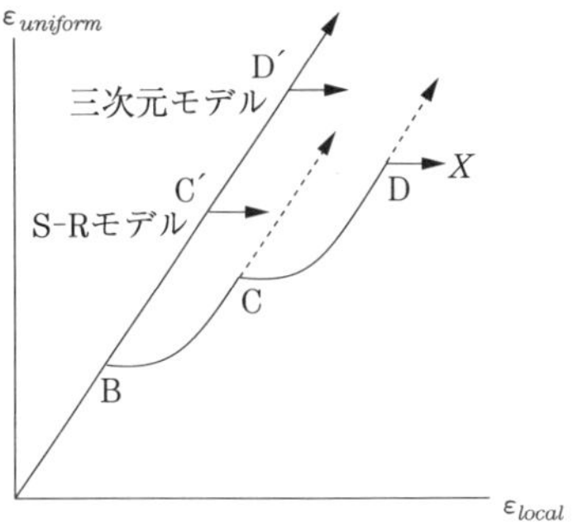


**図 9.7** 局所分岐の過程

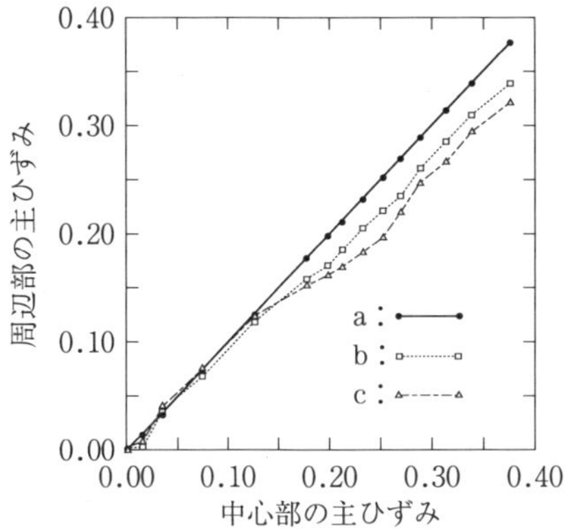


**図 9.8** 楕円バルジ試験における頂点付近のひずみの推移

れぞれ，拡散くびれ，板厚くびれ，せん断帯くびれへの分岐点である。これまで述べてきた分岐理論はその分岐モードが発生するまで一様変形を継続してきたとの前提で限界ひずみを評価しているので，図の傾き 1 の直線上の B′，C′，D′ 点に対応し，現実の分岐点より高いひずみ値となるはずである。

**図 9.8** は筆者らの研究室で試作をした楕円バルジ試験システムによる軟鋼板（SPCE）NI ついての測定結果である。a は頂点で，そこから 4 mm 間隔で b，c の順に短軸上に描かれたスクライブドサークル（scribed circle）から測定したひずみであり，図 9.7 の C 点に相当する分岐が観察されており，これを S-R 理論と対比してみると，その限界ひずみ値とほぼ一致していることが確認できる（**図 9.9**）。

これより，延性の大きい軟鋼板などでは S-R 理論が予測する局所分岐以後かなりのひずみの進展がみられることが明らかであり，その先の局所分岐，すなわちステージ D に対応するせん断帯くびれ発生点を予測することが重要な課題となることがわかる。

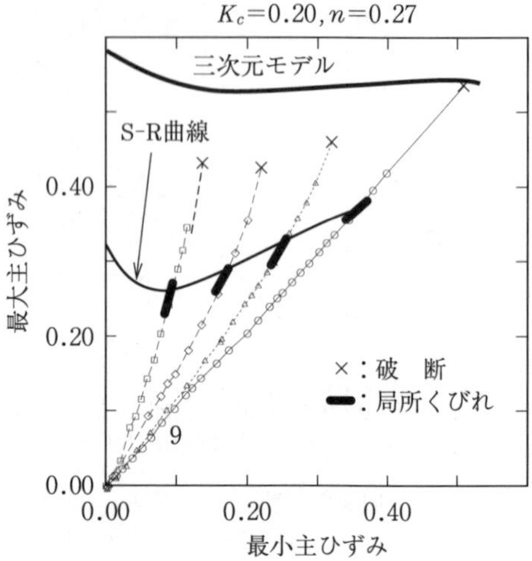


**図 9.9**　楕円バルジ試験による軟鋼板の FLD

### 9.1.4　ま　　と　　め

ここに紹介した理論を，板成形の破断限界予測に適用する際の留意点をまとめておこう。

① 理論の選択　　いずれの理論も破断そのものを直接予測するものではなく，その前ぶれとしての変形の局所化の発生点を予測するものであることを再度注意をしておこう。そのうえで，ここに紹介したなかで最も一般性のある理論は三次元理論であるが，モードの選択および複数の角度パラメータによる最適化が必要なために計算が煩雑である。S-R 理論は平面応力という前提のなかで最も一般性があり，計算もそれほど煩雑ではないので適切な選択と思われる。ただし，S-R 理論が予測する限界ひずみは実際の破断限界ひずみの下限値であり，延性の大きい材料では過十分な判断となる場合がある。

② 構成式および材料特性　　構成式は塑性ひずみ速度方向が応力速度方向に依存する関係式の採用が必須である。$J_2D$，Christffersen-Hutchinson，後藤，それに筆者らの構成式がその範ちゅうに入る。

局所くびれの発生可否は $h/\sigma$ の値でおおむね決定される。ここで，$h$ は瞬間硬化率，$\sigma$ は応力レベルを表す。したがって加工硬化曲線，とりわけ瞬間硬化率（接線剛性）の正確な評価が重要である。多くの場合，加工硬化曲線は $n$ 乗硬化則で表され，硬化率の大小は定性的に $n$ 値で評価している。しかしながら，$n$ 値と加工効果率の間の相関はひずみレベルによって異なってくることに注意をすべきである。

③　ひずみ経路依存性　　FLD は板面内の主ひずみ平面に描かれている。その際，主ひずみ平面の同一点あるいは同一方向であってもそれまでのひずみ経路が異なると破断の可否が異なり，結果として FLD はひずみ経路依存性を示すことになる。しかし，FEM による板成形シミュレーションから得られる成形過程の応力状態を用いて破断の可否を判断する場合には，ひずみ経路を特に意識する必要はなく，自然な形でその影響を反映した結果を得ることができる。

ここで，FLD のひずみ経路依存性について簡単にふれる。局所くびれの発生の可否はひずみ状態というよりはむしろ応力状態に律せられる現象であるにもかかわらず，これをひずみ平面で表しているがゆえに，経路依存性があるようにみえるというのが事の本質である。局所くびれは先に述べた $h/\sigma$ に加えて，応力比によってその発生は決定される。その際，ひずみおよびその経路は $h$ を通して影響を与えるだけである。簡単な例として**図 9.10** に示す二のひずみ経路を考える。経路 A は平面ひずみ引張方向

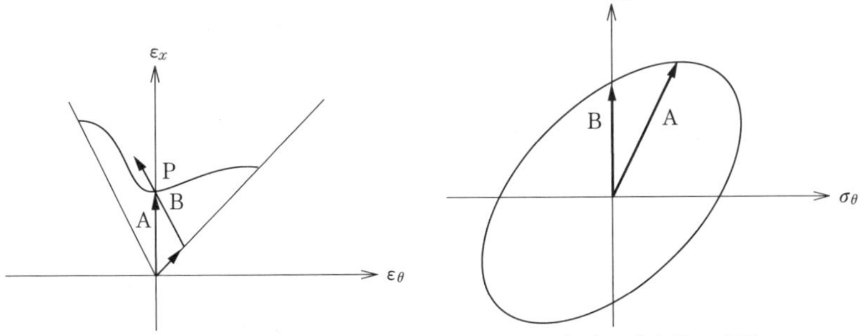


（a）　ひずみ経路の変更　　　（b）　応力比の変化

**図 9.10**　破断限界ひずみの経路依存

の比例負荷経路で，P点で破断する（曲線は比例負荷の場合のFLD）。一方，経路Bは等二軸引張経路から単軸引張方向に経路を変更してP点に到達したものとする。ひずみ平面上で同一点であってもそれぞれの応力状態は図に示すように異なっている。経路A上のP点は破断点であるが，単軸引張応力に対応する破断点は平面ひずみのそれより一般に大きいので，経路B上のP点はまだ破断点ではない可能性が高い（$h/\sigma$ が両経路でそれほど変わらなければ経路Bは確実に破断点ではない）。

以上のほかに，対象とする個々の成形問題において，これらの理論の前提が成り立つ状況にあるかどうかを見極めることが肝要である。特にここに紹介した理論のすべてが分岐前応力の一様性を前提にしているが，現実の板材成形ではほとんどの場合，このような理想状態にはないので，ひずみの不均一分布などによる拘束の破断限界ひずみに与える影響を適切に評価することが必要と思われる。この点に関してはFEMに期待したいが，関連する話題の展望が富田[20]によってなされている。

## 9.2　延性破壊条件による成形限界予測

### 9.2.1　は　じ　め　に

近年，材料の軽量化や高機能化などから，板材成形の分野でもこれまで成形の対象としてこなかったような材料，さらには積層複合材料などへの対応が迫られている。材料によっては，上記の理論解析では成形限界の予測が不可能，とまでは言えなくてもかなり困難な場合がある。

例えば，単軸引張試験の結果が**図9.11**のような3種類の材料を考える。材料Aは局部伸びも十分大きな材料で，かりに上記の理論解析に適した材料であるとする。それに対して材料Bは一様伸びは材料Aと同じであるが，局部伸びが非常に小さな材料，さらに，材料Cはまだ加工硬化中にくびれの発生なしに（よく観察すれば存在するのであろうが）いきなり破断するような材料である。材料Bの例はアルミニウム合金板などでよくみられるし，材料Cは

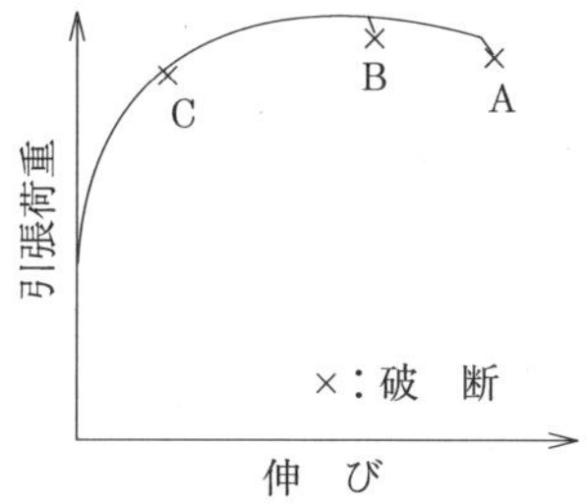


**図 9.11** 引張試験における延性の違い

延性のやや乏しい材料にみられる。これらの板材の成形限界はたがいに異なるのはいうまでもない。しかし，これらの材料の変形抵抗をつぎのような単純な式で近似すると

$$\sigma = K\varepsilon^n \tag{9.26}$$

となり，$K$ 値や $n$ 値はまったく同じ値になる。とりわけ加工硬化指数 $n$ 値は，上記の理論では大きな役割を果たしており，極論すれば，この変形抵抗式からは3種類の材料の成形限界は同じであるという予測がなされる。

もっともこれは，ひずみ全域について一つの式で近似しているからであって，もっと細かく分けるべきであるという議論はよくなされる。降伏条件式なども含めて，塑性構成式を改良し，各材料の特性を的確に表現することによって，あくまで上記理論を発展させた形でも解決されるかも知れない。

しかし，もう少しシンプルで，違った観点からのアプローチもあってもよいのではないか。局部くびれ発生の予測という観点にとらわれず，破断そのものの発生を予測すればよい。この観点に立って，本節では，**延性破壊条件式** (ductile fracture criterion) を有限要素シミュレーションに導入して，板材の成形限界を予測する方法について解説するとともに，いくつかの適用例を紹介する。

### 9.2.2 延性破壊条件式

延性破壊条件式を使って破壊の予測をすることは，冷間鍛造や押出しなどのバルク材の成形分野では従来から試みられており[21~24]，それ自体は特に目新しいものではない。また，延性破壊条件式も古くから数多く提案されている。そ

の多くは，変形中の材料の巨視的な応力・ひずみ状態に関して，破壊に達する条件を種々の仮説に基づき，簡単な式で記述したものである。

変形履歴を考慮できるものとそうでないもの，一般の三軸応力状態に適用できるものとそうでないものなどの優劣はあるが，また，100％完全な式などないのもいうまでもない。しかし，その簡便さゆえにこれらの条件式は大きな魅力をもっている。

種々の延性破壊条件式をバルク材の加工に適用して比較検討している例が，Clift ら[25)]，Wifi ら[26)] の論文にみられる。また，「塑性と加工」誌にも後藤の優れた解説記事[27)] が掲載されている。各種の延性破壊条件式の詳細についてはまずそれらを，さらにそれらの参考文献にあげられている原著論文を参照していただきたい。

さて，大矢根は，変形の進行に伴いボイドの発生により，材料の相対密度がある値まで低下したときに破壊するという基準から，条件式を式 (9.27) のように与えている[28)]。

$$\int_0^{\bar{\varepsilon}_f}\left(\frac{\sigma_m}{\bar{\sigma}}+a\right)d\bar{\varepsilon}=b \tag{9.27}$$

ここで，$\bar{\varepsilon}_f$ は破壊が生じた部分の相当ひずみ，$\sigma_m$ は静水圧応力，$\bar{\sigma}$ 相当応力，$\bar{\varepsilon}$ は相当ひずみ，$a$ および $b$ は材料定数である。

宅田らは，この大矢根の条件式を採用して，初めて延性破壊条件式と有限要素シミュレーションとの組合せによる板材の成形限界予測を行っている[29)~31)]。変形履歴を考慮できること（特に板材成形を扱ううえでは不可欠と思われる），有限要素シミュレーションに組み込むのに簡便であること，また，すでに冷間鍛造などに適用されて高い信頼性を得ていることなどが採用された理由である。

ほかにもこのような要件を満たす条件式はあるであろうが[32)]，ここでは大矢根の条件式に的を絞って記述を進めたい。

〔1〕 **FLD との関係**　FLD は，一般にはひずみ比 $\beta$ 一定の単純な変形経路で表されるが，それにもかかわらず，板材の成形限界予測によく用いられ

る。まず，このFLDと大矢根の条件式との関係を確かめておきたい。

**図9.12**は，2種類のアルミニウム合金板の二軸引張試験によって得られたFLDである[33]。白丸は破断部周辺のひずみ，黒丸は破断部そのもののひずみである。この図からわかることは二つある。一つは，等二軸引張り〔$\beta(=\varepsilon_2/\varepsilon_1)=1$〕に近づくにつれて白丸と黒丸で表されるひずみの差が小さくなる，すなわち，一様変形後のくびれの量が小さくなること。もう一つは，黒丸で表される破断部のひずみ，いわゆる極限変形能が直線的に分布していることである。これらは，古くから吉田ら[34]の種々の鋼板を使った実験でも指摘されている。

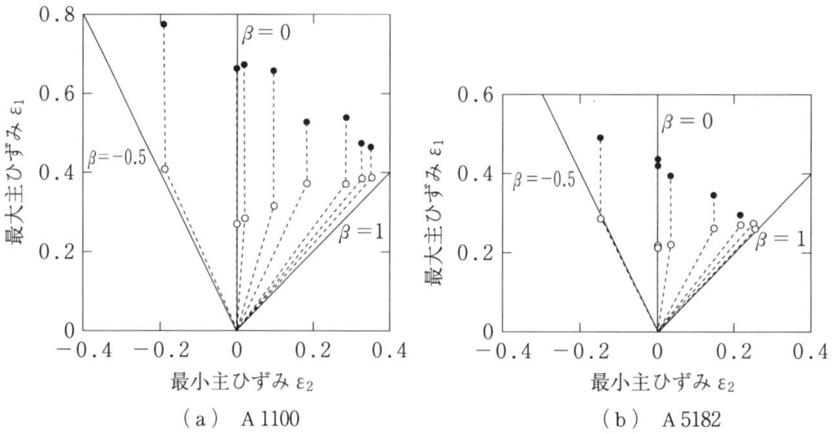


**図9.12**　アルミニウム合金板の二軸引張りにおける成形限界

Yamaguchiら[35]は，軟鋼板を用いた二軸引張試験における破断部の断面形状を，**図9.13**のように観察している。等二軸引張付近では明瞭なくびれを生じる以前に破断している様子がよくわかる。Yamaguchiらは，このことと大矢根の条件式とを以下のように関係づけている。

二軸引張試験中の静水圧応力と相当応力，および相当ひずみ増分と最大主ひずみ増分の関係は，von Misesの降伏条件式およびLevy-Misesの式を用いると，式(9.28)，(9.29)のように与えられる。

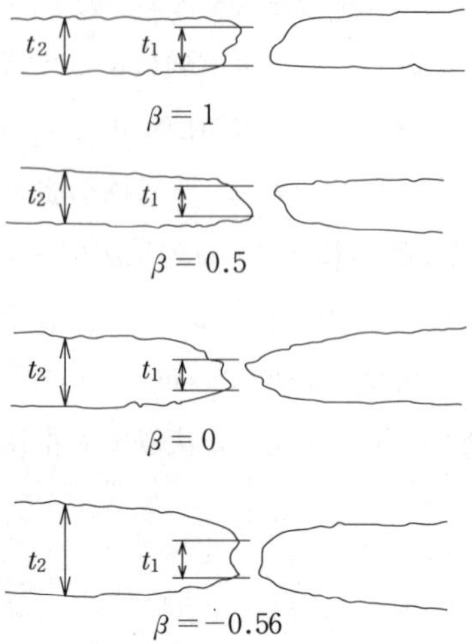


**図 9.13**　二軸引張試験における破断部の断面形状[35)]

$$\frac{\sigma_m}{\bar{\sigma}} = \frac{1 + \beta}{\sqrt{3\,(1 + \beta + \beta^2)}} \tag{9.28}$$

$$d\bar{\varepsilon} = \sqrt{\frac{4}{3}\,(1 + \beta + \beta^2)}\,d\varepsilon_1 \tag{9.29}$$

これを図示すると**図 9.14** のようになる。$\beta$ が増加して等二軸引張りに近くなるほど，静水圧応力および相当ひずみは相対的に大きくなり，延性破壊が生じやすくなると説明される。

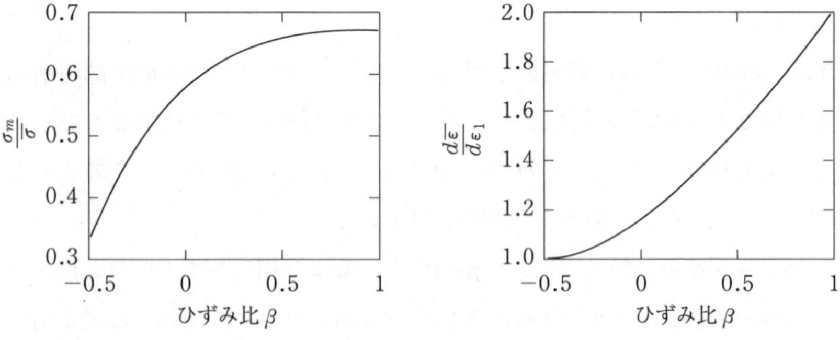


**図 9.14**　二軸引張りにおける静水圧応力，相当ひずみ増分とひずみ比の関係

さて，では大矢根の条件式からはどのようなFLDが得られるのだろうか。ひずみ比$\beta$が一定の場合，材料定数$a$，$b$と$\beta$を与えると，式(9.27)～(9.29)から簡単に破断ひずみが計算できる。適当な値を$a$，$b$に与えて算出したFLDを**図9.15**に示す。いずれも成形限界は直線的な分布となっている。また，それらの物理的な意味はさておくとしても，$a$，$b$の組合せによって種々の分布を表すことができることがわかる。図9.12の破断部のひずみは，必ずしも最後までひずみ比一定ではなく，平面ひずみ引張り（$\beta=0$）へと移行するので，厳密には図9.15の分布と比較できないものの，図9.12と図9.15より，板材の極限変形能が大矢根の条件式によって与えられることがわかる。

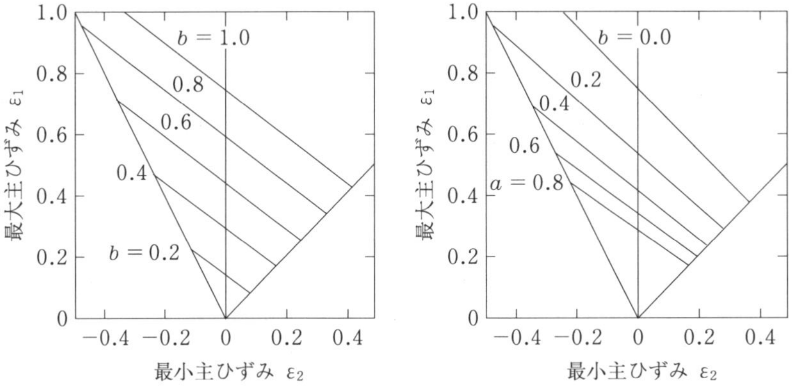


（a）$a=0.5$　　（b）$b=0.5$

**図9.15**　大矢根の条件式が与えるFLD

〔2〕　**材料定数の決定方法**　　つぎに，大矢根の条件式（9.27）中の材料定数の決定方法について言及したい。上記のように，種々のひずみ比で二軸引張試験を行い，測定された極限変形能の分布から$a$，$b$を決定するのも一つの方法であろう。しかし，そのような大きな労力をかけて測定していたのでは，この条件式がもつ簡便性が生きてこない。未知数が二つであるから，最低2種類の応力状態での破壊試験からでも決定できる。

単軸引張試験は，条件式とは関係なくても，変形抵抗そのほかの材料特性値を求めるために行うであろうから，あと1種類の破壊試験を行えばよいことになる。例えば平面ひずみ引張試験を行う。これならば特別な設備は必要なく，幅広の試験片を用いれば，単軸引張試験機で平面ひずみ引張試験が行える。

前記の式(9.28)，(9.29)は等方性材料に対するvon Misesの降伏条件式によって与えたが，板材成形では板厚異方性指数$r$値が問題となることが多い。異方性降伏条件式として例えばヒルの条件式[36)]を用い，板面内異方性はないものとすると，単軸引張りでは

$$\frac{\sigma_m}{\bar{\sigma}} = \frac{1}{3}\sqrt{\frac{2(2+r)}{3(1+r)}} \tag{9.30}$$

$$d\bar{\varepsilon} = \sqrt{\frac{2(2+r)}{3(1+r)}}\,d\varepsilon_1 \tag{9.31}$$

となり，平面ひずみ引張りでは

$$\frac{\sigma_m}{\bar{\sigma}} = \frac{1}{3}\sqrt{\frac{2(2+r)(1+2r)}{3(1+r)}} \tag{9.32}$$

$$d\bar{\varepsilon} = \sqrt{\frac{2(2+r)(1+r)}{3(1+2r)}}\,d\varepsilon_1 \tag{9.33}$$

のように与えられる。

したがって，両引張試験で測定された破断ひずみを用いて，式(9.27)，(9.30)～(9.33)から材料定数$a$，$b$が算出される。ただし，単軸引張試験では一様変形後は式(9.30)，(9.31)は成り立たないので，くびれの大きな材料に対してはやや誤差が大きくなることに注意する必要がある。

ここでは，単軸引張試験と平面ひずみ引張試験を用いる簡単な方法を紹介したが，2種類の試験を用いるにしても，成形限界予測の対象となる変形様式に近いところの試験を用いたほうが，予測精度は上がるであろうことは言うまでもない。そのことも含めて，材料定数の決定方法には利用者の工夫が必要である。

**〔3〕 有限要素シミュレーションとの組合せ**　さて，前述のように，大矢根の条件式も含めて延性破壊条件式では，延性破壊の発生条件が，変形中の材

料の巨視的な応力およびひずみによって与えられている。有限要素シミュレーションによって，成形中の板材の応力・ひずみ分布および履歴が計算されるので，延性破壊条件式とシミュレーションとを組み合わせることによって，破壊発生，すなわち成形限界の予測が可能となる。

ここで，式 (9.27) を変形して

$$I = \frac{1}{b}\int_0^{\bar{\varepsilon}}\left(\frac{\sigma_m}{\bar{\sigma}} + a\right)d\bar{\varepsilon} \tag{9.34}$$

のような積分値 $I$ を定義する。

有限要素シミュレーション中に求まる各変形ステップでの $\sigma_m$，$\bar{\sigma}$ および $d\bar{\varepsilon}$ から，各要素について積分値 $I$ が計算でき，変形に伴うその変化が追跡できる。積分値 $I$ が 1 に達した要素は，破壊の条件を満たしたことになる。

### 9.2.3 成形限界予測例

板材の成形限界予測への適用例のなかから，特に本方法の有効性が現れているものについて紹介する。

**図 9.16** はアルミニウム合金 A 2024-T 4 材の円筒深絞り試験での破断の一例である。この材料は比較的高い $n$ 値の割には延性の乏しい材料で，大きなブランク径の場合にはポンチ肩部で明瞭なくびれ発生なしに破断する。その予測もできているが，図は限界絞り比を少し超える程度のブランク径の場合に現れた，側壁部（ダイス肩部）での割れの例である。この破断部分ではくびれはおろか板厚減少さえなく，むしろ初期板厚に比べて増加している部分である。

**図 9.16** アルミニウム合金 A 2024-T 4 材の深絞り試験における割れの一例

くびれ発生の有無による判断では予測不可能である。

この場合の有限要素シミュレーション結果を**図 9.17** に示す。図（a）ではブランクの断面形状の変化の様子を示している。計算でもくびれの発生はなく，図（a）だけから予測すると最後まで絞りきれるという判定になる。一方，図

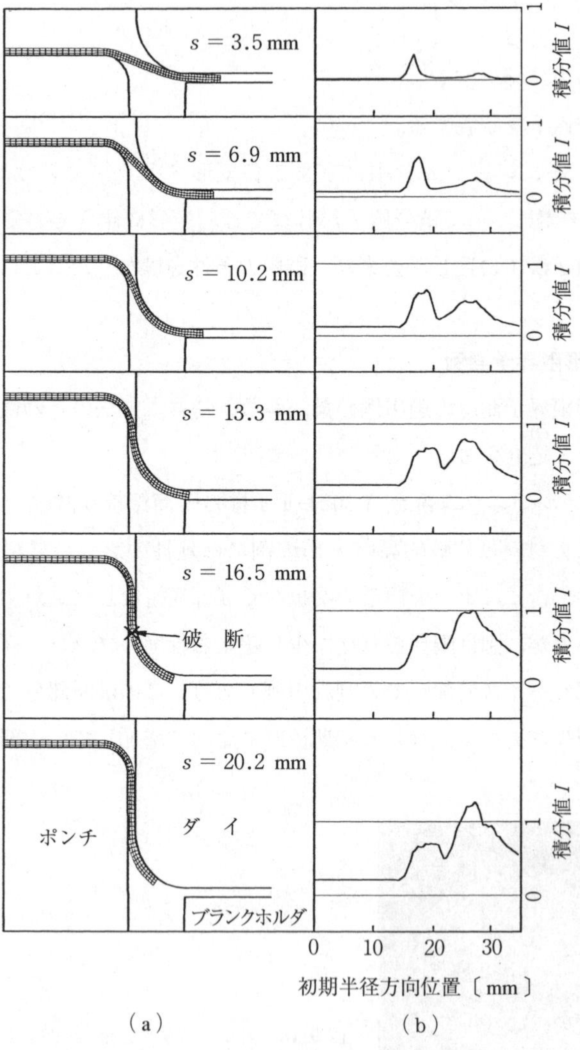


**図 9.17**　図 9.16 の場合の有限要素シミュレーション結果

（b）は式 (9.34) の積分値 $I$ の半径方向分布の推移を示す。深絞りの初期においてはポンチ肩部の積分値 $I$ は増加するものの 1 には達せず，ポンチ肩部の破壊には耐えた後，側壁部の $I$ が増加し，ついには側壁部で破壊に至る様子をよくとらえている。

延性破壊条件式を導入することによって，図 9.16 のような破壊の予測も可能となった[29)]。

**図 9.18** は積層複合板の深絞りでの破壊の例である。板厚方向に要素分割すれば，その層に応じた材料特性値を要素にもたせることができるので，有限要素シミュレーションと延性破壊条件式の組合せは，積層複合板の成形限界予測に適していると考えられる。図は，厚さ 1 mm のアルミニウム合金板の両側に厚さ 0.3 mm の軟鋼板（SPCC）を積層した 3 層板で，部分的にある層でのみ破壊した場合の例である。

（a）SPCC / A 5052 / SPCC
$d = 83$ mm

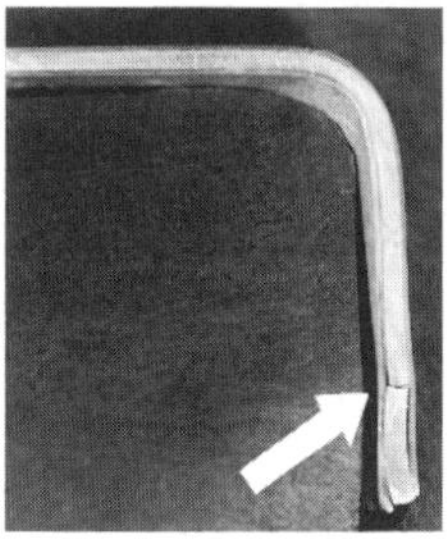

（b）APCC / A2024 / SPCC
$d = 74$ mm

**図 9.18** 軟鋼板（SPCC）とアルミニウム合金板との積層複合板の深絞り試験での破壊例

図（a）では外側（ダイス側）の SPCC 層のみ，ポンチ肩部で破断している。この場合の計算結果が**図 9.19** である。図中の（P），（D）はそれぞれポンチ側，ダイス側を示す。ダイス側の SPCC 層でのみ積分値 $I$ が 1 に達しているのがわかる。図（b）は，断面を切断して初めて発見できたものであるが，中心層のアルミニウム合金板のみ破壊している例であり，このような予測にも成功している[30)]。

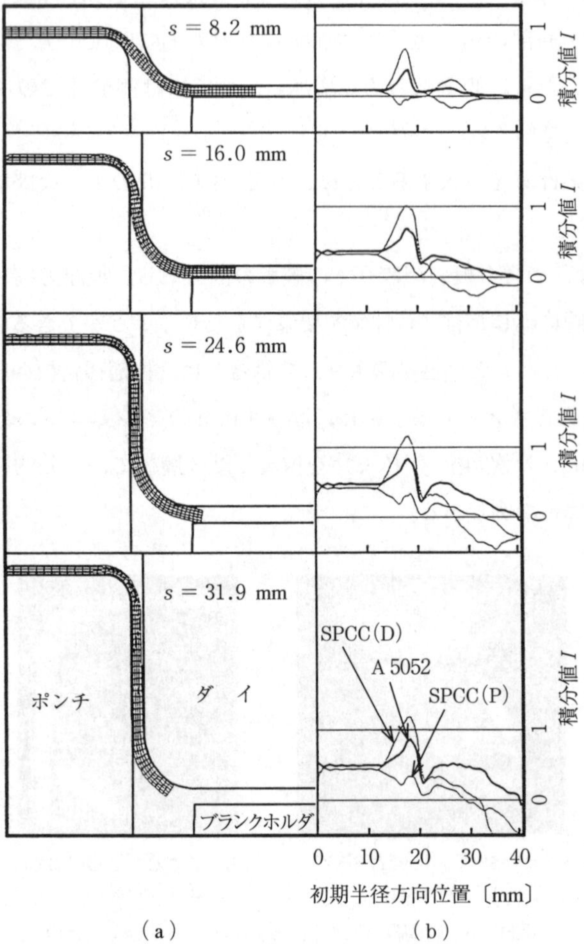


**図 9.19**　図 9.18(a)の場合の有限要素シミュレーション結果

つぎに，穴広げ加工に適用した例を示す[31]。**図 9.20** は，上記の深絞り試験と同様の平頭ポンチを用いた穴広げ試験で観察されたポンチ頭部でのき裂の発生である。材料は高張力鋼板である。円すいポンチを用いた場合をはじめ，多くの場合は穴縁からき裂が発生し，き裂の範囲も穴縁近傍に限られていた。また，計算結果もそのように予測している。

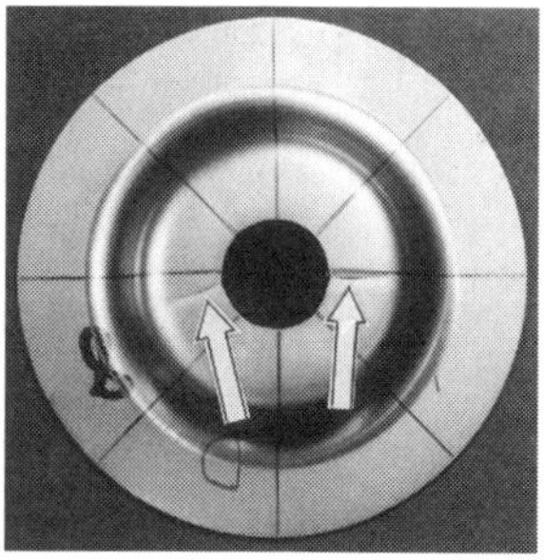

**図 9.20**　高張力鋼板の穴広げ試験で観察された割れの一例

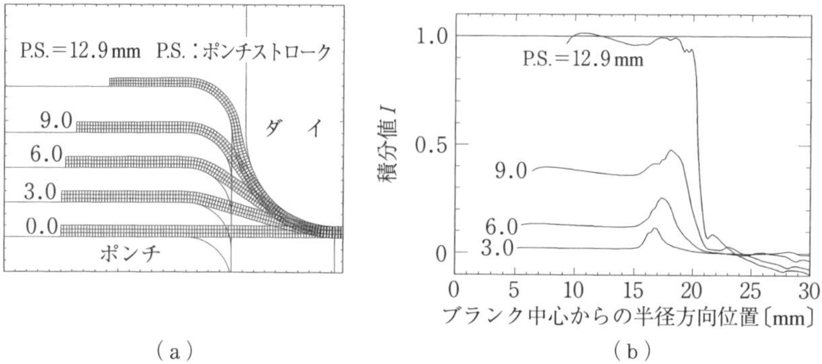


**図 9.21**　図 9.20 の場合の有限要素シミュレーション結果

それに対し，図 9.20 の場合はやや異なる様相を呈している。穴縁はつながったままの状態で，穴縁から少し離れたところにき裂が発生し，半径方向に長いき裂となる。図 9.20 に対応する計算結果が**図 9.21** である。積分値 $I$ は穴縁から少し離れた部分で最初に 1 に達するとともに，ポンチ頭部ではほぼ同等の値となっており，半径方向の比較的広い範囲でき裂が発生するであろうことが予測できる。上記の深絞りの場合と同様，計算は軸対称として行っているため，破壊発生の円周方向位置までは特定できていないが，穴広げ加工でもこのように興味深い結果が得られている。

以上，大矢根の条件式を適用した例について述べてきた。前述のようにほかにも多くの簡便な条件式が存在する。そのうち，大矢根の式と同じように，変形履歴を考慮でき，有限要素シミュレーションに組み込みやすい式としてつぎのようなものがあげられる。

Cockcroft-Latham の式[37)]

$$\int_0^{\bar{\varepsilon}_f} \sigma_{\max}\, d\bar{\varepsilon} = C_1 \tag{9.35}$$

Brozzo らの式[38)]

$$\int_0^{\bar{\varepsilon}_f} \frac{2}{3}\left(1 - \frac{\sigma_m}{\sigma_{\max}}\right)^{-1} d\bar{\varepsilon} = C_2 \tag{9.36}$$

Clift らの式[25)]

$$\int_0^{\bar{\varepsilon}_f} \bar{\sigma} d\bar{\varepsilon} = C_3 \tag{9.37}$$

ここで，$\sigma_{\max}$ は最大垂直応力，$C_1$～$C_3$ はそれぞれ材料定数である。

円筒深絞りでの成形限界予測にこれらが用いられ，Clift らの式以外からはよい予測結果が得られることが報告されている[32)]。これらの式を用いてせん断加工におけるき裂発生を予測する試みも行われている[39)]。

そのほか，やはりせん断加工において，Tvergaard[40)] による修正 Gurson 型降伏関数を用いた変形解析も行われるようになってきた[41)]。また，小森は，Thomason のモデル[42)] をもとにして，ボイドの合体を上界法から求めるといった，より物理的意味の明確な微視的モデルを提案している[43)]。このように，延性破壊条件による板材の成形限界予測は広がりをみせつつある。

### 9.2.4　お　わ　り　に

本節では，延性破壊条件式を板材成形の有限要素シミュレーションに導入して，成形限界を予測する方法について解説した。大矢根の条件式を中心に説明してきたが，最初に断ったように，これも含めて 100 %完全な延性破壊条件式などない。しかし，本節で紹介した予測例からもわかるように，その有効性，とりわけその簡便さは非常に魅力的なものである。

# 10. 板成形シミュレーションの実施例

板成形シミュレーションは，1 章で述べられているとおり精度や計算時間の面で改良の余地はあるものの，すでに自動車メーカーや金型メーカーで実用化されはじめて久しい。

解析技術が高度化するに従い，解析対象となる不具合は当初の割れ・くびれ・しわなどから，スプリングバックや面ひずみなどのより高度なものへと広がりつつある。そこで，本章では板成形シミュレーションの具体的な実施例について示すことにする。

10.1 節では実部品のプレス加工，10.2 節ではヘミング加工，10.3 節ではハイドロフォーミング成形を取り上げ，それぞれ弾塑性の静解析によるシミュレーション結果，およびそれを用いた不具合対策事例を示す。10.4 節では剛塑性 FEM を取り上げ，深絞り加工，管材の口絞り加工，管材のハイドロフォーミング，およびスプリングバック，残留応力の解析結果を紹介する。

なお，いくつかの図についてはカラー画像を添付の CD-ROM に掲載した。

## 10.1 実部品のプレス加工シミュレーション

### 10.1.1 実部品のプレス成形工程

プレス加工には大きく分類して**せん断（打抜き）**加工，**曲げ**加工，絞り加工がある。自動車部品などの複雑な形状を有する成形品を加工する場合には，これらの加工法を組み合わせ，さらにそれらをいくつかの工程に振り分けて複数の金型を設定することによって最終製品を得ることになる。**図 10.1** は自動車フロントフェンダ部品を加工するための工程の一部を示したものである。フロ

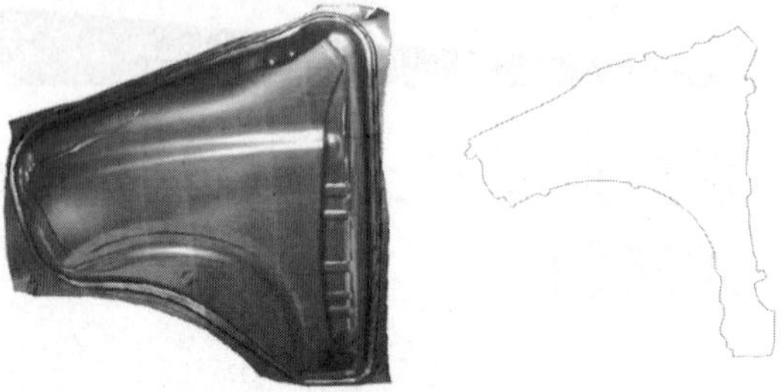

（a）ドロー（絞り）形状　　　　（b）トリムライン

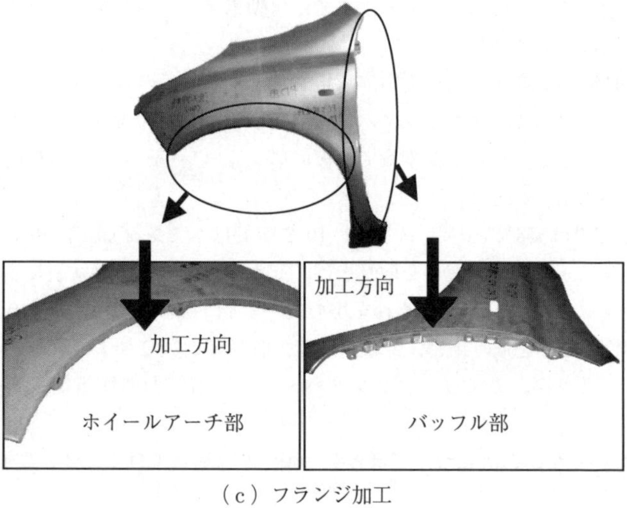


（c）フランジ加工

**図 10.1**　フロントフェンダ加工工程

ントフェンダ部品の場合，最終製品を得るまでの工程数は通常 4〜5 である。

**図 10.2** は図 10.1 で示した各成形過程のシミュレーション結果である。このシミュレーションの例においては，図（a）ドロー（絞り），図（b）トリム（不要部の切落とし），図（c）フランジ（接合部などの曲げ）の各 3 工程終了後にそれぞれスプリングバック計算を行い，製品の寸法精度の予測に役立てようという試みがなされている[1]。

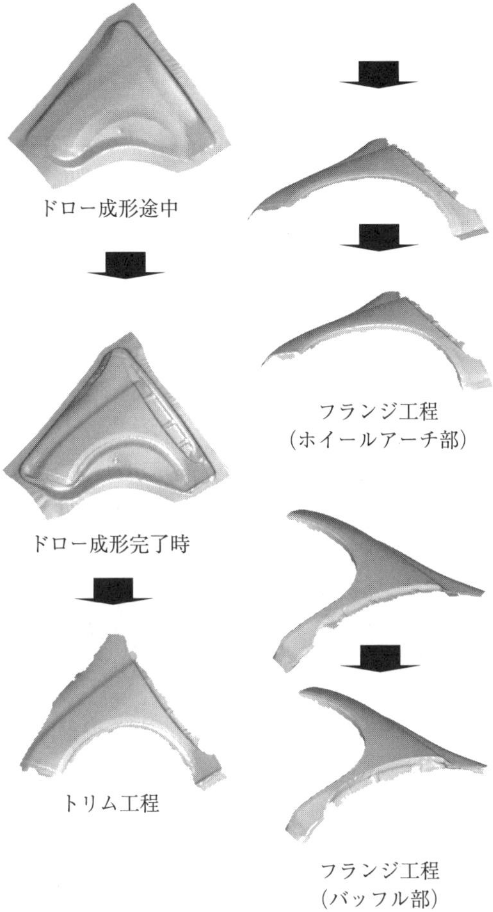


**図 10.2** フロントフェンダパネルのシミュレーション結果

### 10.1.2 割 れ 不 具 合

材料に割れやくびれが発生しないようなプレス加工を実現するために，おもに絞り工程における成形形状（**ダイフェース**形状や“**余肉**”と呼ばれる絞り成形特有の形状[2)]）や，製品そのものの形状を十分注意深く設定することが要求される。このため，割れやくびれの発生を，実際の金型製作を開始する前に予測して対策を立てるための補助として，シミュレーションが用いられることとなる。

**図10.3**は，ドアインナパネルの設計の際に，候補となる2通りの形状〔図(a)〕および〔図(b)〕に対する絞り工程のシミュレーションを静的陰解法FEMにより行い，求まった板厚減少率分布に基づいて割れ発生の危険性を検討した例である[3]。この例では製品形状にあたるポンチ肩部での割れ発生の危険性が問題となった。ポンチ肩 $R$ の小さい($R$ 6)形状〔図(a)〕では過度の板厚減少部位があり，割れの発生が予測されたが，ポンチ肩 $R$ を $R$12に変更したところ〔形状：図(b)〕，板厚減少が抑制され，割れ発生が防止できていることが確認された。

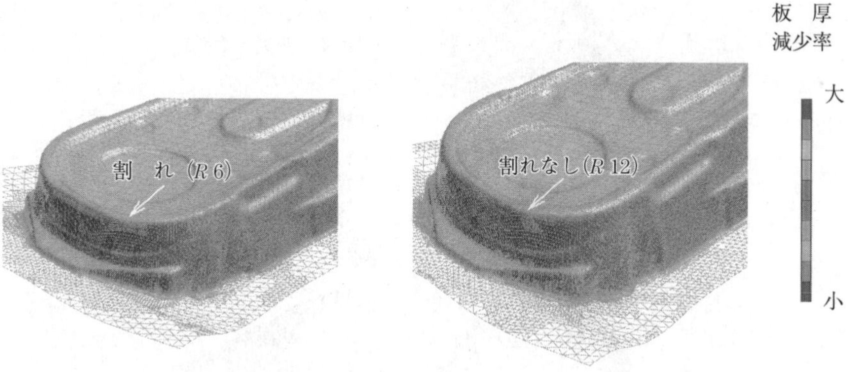


（a） ポンチ肩 $R$ 6　　（b） ポンチ肩 $R$ 12

**図10.3**　ドアインナパネルのシミュレーション結果[3]

### 10.1.3　しわ不具合

絞り工程において，割れと並んで重大な不具合となるのが，しわである。一般的には，割れやくびれを回避するために**しわ押え力（ブランクホールド力）**や絞りビードによる拘束力を弱めるとしわが発生しやすくなるという傾向があるため，成形性を検討する際にはしわ不具合を単独で評価するのではなく，割れ不具合の可能性と併せて総合的に検討する必要がある。

しわの発生原因は，板面内あるいは板厚方向の不均一な応力分布に起因する弾性的ならびに塑性的な座屈によるもの[4]とされており，実際の部品においては，それらの要因が複雑なポンチ形状・ダイフェース形状により複合的に誘起されている場合が多い。また，**面ひずみ**に近い小さなしわに関しては，成形形状が同じであっても絞りビードやしわ押え力などの成形条件のわずかな差が，不具合発生につながることもある。

したがって，このような複雑な発生要因の解析や，割れを含めた総合的判断をもとに最適な絞り形状，成形条件を決定するのは，机上では不可能に近く，従来，ベテラン設計者の経験と勘，およびトライアンドエラーに頼ってきた。

近年では，しわ不具合に対してもシミュレーションによる事前予測が普通に行われるようになってきており，金型の品質向上，納期短縮に寄与している。

**図 10.4** は自動車バックドアパネルのドロー成形のシミュレーションを静的陽解法 FEM により実施した例である[3]。成形形状の対称性を利用して 1/2 の領域のみ解析した。2 通りの金型形状案〔形状：図（a）および図（b）〕を用いて FEM 解析を行った結果，丸で示した領域にしわの発生が認められた。二つの案は，同一の製品形状に対し，異なるダイフェース，余肉[2] および素板形状を設定したものである。図（a），（b）双方の結果にしわの発生が認められるが，その度合いがより小さく，下死点到達までに消去されることが期待できる

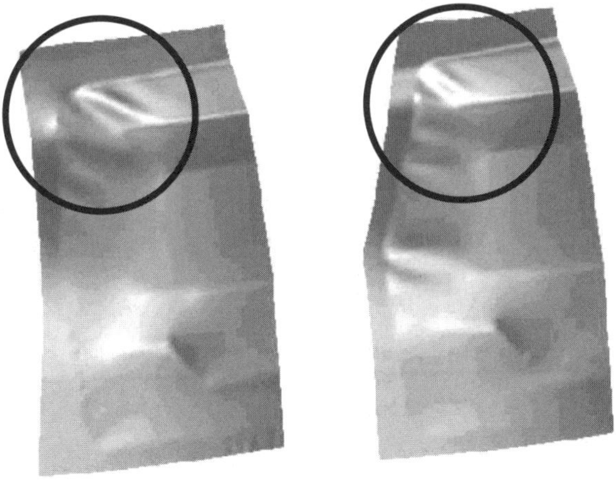

金型形状案（a）　　　金型形状案（b）

**図 10.4**　バックドアパネルのシミュレーション結果[3]

図（b）の形状を採用した。

### 10.1.4　スプリングバックに起因する不具合

スプリングバックに起因する不具合としては，曲げ部の角度変化，壁反り，ねじれ，稜（りょう）線反り（キャンバ）など，製品としての寸法精度不良に直接結び付くものに加え，ポンチ底での曲率不足，すなわち形状凍結不良により意匠性（見栄え）の不具合の原因となっているものがある。後者に分類されるもののなかには，10.1.3 項で取り上げたしわ不具合のうち，面外変形が数十〜100 μm程度のものとして“面ひずみ”と呼ばれるものも含まれるが，いずれもその発生原因は弾性回復によるものとされている[4)]。以下，角度変化および壁反りの解析例，およびポンチ底の形状凍結不良の解析例を示す。

〔1〕 **角度変化および壁反りの解析例[1)]**　**図 10.5** は軟鋼板を用いたハット曲げ成形と，その後のスプリングバックのシミュレーションを静的陽解法 FEM により実施した例である。工具形状および成形条件は NUMISHEET’93 のベンチマークテスト[5)]として設定されたものと同一とした。

スプリングバック過程の計算アルゴリズムとして，**節点力除去法**（7.2.1 項参照）を用いた。図（a）に工具形状を，図（b）に解析結果をそれぞれ示す。解析は，形状の対称性を利用して 1/4 モデルで行った。また，図（c）には同テストで設定されたスプリングバック量 $\theta$ の定義が示してあり，これに基づいて実験結果と比較したところ，実験結果の平均値（参加者数 11）が $\theta = 83.9°$ だったのに対し，解析結果は $\theta = 83.2°$ となっている。

〔2〕 **ポンチ底の形状凍結不良の解析例[1)]**　10.1.1 項で示した自動車フロントフェンダパネルのドロー成形後のスプリングバックのシミュレーションを，静的陽解法 FEM を用いて行った。〔1〕の例と同様に，節点力除去法を用いた。フロントフェンダのような外表面に用いられるプレス部品は，その大部分が意匠面であるため，デザイナーの意図どおりの見栄えが得られるかどうかが厳しく問われることになる。

隣接部品との接合面（フランジ部など）の寸法精度が十分得られたとしても

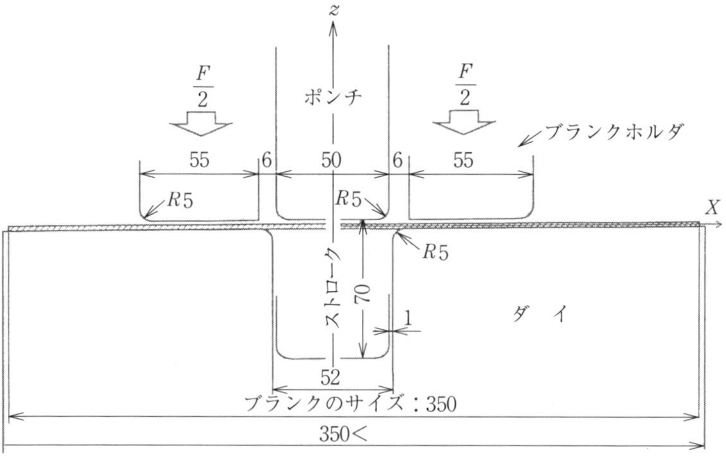


（a）工具形状

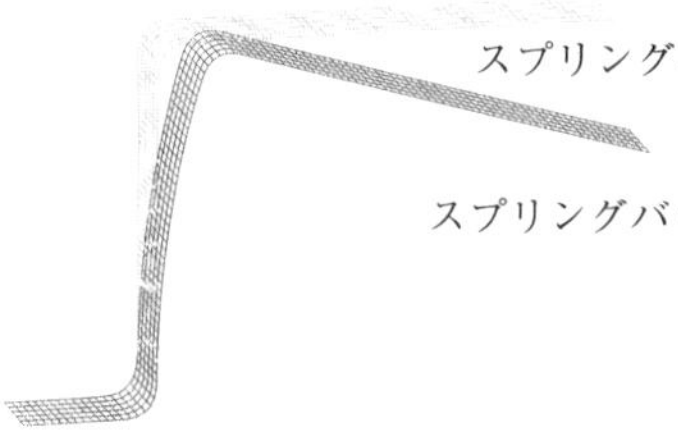


（b）シミュレーション結果

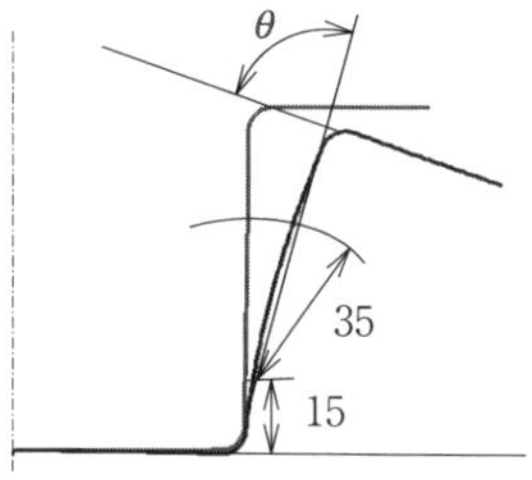


（c）スプリングバック量の定義

**図 10.5** ハット曲げ成形のスプリングバック解析

（すなわち後工程である組付け工程からの要求精度は満たしたとしても），ポンチ底の形状が必ずしも意匠形状どおりにならないことがある。その場合には，ポンチ底でのスプリングバック分（金型形状からの乖離（かい）分）をあらかじめ見込んだ金型形状，すなわち意図的に意匠とは異なるポンチ形状にするといった対策が必要となることも少なくない（**図 10.6**）。

したがって，その見込み量を事前にシミュレーションを活用して精度よく見積もることが求められている。ポンチ底でのスプリングバック量は通常数 mm レベルであるため，悪くとも 1 mm 未満のオーダーの誤差で予測できる精度の高いシミュレーションが必要となる。

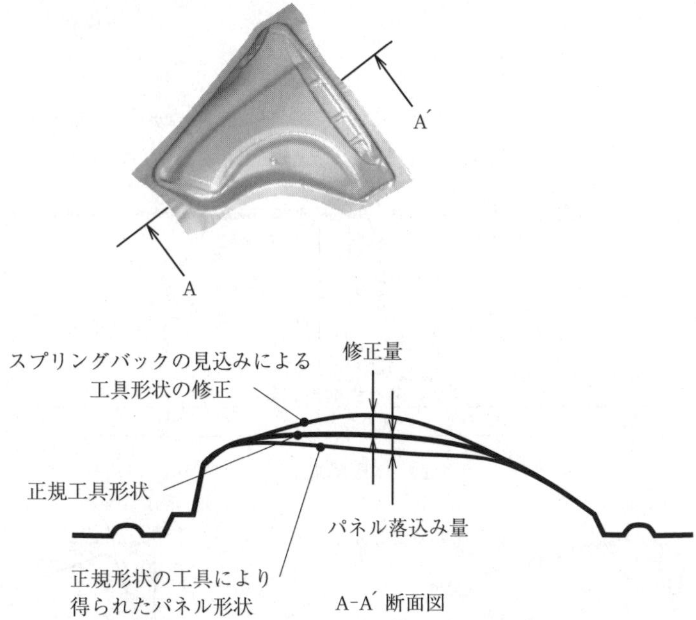


**図 10.6**　ポンチ形状の見込みによる形状凍結性対策

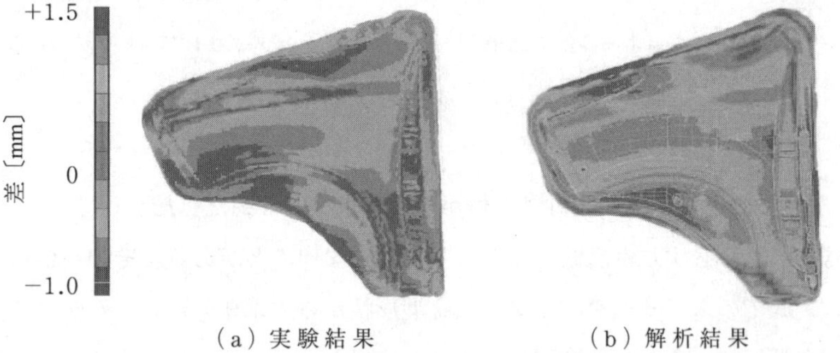


**図 10.7**　ドロー工程スプリングバック後の形状誤差分布の比較

**図 10.7** は，スプリングバック後の形状と正規の形状（金型形状）との差異の分布を等高線（カラーコンタ）図として表示し，実験結果（実パネル形状測定結果）と比較したものである（負の値はスプリングバックによる車両内側への変位，正の値は車両外側を示す）。

この結果では，実験との形状誤差が最大でも ±1 mm 以内に収まっており，十分実用的な精度での予測が可能であることを示している。

## 10.2　ヘミング加工シミュレーション[6)]

ヘミング加工は，おもに製品の外板蓋部品（自動車のドアなど）に対して，その端部を折りたたむ加工のことであり，防錆性能の向上，バリ処理による安全性確保，および外観品質の向上などがその目的である。自動車部品におけるヘミング加工の事例，およびヘミング加工における代表的な不具合である，**“だれ”**，**“しゃくれ”** の例を**図 10.8** に示す。

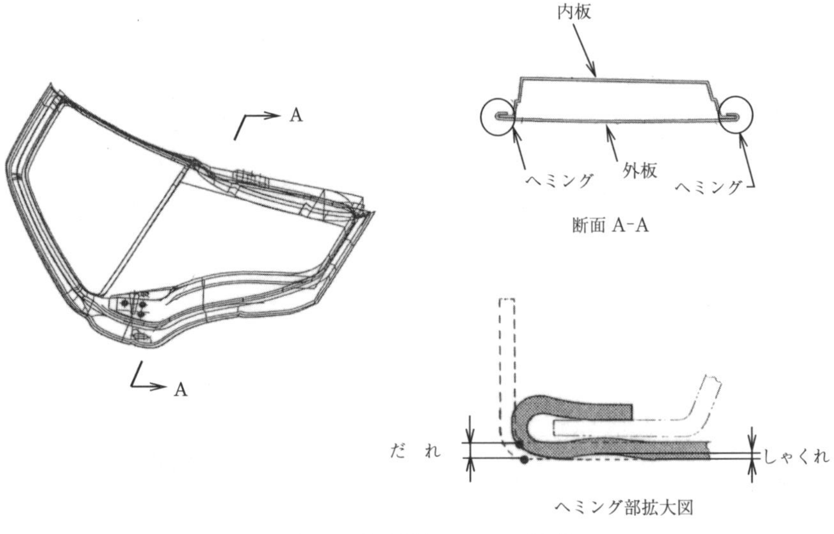


**図 10.8**　ドア部品のヘミング例[6)]

一般的なヘミング加工方法は，**フランジ曲げ**を施された部品端部に対して予備曲げ加工としての**プリヘム工程**，そして最終形状まで曲げるクリンチ工程の 2 工程で行われる。**図 10.9** にプリヘム工程のシミュレーションおよび実験結果を示す。また，**図 10.10** には**クリンチ工程**のシミュレーションおよび実験結果を示す。

解析結果：$\mu = 0.2$　　　　実験結果

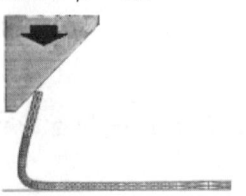

（a）ポンチストローク　2.0 mm

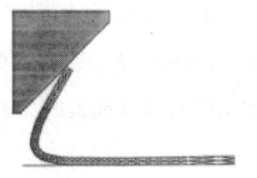

（b）ポンチストローク　4.0 mm

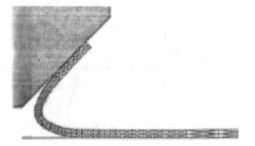

（c）ポンチストローク　7.0 mm

**図 10.9**　プリヘム工程の解析および実験結果[6)]

解析結果：$\mu = 0.2$　　　　実験結果

（a）ポンチストローク　3.0 mm

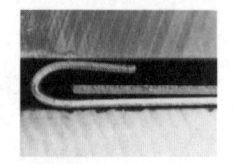

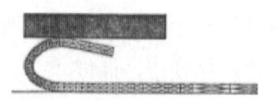

（b）ポンチストローク　4.0 mm

**図 10.10**　クリンチ工程の解析および実験結果[6)]

（c）ポンチストローク　5.0 mm

**図 10.10**　（つづき）

シミュレーションでは平面ひずみ問題を仮定して，二次元 FEM を用いている。この例では，ヘミング工程のシミュレーションに先立って，平板の状態からのフランジ成形シミュレーションも行っている。

この解析事例では，工具と板との摩擦力の大きさが“だれ”不具合に大きく影響することが示された。

**図 10.11** は異なる摩擦係数を用いた場合の，プリヘム工程離型後の解析結果（スプリングバック解析を含む）である。このように，実物の金型では容易には観察できない成形過程の材料挙動を，シミュレーションを用いて解明すると

（a）ポンチストローク　6.0 mm

（b）ポンチストローク　7.0 mm

$\mu = 0.0$　　$\mu = 0.2$　　$\mu = 0.4$

（c）スプリングバック

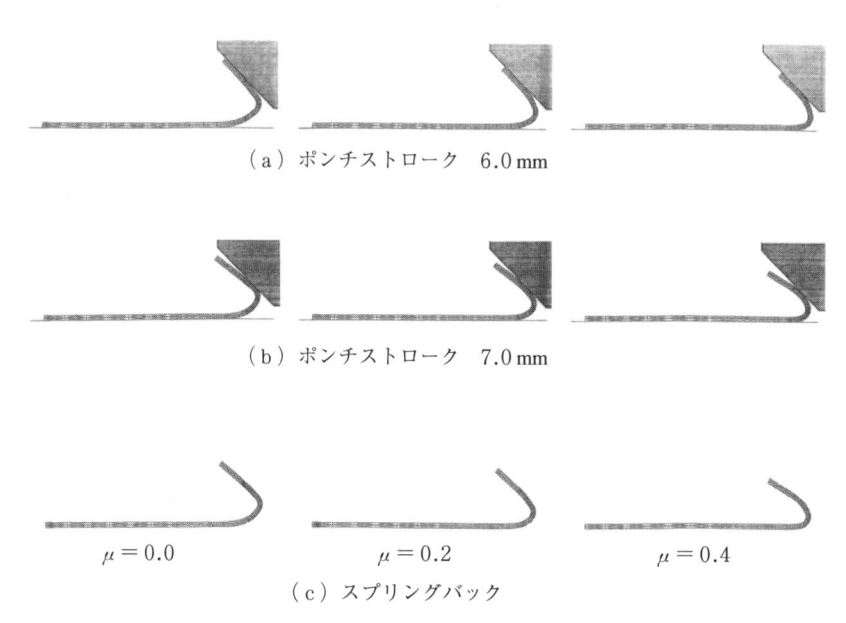

**図 10.11**　摩擦係数の違いによるだれ現象の差異

いった使い道も可能である。

## 10.3　ハイドロフォーミング成形

近年，車体の軽量化および高強度化を同時に満たすことのできる加工技術として**チューブハイドロフォーミング**（tube hydroforming）が大きな注目を集め，自動車部品への適用も始まっている。この加工技術は，管内部からの液圧と同時に管端部から軸方向への押込みを作用させるため成形の自由度が高く，従来では実現できないような複雑な形状の成形も可能となる。しかしその反面，液圧と軸押込みのバランス（**負荷経路**）をはじめとする成形条件の決定が難しいという問題がある。このため，数値シミュレーションを用いた成形性の事前予測は非常に有効な手段となり，チューブハイドロフォーミングへの活用が大いに期待されている。

### ハイドロフォーミングシミュレーション

チューブハイドロフォーミングの解析として自動車用サスペンション部品[7)]への適用事例[8),9)]を概説する。本部品はプレス加工による**プリベンド工程**，ハイドロフォーミング用金型内での**型締め工程**，そして**ハイドロフォーミング工程**の3工程を経て成形される。ハイドロフォーミング工程では，液圧150 MPa，軸押し量200 mmまで負荷され，最終的に最大43％まで**拡管**される。

解析では素管の状態からプリベンド工程 → 型締め工程 → ハイドロフォーミング工程と，前工程の解析結果を次工程解析の初期データとする連続シミュレーションを行っている。本部品は**溶接鋼管**を用いているため，解析上でも母材部と溶接部の材料特性を個別に与えることで溶接部の影響を考慮している。

解析には，静的陽解法FEMによる解析プログラム[10)]を用いた。液圧は表面力として取り扱い，7.3節に示す定式を用いている。負荷経路は $r_{\min}$ 法を用いて制御することにより，実成形における負荷経路を精度よく再現している。また要素には**4節点縮退シェル要素**を用いた。

〔1〕 **予備成形工程解析結果** **図 10.12**（a）にプリベンド工程の解析結果を示す。色の分布は肉厚ひずみを表しており，赤くなるほど厚く，青くなるほど薄くなっていることを示す（添付 CD-ROM のカラー図を参照）。解析結果より曲げ部の内側に増肉が，また曲げ部の外側に減肉が発生している様子がわかる。

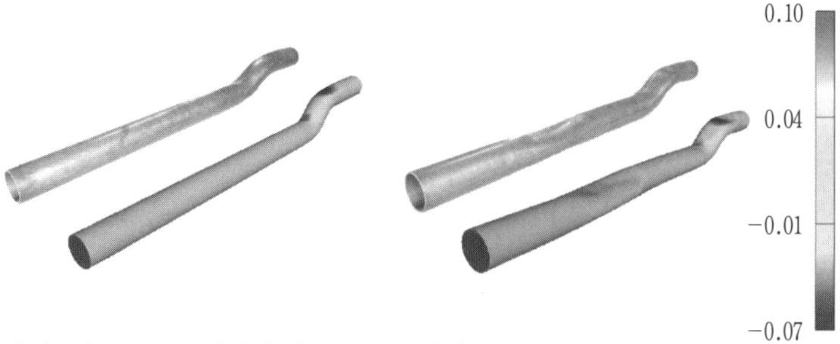


（a）プリベンド工程解析結果　（b）型締め工程解析結果

**図 10.12** プラットフォーム部品の解析と肉厚ひずみ分布（プリベンド工程—型締め工程）

図（b）に型締め工程の解析結果を示す。プリベンド工程の解析結果（スプリングバックも含む）を型締め工程解析における初期データとして用いている。管の中ほどおよび曲げ部付近でつぶされている様子がよく再現されている。最大の増肉や減肉が発生している部位およびその大きさはプリベンド工程の結果から変わっていない。これより，型締め工程ではプリベンド工程に比べて大きなひずみは発生しないことがわかる。

〔2〕 **ハイドロフォーミング工程解析結果** **図 10.13** に各圧力の段階における変形形状を示す。40 MPa 付近から拡管が始まるが，70 MPa 付近の段階ではすでに最終形状にかなり近づいていることがわかる。このとき曲げ部内側付近に大きな減肉が発生しているが，これは 40 MPa という拡管初期の段階から発生しつつある現象である。この部位にこのような大きな減肉が発生するのは，この部分が管端部から離れた位置にあるため，**軸押し**による材料流動の影響が受けづらくなっているためである。

**図 10.14** に最終成形品形状を示す。図（a）に最終成形品の表側の様子を示

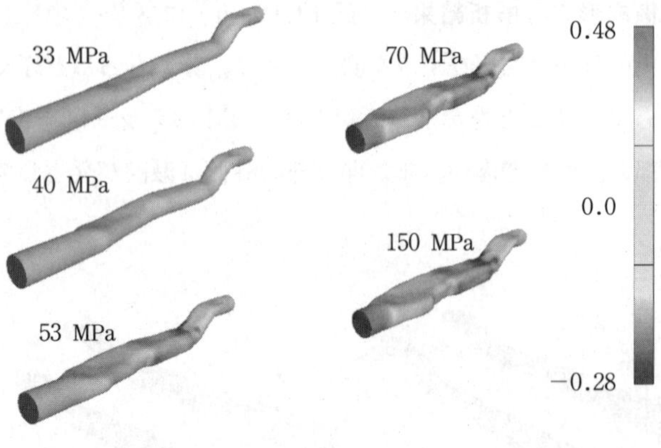


**図 10.13**　プラットフォーム部品の解析結果と肉厚ひずみ分布（ハイドロフォーム工程）

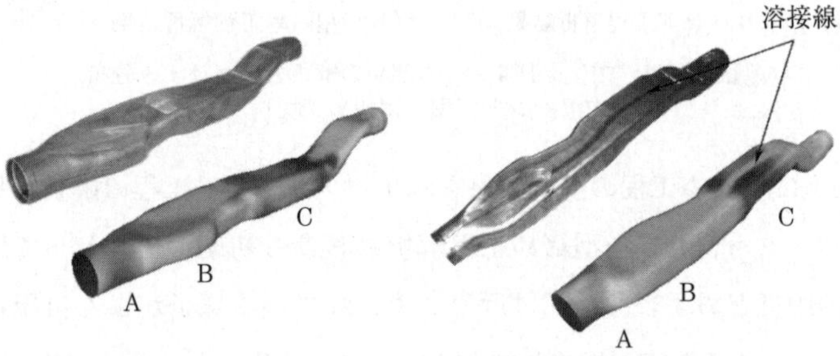


（a）　表側の様子　　　（b）　裏側の様子

**図 10.14**　解析結果と実験結果（図 10.12～10.14 の実験結果および解析で用いた成形データは（株）ヨロズよりご提供いただいた）

す。図中 C 部付近の大きな減肉とは逆に A 部（管端部付近）に大きな増肉の発生が見られる。これは管端部からの軸押込みの影響がこの部位に集中しているためである。また管端部に比較的近い B 部は，この部材における最大拡管部であるにもかかわらず大きな減肉は発生していない。これはこの部位が管端部に近いため，軸押しによる材料流動の影響を大きく受けているためである。

以上の結果より，部材全体の肉厚ひずみの分布をできるだけ小さくするには，管端部からの軸押しによる材料流動をどれだけ部材全体に行き渡すことができるかがポイントとなることがこの解析結果よりわかる。

図（b）に最終成形品の裏側の様子を示す。溶接部の材料特性を導入した部分では，肉厚ひずみがほとんど発生していない。これより溶接部は成形品全体のひずみ分布に大きな影響を与えることがわかる。したがって，溶接管を用いたチューブハイドロフォーミング成形の解析では，精度のよい解析を行ううえで溶接部を考慮することは非常に重要であるといえる。

## 10.4 剛塑性 FEM によるシミュレーション例

### 10.4.1 深 絞 り 加 工

板成形では板厚が局部に減少するくびれが発生すると破断するため，くびれの発生を予測するのは重要である。軸対称深絞り加工において，5.3 節で示した有限変形理論と微小変形理論による計算結果の比較[11]を**図 10.15** に示す。

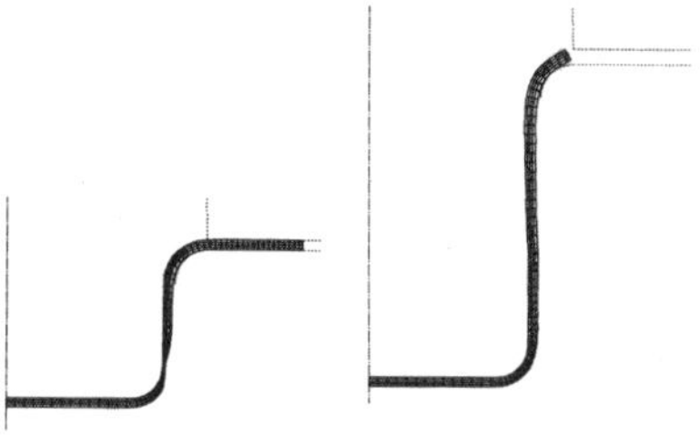

（a）有限変形理論　（b）微小変形理論

**図 10.15** 軸対称深絞り加工における有限変形理論と微小変形理論による計算結果の比較

くびれの集中を正確にシミュレーションするためにソリッド要素が用いられている。実験ではくびれが発生する限界絞り比付近での結果であるが，有限変形理論ではくびれが生じ，微小変形理論ではくびれが生じなかった。このようにくびれが生じるような問題では，有限変形理論と微小変形理論による結果は異なったものとなる場合がある。しかしながら，板成形においてもくびれが生じないような条件では両者の結果はほとんど同じになる。

ステンレス鋼板の成形では，常温においても変態が起こり，変態の程度によってくびれの発生時期が影響される。**図 10.16** はステンレス鋼の温間深絞り加工において，組織変化を考慮したシミュレーションを行い，くびれの発生時期を予測したものである[12]。変態の程度は温度によって影響されるため，温度解析も有限要素法を用いて行っている。工具の温度を変化させると，オーステナイト組織からマルテンサイト組織への変態量が変わってくびれの発生時期だけでなく，発生場所も変化する。

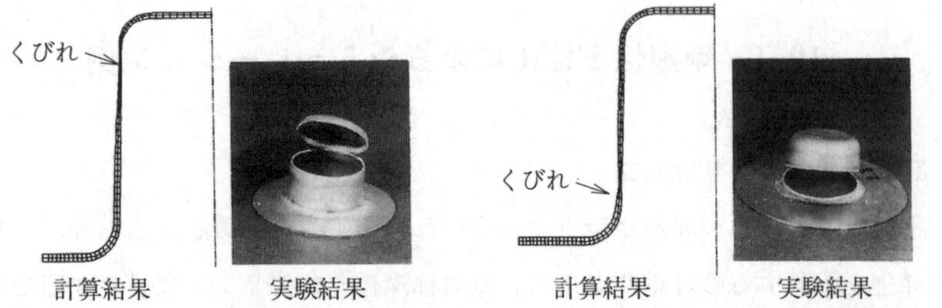


（a） 工具温度 100℃　　（b） 工具温度 200℃

**図 10.16**　マルテンサイト変態を考慮したステンレス鋼板の温間深絞り加工のシミュレーション（品川一成，武岡　努，森謙一郎，小坂田宏造：加工誘起変態を考慮した SUS 304 ステンレス鋼板の温間深絞り加工の有限要素シミュレーション，塑性と加工，**34**，390，pp 794〜799 (1993) の図 7 より転載）

### 10.4.2　管材の口絞り加工

管材の口絞り曲げ加工では，**図 10.17** に示すような管先端部がまくれ込むカーリング変形が発生する場合がある[13]。ここで，$s$ はポンチのストロークである。カーリング変形は形状不良になるだけでなく，引張応力も作用して割れ発生の原因になる。

### 10.4.3　管材のハイドロフォーミング

自動車部品の軽量化において，管材のハイドロフォーミングが注目されている。軸対称ハイドロフォーミングにおける断面の変形形状を**図 10.18** に示す。ハイドロフォーミングでは，内圧によって管材を張り出すが，その際の肉厚減

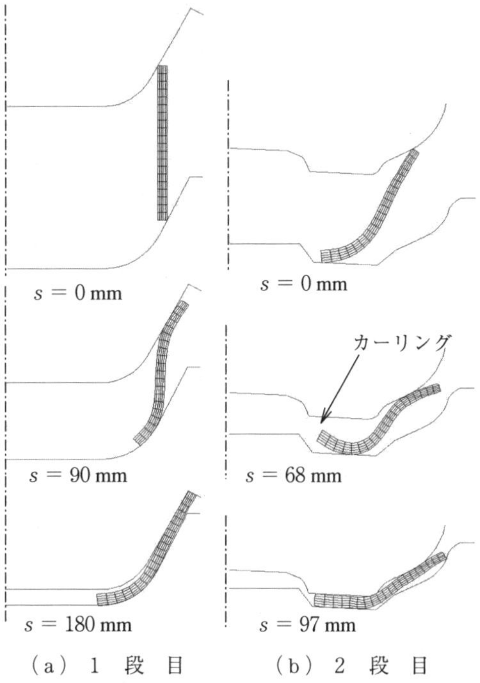


**図 10.17** 管材の口絞り加工におけるカーリング変形(海老原治，森謙一郎，好井健司，高橋 大，阿部正裕：揺動成形を用いたトラック・バス用大型ホイールディスクにおける成形条件の決定と円環肉厚分布の最適化，塑性と加工，**42,** 483，pp.348〜352 (2001) の図 3 より転載)

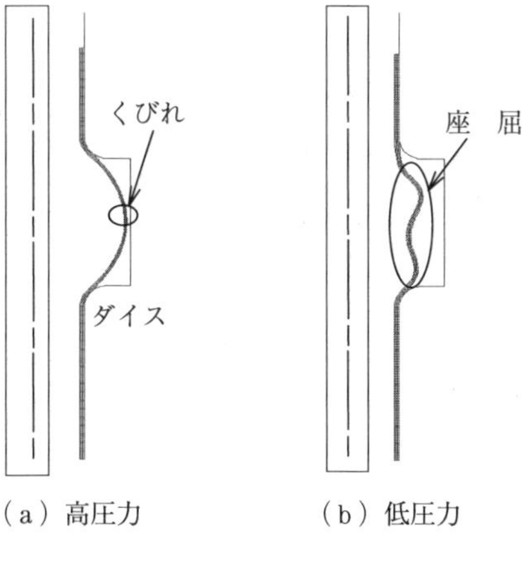


**図 10.18** 管材の軸対称ハイドロフォーミングのシミュレーション

少を防止するために，管材を軸方向に圧縮している。内圧が高すぎると破断するし，反対に軸力が大きすぎると材料が供給されすぎて座屈を生じる。内圧と軸力を適切に制御することは容易ではなく，シミュレーションによって最適な条件の決定が行われている。

### 10.4.4 スプリングバックおよび残留応力の近似解析

曲げ加工では，弾性回復によるスプリングバックは大きく，成形された板材の形状を予測するためにはスプリングバックを考慮する必要がある。また，成形された板材の残留応力分布も重要な情報である。剛塑性 FEM では，素材を剛塑性材料とするため，除荷による弾性回復を計算できない。しかしながら，**図 10.19** に示すような近似解法を用いることによって弾性回復を考慮することができる。

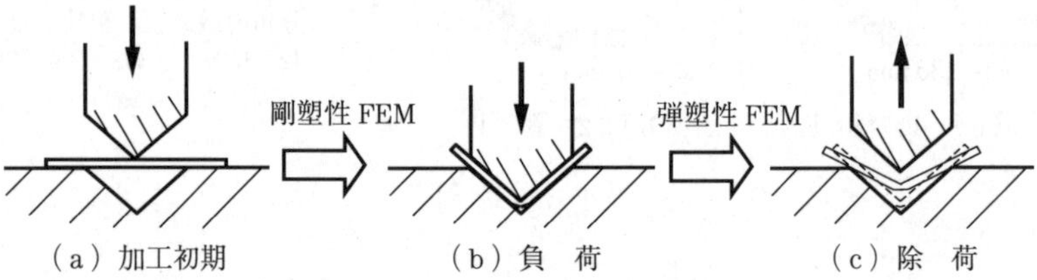


**図 10.19**　剛塑性 FEM と弾塑性 FEM を組み合わせたスプリングバックの解析

負荷時の変形を剛塑性 FEM で計算し，負荷時の最終の応力分布を用いて除荷時の変形を弾塑性 FEM によって計算する[14]。長い計算時間を必要とする負荷時に剛塑性 FEM を，短い時間である除荷時に弾塑性 FEM をそれぞれ用いており，比較的で短い時間で計算できる方法である。

近似解析法では，金型による曲げ加工のように除荷が一度に生じるような場合は取扱いが容易であるが，ロール曲げ加工のように部分的に除荷が起こる場合は考慮が必要である。

# 11. 弾塑性 FEM のプログラミング

本章では二次元平面問題に対応した弾塑性 FEM プログラム[1),2)]の概要を述べる。本プログラムの特徴を以下に示す。

有 限 要 素：4 節点アイソパラメトリック要素[3)]

要 素 積 分：完全積分および選択低減積分（Hughes の $\bar{B}$ 法[4)]）

弾塑性構成則：等方弾性，ヒルの二次異方性降伏条件，関連流れ則に基づく弾塑性構成式（平面応力問題/平面ひずみ問題に対応）

時 間 積 分：$r_{\min}$ 法に基づく静的陽解法

本プログラムは限定した問題の入力しかできないため，その拡張は読者に委ねる。

## 11.1 有限要素定式化

〔1〕 **マトリックス $[\boldsymbol{B}_g]$ および $[\boldsymbol{B}_s]$ の作成**　本プログラムは 4 節点四角形アイソパラメトリック要素に対応する（**図 11.1**）。4 節点一次要素の速度

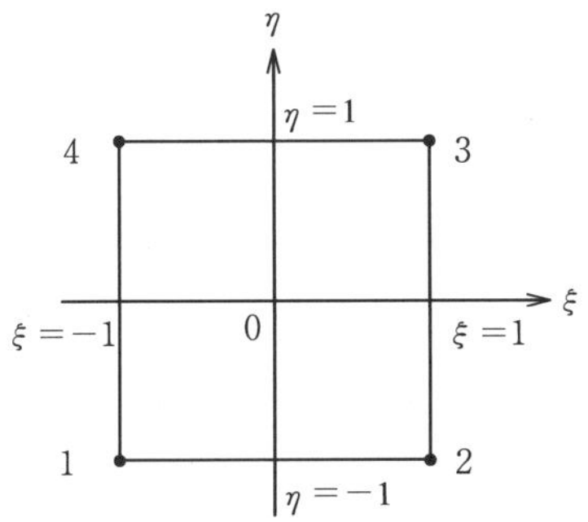


**図 11.1**　4 節点一次要素の自然座標

場 $v_i$ は式 (11.1) で与えられる。

$$v_i = N^\alpha(\xi, \eta) v_i^\alpha \qquad (i = x, y, \quad \alpha = 1, 2, 3, 4) \tag{11.1}$$

ここで，$v_i^\alpha$ は節点 $\alpha$ の変位速度，$N^\alpha$ は式 (11.2) に示す形状関数である。

$$N^\alpha(\xi, \eta) = \frac{1}{4}(1 + \xi^\alpha \xi)(1 + \eta^\alpha \eta) \qquad (\alpha = 1, 2, 3, 4) \tag{11.2}$$

ここで，$\xi^\alpha$ および $\eta^\alpha$ は節点 $\alpha$ に対応する自然座標である。図を参照すれば，形状関数は式 (11.3) で与えられる。

$$\begin{aligned} N^1 &= \frac{1}{4}(1 - \xi)(1 - \eta), \quad N^2 = \frac{1}{4}(1 + \xi)(1 - \eta), \\ N^3 &= \frac{1}{4}(1 + \xi)(1 + \eta), \quad N_4 = \frac{1}{4}(1 - \xi)(1 + \eta) \end{aligned} \tag{11.3}$$

二次元平面問題の場合，速度こう配 $\boldsymbol{L}$ およびひずみ速度 $\boldsymbol{D}$ はそれぞれ式 (11.4)，(11.5) のようにマトリックス表示される。ただし，ここでは完全積分の場合を示す。

$$\begin{Bmatrix} L_{xx} \\ L_{yy} \\ L_{xy} \\ L_{yx} \end{Bmatrix} = \begin{bmatrix} \frac{\partial N^1}{\partial x} & 0 & \frac{\partial N^2}{\partial x} & 0 & \frac{\partial N^3}{\partial x} & 0 & \frac{\partial N^4}{\partial x} & 0 \\ 0 & \frac{\partial N^1}{\partial x} & 0 & \frac{\partial N^2}{\partial x} & 0 & \frac{\partial N^3}{\partial x} & 0 & \frac{\partial N^4}{\partial x} \\ \frac{\partial N^1}{\partial y} & 0 & \frac{\partial N^2}{\partial y} & 0 & \frac{\partial N^3}{\partial y} & 0 & \frac{\partial N^4}{\partial y} & 0 \\ 0 & \frac{\partial N^1}{\partial y} & 0 & \frac{\partial N^2}{\partial y} & 0 & \frac{\partial N^3}{\partial y} & 0 & \frac{\partial N^4}{\partial y} \end{bmatrix} \begin{Bmatrix} v_x^1 \\ v_y^1 \\ v_x^2 \\ v_y^2 \\ v_x^3 \\ v_y^3 \\ v_x^4 \\ v_y^4 \end{Bmatrix},$$

$$\{L\} = \{B_g\}\{v\} \tag{11.4}$$

$$\begin{Bmatrix} D_{xx} \\ D_{yy} \\ 2D_{xy} \end{Bmatrix} = \begin{bmatrix} \frac{\partial N^1}{\partial x} & 0 & \frac{\partial N^2}{\partial x} & 0 & \frac{\partial N^3}{\partial x} & 0 & \frac{\partial N^4}{\partial x} & 0 \\ 0 & \frac{\partial N^1}{\partial y} & 0 & \frac{\partial N^2}{\partial y} & 0 & \frac{\partial N^3}{\partial y} & 0 & \frac{\partial N^4}{\partial y} \\ \frac{\partial N^1}{\partial y} & \frac{\partial N^1}{\partial x} & \frac{\partial N^2}{\partial y} & \frac{\partial N^2}{\partial x} & \frac{\partial N^3}{\partial y} & \frac{\partial N^3}{\partial x} & \frac{\partial N^4}{\partial y} & \frac{\partial N^4}{\partial x} \end{bmatrix} \begin{Bmatrix} v_x^1 \\ v_y^1 \\ v_x^2 \\ v_y^2 \\ v_x^3 \\ v_y^3 \\ v_x^4 \\ v_y^4 \end{Bmatrix},$$

$$\{D\} = [B_s]\{v\} \tag{11.5}$$

ここで，$\{\Delta u\} = \{v\}\Delta t$ の関係より式 (11.4)，(11.5) を増分形で表すと，それぞれ式 (11.6)，(11.7) で与えられる。

$$\{\Delta l\} = [L]\Delta t = [B_g]\{\Delta u\} \tag{11.6}$$

$$\{\Delta d\} = [D]\Delta t = [B_s]\{\Delta u\} \tag{11.7}$$

**〔2〕 弾塑性係数マトリックス $[C^{ep}]$ の作成**　ここでは一例として平面応力問題を考え，等方弾性，ヒルの二次異方性降伏条件および関連流れ則に基づく弾塑性構成式を用いることにする。ただし，直交デカルト座標系の $x$，$y$ 軸は直交異方性の主軸に一致するものと仮定する。

弾塑性構成式は 2 章を参照してキルヒホッフ応力の Jaumann 応力増分とひずみ増分の関係として，式 (11.8) で与えられる。

$$\begin{Bmatrix} \Delta\tau^J_{xx} \\ \Delta\tau^J_{yy} \\ \Delta\tau^J_{xy} \end{Bmatrix} = [C^{ep}] \begin{Bmatrix} \Delta d_{xx} \\ \Delta d_{yy} \\ \Delta 2d_{xy} \end{Bmatrix},$$

$$\{\Delta\tau^J\} = [C^{ep}]\{\Delta d\} \tag{11.8}$$

ここで，$[C^{ep}]$ は弾塑性係数マトリックスで，式 (11.9) で与えられる〔2 章の式 (2.247) 参照)〕。

$$[C^{ep}] = [C^e] - \frac{[C^e]\left\{\dfrac{\partial f}{\partial \tau}\right\}\left\{\dfrac{\partial f}{\partial \tau}\right\}^T[C^e]}{H' + \left\{\dfrac{\partial f}{\partial \tau}\right\}^T[C^e]\left\{\dfrac{\partial f}{\partial \tau}\right\}} \tag{11.9}$$

$[C^e]$ は弾性係数マトリックスで，等方弾性を仮定すれば式 (11.10) で与えられる。

$$[C^e] = \begin{bmatrix} \dfrac{E}{1-v^2} & \dfrac{Ev}{1-v^2} & 0 \\ \dfrac{Ev}{1-v^2} & \dfrac{E}{1-v^2} & 0 \\ 0 & 0 & \dfrac{E}{2(1+v)} \end{bmatrix} \tag{11.10}$$

また，$f$ は降伏関数であり，式 (11.11) で与えられるとする。

$$f = \bar{\sigma}(\tau) - H(\bar{\varepsilon}^p) = 0 \tag{11.11}$$

ここで，$\bar{\sigma}$ は相当応力である。ヒルの二次異方性降伏関数を仮定すれば式(11.12) で与えられる。

$$\bar{\sigma} = \sqrt{\{\tau\}^T[M]\{\tau\}} \tag{11.12}$$

ただし，$[M]$ は異方性を表すマトリックスで，ヒルの異方性パラメータ $F$，$G$，$H$，$N$ を用いて式 (11.13) で与えられる。

$$[M] = \frac{3}{2(F+G+H)}\begin{bmatrix} G+H & -H & 0 \\ -H & H+F & 0 \\ 0 & 0 & 2N \end{bmatrix} \tag{11.13}$$

関連流れ則より降伏関数 $f$ を塑性ポテンシャルとすると，そのこう配 $\{\partial f/\partial\tau\}$ は

$$\left\{\frac{\partial f}{\partial \tau}\right\} = \frac{[M]\{\tau\}}{\bar{\sigma}}$$

$$= \frac{3}{2\,\bar{\sigma}}\{s_1 \quad s_2 \quad s_3\}^T \tag{11.14}$$

で与えられる。$s_1$，$s_2$，$s_3$ を以下に示す。

$$s_1 = \frac{(G+H)\tau_{xx} - H\tau_{yy}}{F+G+H}, \quad s_2 = \frac{(F+H)\tau_{yy} - H\tau_{xx}}{F+G+H},$$

$$s_3 = \frac{N\tau_{xy}}{F+G+H}$$

さらに

$$[C^e]\left\{\frac{\partial f}{\partial \tau}\right\} = \frac{3}{2\,\bar{\sigma}}\{S_1 \quad S_2 \quad S_3\}^T \tag{11.15}$$

と表すことにする。ただし

$$S_1 = \frac{E}{1-v^2}\,s_1 + \frac{Ev}{1-v^2}\,s_2, \quad S_2 = \frac{Ev}{1-v^2}\,s_1 + \frac{E}{1-v^2}\,s_2,$$

$$S_3 = \frac{E}{2(1+v)}\,s_3$$

である。このとき，式 (11.16)，(11.17) に示す関係を得る。

$$[C^e]\left\{\frac{\partial f}{\partial \tau}\right\}\left\{\frac{\partial f}{\partial \tau}\right\}^T[C^e] = \frac{9}{4\ \bar{\sigma}^2}\begin{Bmatrix} S_1 \\ S_2 \\ S_3 \end{Bmatrix}\{S_1 \quad S_2 \quad S_3\} \tag{11.16}$$

$$\left\{\frac{\partial f}{\partial \tau}\right\}^T[C^e]\left\{\frac{\partial f}{\partial \tau}\right\} = \frac{9}{4\ \bar{\sigma}^2}(S_1 s_1 + S_2 s_2 + 2\ S_3 s_3) \tag{11.17}$$

また，式 (11.9) の $H'$ は単軸の応力-ひずみ曲線のこう配に相当し，相当応力と相当塑性ひずみ $\bar{\varepsilon}^p$ の関係が Swift 型の式で与えられるとすれば，$H(\bar{\varepsilon}^p) = c(\alpha + \bar{\varepsilon}^p)^n$ の関係より式 (11.18) を得る。

$$H' = cn(\alpha + \bar{\varepsilon}^p)^{n-1} \tag{11.18}$$

最終的に，式 (11.16)，(11.17) および式 (11.18) を式 (11.9) に代入して，弾塑性マトリックス $[C^{ep}]$ は式 (11.19) で与えられる。

$$[C^{ep}] = \begin{bmatrix} \dfrac{E}{1-v^2} & \dfrac{Ev}{1-v^2} & 0 \\ \dfrac{Ev}{1-v^2} & \dfrac{E}{1-v^2} & 0 \\ 0 & 0 & \dfrac{E}{2(1+v)} \end{bmatrix} - \begin{bmatrix} \dfrac{S_1^2}{S} & \dfrac{S_1S_2}{S} & \dfrac{S_1S_3}{S} \\ \dfrac{S_2S_1}{S} & \dfrac{S_2^2}{S} & \dfrac{S_2S_3}{S} \\ \dfrac{S_3S_1}{S} & \dfrac{S_3S_2}{S} & \dfrac{S_3^2}{S} \end{bmatrix} \tag{11.19}$$

ここで

$$S = \frac{4\ \bar{\sigma}^2}{9}H' + S_1 s_1 + S_2 s_2 + 2\ S_3 s_3$$

である。

**〔3〕 要素接線剛性マトリックス $[k]$ および要素節点力ベクトル $\{{}^t f^{INT}\}$ の作成**　〔1〕および〔2〕で求めた変位増分とひずみ増分の関係式 (11.6)，(11.7) および弾塑性構成式 (11.8) を，updated Lagrange 形式の仮想仕事の原理式に代入すると，最終的に式 (11.20) の要素接線剛性方程式を得る。

$$\int_{V^e}\{[B_s]^T([C^{ep}] - [F])[B_s] + [B_g]^T[G][B_g]\}dV^e\{\Delta u\}$$

$$= \int_{S_t} [N]^T \{{}^{t+\Delta t}\,\overline{t}\} ds - \int_{V^e} [B_s]^T \{{}^t\sigma\} dV^e \},$$

$$[k]\{\Delta u\} = \{{}^{t+\Delta t}f^{EXT}\} - \{{}^t f^{INT}\} \tag{11.20}$$

ここで

$$[F] = \begin{bmatrix} 2\,\sigma_{xx} & 0 & \sigma_{xy} \\ & 2\,\sigma_{yy} & \sigma_{xy} \\ \text{Sym.} & & \dfrac{(\sigma_{xx} + \sigma_{yy})}{2} \end{bmatrix}, \quad [G] = \begin{bmatrix} \sigma_{xx} & 0 & \sigma_{xy} & 0 \\ & \sigma_{yy} & 0 & \sigma_{xy} \\ & & \sigma_{yy} & 0 \\ \text{Sym.} & & & \sigma_{xx} \end{bmatrix}$$

である。

〔4〕 **数値積分**　　マトリックス $[B_g]$ および $[B_s]$ の成分は形状関数 $N^\alpha$ の直交デカルト座標系による微分で与えられる。しかし，形状関数 $N^\alpha$ は自然座標系の関数であるため，直交デカルト座標系による偏微分と自然座標系による偏微分を関係づける必要がある。この関係はヤコビアンを通して式 (11.21) で与えられる。

$$\begin{Bmatrix} \dfrac{\partial}{\partial \xi} \\ \dfrac{\partial}{\partial \eta} \end{Bmatrix} = [J] \begin{Bmatrix} \dfrac{\partial}{\partial x} \\ \dfrac{\partial}{\partial y} \end{Bmatrix} \tag{11.21}$$

ここで，$[J]$ はヤコビアンマトリックスと呼ばれ，式 (11.22) で与えられる。

$$[J] = \begin{bmatrix} \dfrac{\partial x}{\partial \xi} & \dfrac{\partial y}{\partial \xi} \\ \dfrac{\partial x}{\partial \eta} & \dfrac{\partial y}{\partial \eta} \end{bmatrix} \tag{11.22}$$

式 (11.21) の逆の関係より，形状関数の直交デカルト座標系による偏微分は

$$\begin{Bmatrix} \dfrac{\partial N^\alpha}{\partial x} \\ \dfrac{\partial N^\alpha}{\partial y} \end{Bmatrix} = [J]^{-1} \begin{Bmatrix} \dfrac{\partial N^\alpha}{\partial \xi} \\ \dfrac{\partial N^\alpha}{\partial \eta} \end{Bmatrix} \tag{11.23}$$

で与えられる。

さらに，式 (11.20) の要素積分の被積分関数は自然座標であるから，要素積

分を式 (11.24) のように変換する。

$$\int_{V^e} dV^e = \iint dxdy$$
$$= \int_{-1}^{1}\int_{-1}^{1} \det\,[J]\,d\xi d\eta \tag{11.24}$$

このとき，要素剛性マトリックス $[k]$ および右辺第 2 項の要素節点力ベクトル $\{{}^t f^{INT}\}$ はそれぞれ

$$[k] = \int_{-1}^{1}\int_{-1}^{1}([B_s]^T([C^{ep}]-[F])[B_s] + [B_g]^T[G][B_g])\det\,[J]\,d\xi d\eta \tag{11.25}$$

$$\{{}^t f^{INT}\} = \int_{-1}^{1}\int_{-1}^{1}[B_s]^T\{{}^t\sigma_s\}\det[J]\,d\xi d\eta \tag{11.26}$$

で与えられる。

一般に，式 (11.25)，(11.26) の被積分項は複雑になる。したがって，これら積分を行うにあたり，ガウス数値積分が使われることが多い（詳細は 3 章を参照）。このとき，要素剛性マトリックスおよび要素節点力ベクトルは

$$[k] = \sum_p\sum_q ([B_s]^T([C^{ep}]-[F])[B_s]+[B_g]^T[G][B_g])\det\,[J]\,w_p w_q \tag{11.27}$$

$$\{{}^t f^{INT}\} = \sum_p\sum_q [B_s]^T\{{}^t\sigma_s\}\det\,[J]\,w_p w_q \tag{11.28}$$

で与えられる。ここで，$w_p\,(w_q)$ は重み係数である。

各座標系の方向 2 点ずつ積分点をとることにすると，その自然座標 $(\xi_p, \eta_q)$ および重み $w_p\,(w_q)$ は

$$\xi_p,\ \eta_q = \pm 0.577\,350\,269$$
$$w_p\,(w_q) = 1.0$$

で与えられ，4 点の積分点位置により関数を評価することになる。応力やひずみといった物理量についても各積分点において計算，更新されることになる。

要素剛性マトリックスは各積分点の値を形状関数に代入して $[B_s]$ および $[B_g]$ を求め，各積分点の寄与分の和をとることにより計算される。

## 11.2　サブルーチンの説明

本プログラムのおもな**サブルーチン**（subroutine）構成を**図 11.2** に示す。また，各サブルーチンの概略を以下に示す。

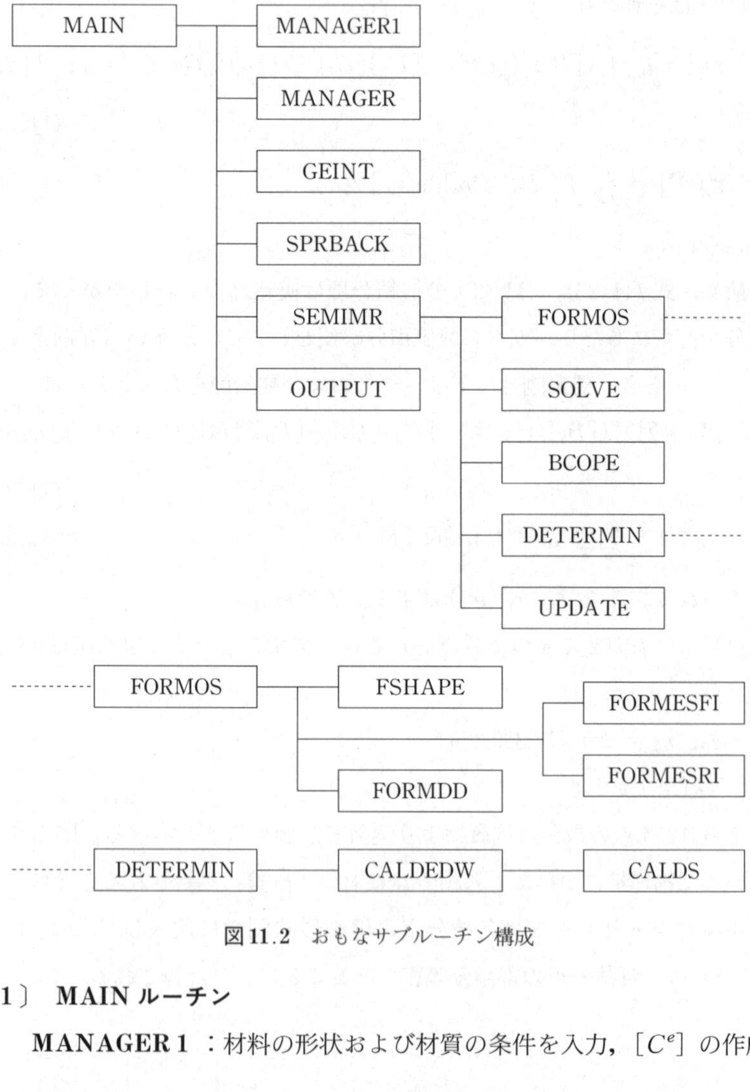


**図 11.2**　おもなサブルーチン構成

### 〔1〕 MAIN ルーチン

**MANAGER 1** ：材料の形状および材質の条件を入力，$[C^e]$ の作成

**MANAGER**　：変数の初期化，節点および要素コネクティビティの作成，計算の問題種およびファイル出力の条件を入力

＊　本プログラムでは，入力パラメータから長方形材料を作成し，計算を行う。このサブルーチンを改良し，材料形状の作成プログラムやデータをファイルでの入出力とすれば，汎用性のあるプログラムに拡張可能である。

**GENINT**　：要素の積分点での形状関数および形状関数の微分を計算

**SPRBACK**　：スプリングバック計算のために境界条件を変更

**OUTPUT**　：計算の状態をコンソールおよびリストファイルに出力

＊　このステップでファイル出力するか否かを判断する。

**OUTPUTFILE**：材料の形状をファイル出力

＊　ここではMicroAVSのinpファイルフォーマットで出力している。

〔2〕 **SEMIMR ルーチン**

**FORMOS**　：要素剛性マトリックスから全体剛性マトリックスを作成

**SOLVE**　：連立一次方程式の求解

**BCOPE**　：剛性方程式に境界条件を考慮し，変位増分と節点力増分を計算

**DETERMIN**　：$r_{\min}$ を求める

**UPDATE**　：増分量と $r_{\min}$ 値から，変数の値を更新

〔3〕 **FORMOS ルーチン**

**FORMESFI**　：完全積分により要素剛性マトリックスを作成

**FORMESSRI**：選択低減積分により要素剛性マトリックスを作成

**FSHAPE**　：積分点でのヤコビアンおよび形状関数の微分を計算

**FORMDD**　：$[C^{ep}]$ マトリックスの作成

〔4〕 **DETERMIN ルーチン**

**CALDEDW**　：ひずみ増分，回転増分の算出，ひずみ増分，回転増分

および弾性-塑性の状態変化に関する $r_{\min}$ の値を計算

**CALDS**　：応力増分の値を計算

〔5〕 **そ の 他**

**MULT**　：ベクトルの掛け算を計算

**EQS**　：相当応力の値を計算

**IBAND**　：バンド幅を算出

## 11.3 おもな変数

〔1〕 **材料要素に関する変数**

NN　：節点総数

NE　：要素総数

NNODE　：1要素当りの節点数

NINT　：1要素当りの積分点数

NPLANE　：問題のフラグ

1. 平面応力問題
2. 平面ひずみ問題

RSUM　：$r_{\min}$ の総和

RMIN　：$r_{\min}$ 法により求まった値 ($0 < r_{\min} < 1$)

〔2〕 **スプリングバックに関する変数**

LSP　：スプリングバック計算のフラグ

0. スプリングバック計算なし
1. スプリングバック計算あり

ISPR　：スプリングバックに関する計算の状況

0. 負荷中
1. 除荷中（スプリングバック計算中）
2. スプリングバック計算終了

〔3〕 **出力に関する変数**

FBP (30)　　：出力時の値格納する配列

NLD　　：計算終了までの出力数

JN　　：出力制御の基準となる節点の番号

JD　　：出力制御の基準となる変位あるいは節点力の方向

1. $x$ 方向

2. $y$ 方向

JQ　　：出力制御の種類

1. 節点力

2. 節点変位

NST　　：現在のステップ数

NSTART　　：計算開始ステップ

NEND　　：最大反復ステップ数

**〔4〕 $r_{\min}$ 法の制御に関する変数**

DEMAX　　：ひずみの最大増分量

DWMAX　　：回転の最大増分量

TOL 1　　：弾性域か塑性域かの判断に使用する変数

CUNL　　：弾性域か塑性域かの判断に使用する変数

**〔5〕 材料に関する変数**

EM(5)　　：ヤング率

PR(5)　　：ポアソン比

YY(5)　　：降伏点

CC(5)　　：Swift の式の $C$ 値†

AA(5)　　：Swift の式の $\varepsilon_0$ 値†

AN(5)　　：Swift の式の $n$ 値†

THIC　　：板　厚

NEP　　：$[C^{ep}]$ マトリックスを作成した回数

---

† Swift の式 $\sigma = C(\varepsilon_0 + \varepsilon)^n$

〔6〕 **おもな配列変数**

XINIT (2, NN)：材料の初期の節点座標

X (2, NN)　：材料の現在の節点座標

DU (2, NN)　：各節点の変位増分

DF (2, NN)　：各節点の節点力増分

TU (2, NN)　：各節点の節点変位

TF (2, NN)　：各節点の節点力

BC (2, NN)　：各節点の境界条件に関する値

ELM (MEL, NINT, NN)：各積分点での物理量の成分値など(**表 11.1**)

**表 11.1** ELM の 成 分

| MEL | 1 | 2 | 3 | 4 | 5 | 6 | 7 | 8 | 9 |
|---|---|---|---|---|---|---|---|---|---|
| | $\sigma_x$ | $\sigma_y$ | $\sigma_z$ | $\sigma_{xy}$ | $\bar{\sigma}$ | YP | $d\varepsilon^p$ | $d\varepsilon_x$ | $d\varepsilon_y$ |
| MEL | 10 | 11 | 12 | 13 | 14 | 15 | 16 | 17 | 18 |
| | $d\varepsilon_z$ | $d\varepsilon_{xy}$ | $d\omega$ | $d\sigma_x$ | $d\sigma_y$ | $d\sigma_z$ | $d\sigma_{xy}$ | RMEL | $\varepsilon_z$ |

BMAT (NBMAT, NINT, NE)：$B$ マトリックス

MSTATE (NINT, NE)：各積分点での弾塑性フラグ

NCR (2, NN)　：境界条件種

1．節点力

2．変　位

MCON (NNODE + 1, NE)：要素のコネクティビティおよび材質種

## 11.4　計算実施例

平面ひずみせん断変形問題の計算実施例を示す。

〔1〕 **材料形状の入力**　本プログラムでは，材料の形状は長方形のみの入力となっている（**図 11.3**）。

'始点$xy$'

0　0

‘横長さ’

10

‘横分割数’

20

‘縦長さ’

20

‘縦分割数’

40

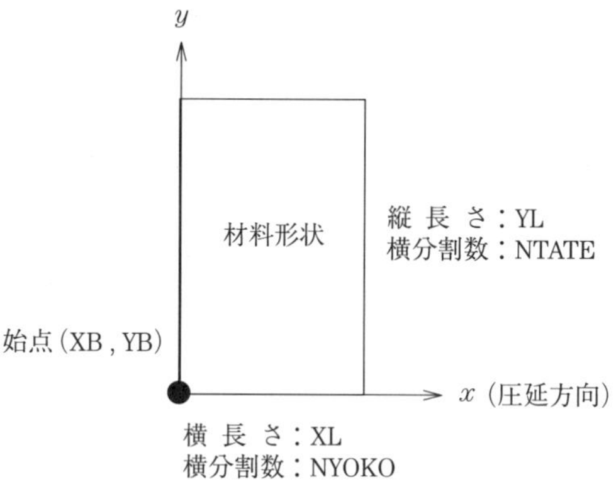


**図 11.3** 材料形状

〔2〕 **材料パラメータの入力**（一部再記）

‘平面応力　…1’

‘平面ひずみ　…2’

2

‘材料定数を入力してください’

‘ヤング率を入力してください’ (MPa)

210000

‘ポアソン比を入力してください’

0.3

‘降伏応力を入力してください’ (MPa)

210

‘$C$ 値を入力してください’ (MPa)

420

‘$\varepsilon_0$ 値を入力してください’

0.025

‘$n$ 値を入力してください’

0.2

‘$r0$ 値を入力してください’†

† $r0$, $r45$, $r90$：それぞれの圧延方向に対応する Lankford 値

1

‘$r$45 値を入力してください’†1

1

‘$r$90 値を入力してください’†1

1

‘板厚を入力してください’(mm)

1

〔3〕 **問題の設定**（図 11.4）[5),6)]

‘問題を選択してください’

‘せん断問題　…1’

‘引張問題　…2’

1

‘変位量を入力してください’(mm)

10

‘結果の出力数を入力してください’†2

20

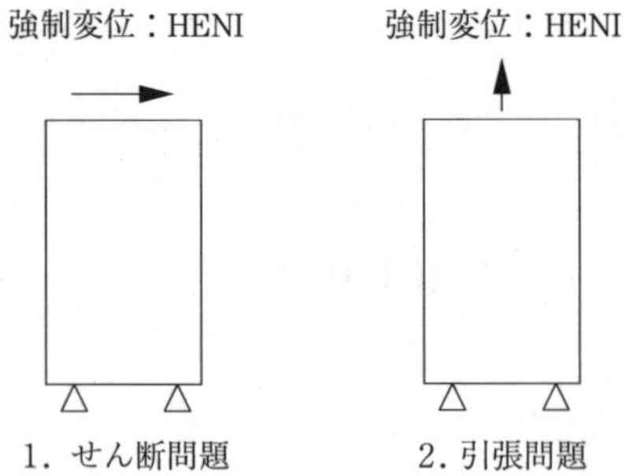


**図 11.4**　問 題 設 定

†1　$r0$，$r45$，$r90$：それぞれの圧延方向に対応する Lankford 値

†2　出力間隔は次式で計算する。

```
DO  I = 1, NLD
    FBP(I) = HENI/NLD*I
END  DO
```

‘スプリングバック計算は，実行しますか’

‘Yes…1　No…0’

本プログラムによる平面ひずみのせん断変形問題解析結果を**図 11.5**（a）に示す。さらに，図（b）に平面ひずみの引張変形問題，図（c）に平面応力のせん断変形問題の結果を示す。

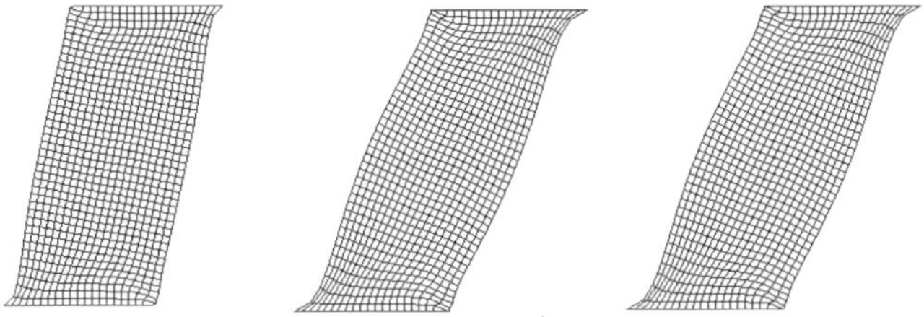

変位量：5 mm　変位量：10 mm　スプリングバック後

（a）平面ひずみのせん断問題

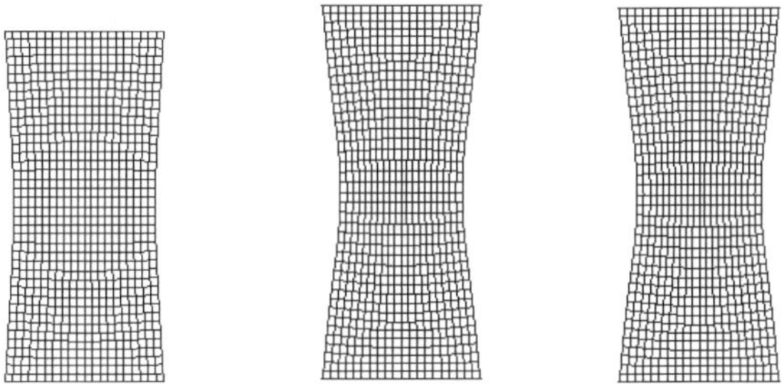

変位量：1.5 mm　変位量：3 mm　スプリングバック後

（b）平面ひずみの引張問題

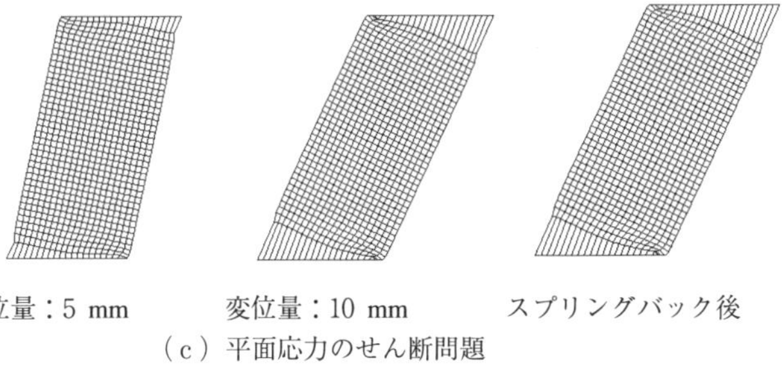

変位量：5 mm　変位量：10 mm　スプリングバック後

（c）平面応力のせん断問題

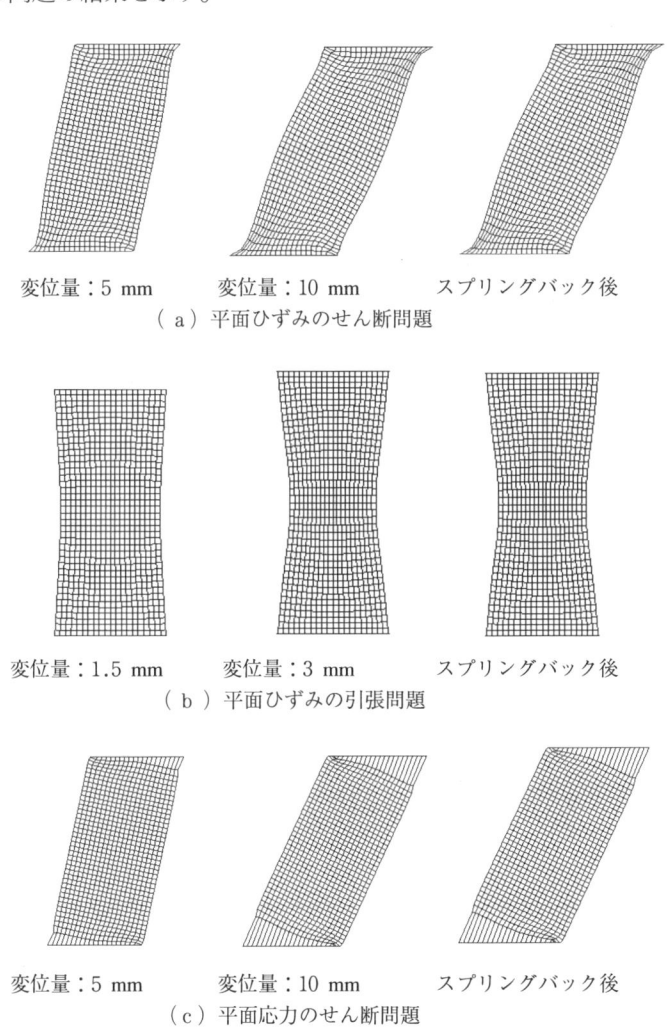

**図 11.5**　二次元弾塑性 FEM プログラムによる解析結果例

# 引用・参考文献


**1章**

1) H.W. Swift：Plastic bending under tension, Engineering, **166**, pp. 333～357 (1948)
2) R. Hill：A Theory of the plastic bulging of metal diaphram by lateral pressure, Philosophical Magazine, **41**, p. 1133 (1945)
3) D.M. Woo：Analysis of the cup drawing process, J. Mech. Eng. Sci., **6**, p. 116 (1964)
4) N.M. Wang and S.C. Tang (eds.)：Computer modelling of sheet metal forming process, The Metallurgical Society (1985)
5) F.J. Arlinghaus, W.H. Frey, T.B. Stoughton and B.K. Murthy：Finite element modelling of a stretch-formed part, Computer modelling of sheet metal forming process, N.M. Wang and S.C. Tang (eds.), pp. 51～64, The Metallurgical Society (1985)
6) S.C. Tang：Verification and application of a binder wrap analysis, Computer modelling of sheet metal forming process, N.M. Wang and S.C. Tang (eds.), pp. 193～208, The Metallurgical Society (1985)
7) E.G. Thompson, R.D. Wood, O.C. Zienkiewicz and A. Samuelsson (eds.)：Proc. 3rd Int. Conf. on numerical methods in industrial forming processes：NUMIFORM '89, Rotterdam, Fort Collins, Colorado, USA (1989)
8) Proc. Int. Conf. on FE-simulation of 3-D sheet metal forming processes in automotive industry, Zurich, Switzerland (1991)
9) A. Makinouchi, E. Nakamachi, E. Onate and R.H. Wagoner (eds.)：Proc. 2nd. Int. Conf. on numerical simulation of 3-D sheet metal forming processes：NUMISHEET '93, Isehara, Japan (1993)
10) J.K. Lee, G.L. Kinzel and R.H. Wagoner (eds.)：Proc. 3rd. Int. Conf. on numerical simulation of 3-D sheet metal forming processes：NUMISHEET '96, Dearborn, USA (1996)
11) J.C. Gelin and P. Picart (eds.)：Proc. 4th Int. Conf. on numerical simulation

of 3-D sheet metal forming processes：NUMISHEET '99, Besançon, France (1999)
12) D.J. Yang, S.I. Oh, H. Huh and Y.H. Kim (eds.)：Proc. 5th Int. Conf. on numerical simulation of 3-D sheet metal forming processes：NUMISHEET 2002, Jeju Island, Korea (2002)
13) A. Honecker and K. Mattiasson：Finite element procedures for 3-D sheet forming simulation, Proc. 3rd Int. Conf. NUMIFORM '89, pp. 457～464 (1989)
14) J.L. Batoz, Y.Q. Guo, P. Duroux and J.M. Detraux：An efficient algorithm to estimate the large strains in deep drawing, Proc. 3rd Int. Conf. NUMIFORM '89, pp. 383～388 (1989)
15) K. Chung and D. Lee：Computer-aided analysis of sheet material forming processes, Advanced Technology of Plasticity, **1**, pp. 660～665 (1984)
16) Y. Yamada, N. Yoshimura and T. Sakurai：Plastic stress-strain matrix and its application for the solution of elastic-plastic problems by finite element method, Int. J. Mech. Sci., **10**, pp. 343～354 (1968)
17) 山田嘉昭，横内康人：有限要素法による弾塑性解析プログラミング，EPIC IV，培風館 (1981)
18) A. Makinouchi, C. Teodosiu and T. Nakagawa：Advances in FEM simulation and its related technologies in sheet metal, CIRP Annals, **47**, 2, pp. 641～649 (1998)
19) 牧野内昭武：板成形シミュレーションとその関連技術に関する世界の現状，塑性と加工，**40**, 460, pp. 414～423 (1999)

**2章**

1) 石原　繁：テンソル－科学技術のために，裳華房 (1991)
2) 久田俊明：非線形有限要素法のためのテンソル解析の基礎，丸善 (1992)
3) T. Belytschko, W.K. Liu and B. Moran：Nonlinear Finite Elements for Continua and Structures, John Wiley & Sons (2000)
4) L.E. Marvern：Introduction to the Mechanics of a Continuous Medium, Prentice-Hall (1969)
5) D.C. Leigh (村上澄男 訳)：非線形連続体力学，共立出版 (1975)
6) P. チャドウィック (後藤　學 訳)：連続体力学，丸善 (1979)
7) 久田俊明，野口裕久：非線形有限要素法の基礎と応用，丸善 (1995)
8) 日本塑性加工学会編：非線形有限要素法—線形弾性解析から塑性加工解析ま

で，コロナ社（1994）
9) K.J. Bathe：Finite Element Procedures, Prentice-Hall（1995）
10) 山田嘉昭：塑性・粘塑性，培風館（1980）
11) C. Teodosiu and Z. Hu：Evolution of the intragranular microstructure at moderate and large strains：Modelling and computational significance, Proc. 5th Int. Conf. NUMIFORM '95, pp. 173～182（1995）

**3章**

1) O.C. ツィエンキヴィッツ，R.L. テイラー（矢川元基 訳）：マトリックス有限要素法，科学技術出版（1996）
2) 久田俊明：非線形有限要素法のためのテンソル解析の基礎，丸善（1992）
3) 日本機械学会編：計算力学ハンドブック（I. 有限要素法，構造編），丸善（1998）
4) T. Belytschko, W.K. Liu and B. Moran：Nonlinear Finite Elements for Continua and Structures, John Wiley & Sons（2000）
5) K.J. Bathe：Finite Element Procedures, Prentice-Hall（1995）
6) 日本塑性加工学会編：非線形有限要素法－線形弾性解析から塑性加工解析まで，コロナ社（1994）
7) S. Ahmad and B.M. Irons：Analysis of thick and thin shell structures by curves finite elements, Int. J. Numer. Methods Eng., **2**, pp. 419～451（1970）
8) K.S. Surana：Geometrically nonlinear formulations for the curved shell elements, Int. J. Numer. Methods Eng., **19**, pp. 581～615（1983）
9) 野口裕久，久田俊明：有限回転増分を考慮した効率的シェル要素の開発およびその評価，日本機械学会論文集A編，**58**, 550, pp. 943～950（1992）
10) E. Reissner：On transverse bending of plates, including the effect of transverse shear deformation, Int. J. Solids Struct., **11**, pp. 569～573（1975）
11) E.N. Dvorkin and K.J. Bathe：A continuum mechanics based four-node shell element for general nonlinear analysis, Eng. Comp., **1**, pp. 77～88（1984）
12) W.K. Liu, J.S. Ong and R.A. Uras：Finite element stabilization matrices-a unification approach, Comput. Methods Appl. Mech. Eng., **53**, pp. 13～46（1985）

**4章**

1) H.L. Schreyer, R.F. Kulak and J.M. Kramer：Accurate numerical solutions

for elastic-plastic models, Trans. ASME, J. Press. Vessel Technol., **108**, pp. 226〜234 (1979)

2) K. J. Bathe and A. P. Cimento：Some practical procedures for the solution of nonlinear finite element equations, Comput. Methods Appl. Mech. Eng., **22**, pp. 59〜85 (1980)

3) 横内康人：弾塑性有限要素法の反復型解法，塑性と加工，**34**, 392, pp. 977〜983 (1993)

4) Y. Yamada, N. Yoshimura and T. Sakurai：Plastic stress-strain matrix and its application for the solution of elastic-plastic problems by finite element method, Int. J. Mech. Sci., **10**, pp. 343〜354 (1968)

5) 牧野内昭武：弾塑性有限要素法による板材の平面ひずみU曲げの解析，塑性と加工，**27**, 301, pp. 301〜306 (1986)

6) 横内康人，中村元一：弾塑性有限要素解析における除荷時の増分決定法について，第40回塑性加工学会連合講演会講演論文集，pp. 191〜194 (1989)

7) 山村直人，桑原利彦，牧野内昭武，Cristian Teodosiu：シェル要素による純曲げ変形のスプリングバック解析とその精度評価－不つり合い力補正手法を導入した静的陽解法FEMによる板材成形のスプリングバック解析，第1報，塑性と加工，**43**, 496, pp. 432〜438 (2002)

8) 嘉味田清，牧野内昭武：静的陽解法プログラムにおける摩擦を考慮した接触問題と板成形シミュレーションへの適用，塑性と加工，**42**, 486, pp. 70〜74 (2001)

9) 牧野内昭武：板成形シミュレーションとその関連技術に関する世界の現状，塑性と加工，**40**, 460, pp. 414〜423 (1999)

10) M. Takamura, H. Sunaga, T. Kuwabara and A. Makinouchi：Springback simulation of automotive front fender panel in multi-operation stamping process using static-explicit FEM code, Proc. 5th Int. Conf. NUMISHEET 2002, pp. 379〜384 (2002)

**5章**

1) C.H. Lee and S. Kobayashi：New solutions to rigid-plastic deformation problems using a matrix method, Trans. ASME, J. Eng. Ind., **95**, 3, pp. 865〜873 (1973)

2) K. Osakada, J. Nakano and K. Mori：Finite element method for rigid-plastic analysis of metal forming-formulation for finite deformation, Int. J. Mech. Sci., **24**, 8, pp. 459〜468 (1982)

3）O.C. Zienkiewicz and P.N. Godbole：A penalty function approach to problems of plastic flow of metals with large surface deformations, J. Strain Anal., **10**, 3, pp. 180〜183 (1975)

4）森謙一郎，小坂田宏造，米田辰雄，平野俊明：有限要素法による焼結後のセラミック部品の形状予測，塑性と加工，**32**, 368, pp. 1136〜1141 (1991)

**6章**

1）A. Santos and A. Makinouchi：Contact strategies to deal with different tool descriptions in static explicit FEM for 3-D sheet metal forming simulation, J. Mater. Process. Technol., **50**, pp. 277〜291 (1995)

2）薄鋼板成形技術研究会編：プレス成形難易ハンドブック第2版，日刊工業新聞社 (1997)

3）Y.T. Keum, E. Nakamachi, R.H. Wagoner and R.H. Lee：Compatible description of tool surfaces and FEM meshes for analyzing sheet forming operations, Int. J. Numer. Methods Eng., **30**, pp. 1471〜1502 (1990)

4）J.O. Hallquist, G.L. Goudreau and D.J. Benson：Sliding interfaces with contact-impact in large-scale lagrangian computations, Comput. Methods Appl. Mech. Eng., **51**, pp. 107〜137 (1985)

5）D.J. Benson and J.O. Hallquist：A single surface contact algorithm for the post-buckling analysis of shell structures, Comput. Methods Appl. Mech. Eng., **78**, pp. 141〜163 (1990)

6）S.P. Wang and E. Nakamachi：The inside-outside contact search algorithm for finite element analysis, Int. J. Numer. Methods Eng., **40**, pp. 3665〜3685 (1997)

7）M. Oldenburg and L. Nilsson：The position code algorithm for contact searching, Int. J. Numer. Methods Eng., **37**, pp. 359〜386 (1994)

8）T. Belytschko and J.I. Lin：A three-dimensional impact-penetration algorithm with erosion, Comput. Struct., **25**, 1, pp. 95〜104 (1987)

9）T. Belytschko and M.O. Neal：Contact-impact by the pinball algorithm with penalty and lagrangian methods, Int. J. Numer. Methods Eng., **31**, pp. 547〜572 (1991)

10）T. Belytschko and I.S. Yeh：The splitting pinball method for contact-impact problems, Comput. Methods Appl. Mech. Eng., **105**, pp. 375〜393 (1993)

11）Z.H. Zhong：Finite element procedures for contact-impact problems, Oxford

Science Publications (1993)
12) 日本塑性加工学会編：非線形有限要素法—線形弾性解析から塑性加工解析まで，pp. 80〜85，コロナ社 (1994)
13) e.g., Bathe, K.J.：Finite element procedures, pp. 626〜628., Prentice Hall (1996)
14) J.O. Hallquist：LS-DYNA theoretical manual, Livermore Software Technology Corporation (1998)
15) 例えば，久田俊明，野口裕久：非線形有限要素法の基礎と応用，pp. 323〜339，丸善 (1995)
16) 嘉味田清，牧野内昭武：接触問題の変分不等式による定式化と3次元板成形静的陽解法プログラムへの適用，塑性と加工，**41**, 474, pp. 70〜74 (2000)
17) G. Dhatt and G. Touzat：The finite element method displayed, John Wiley & Sons (1984)
18) 後藤　學：実践 有限要素法—大変形弾塑性解析，コロナ社 (1995)
19) 薄鋼板成形技術研究会編：プレス成形難易ハンドブック第2版，p. 258，日刊工業新聞社 (1997)
20) 仲町英治，駒田　淳：表面処理材の摩擦特性実験式の導出及び成形問題の有限要素シミュレーション，日本機械学会論文集A編，**58**, 551, pp. 226〜231 (1992)
21) 橋本浩二，吉田　亨，臼田松男，E.A. de S. Neto，D.R.J. Owen：表面処理鋼板の動的摩擦挙動を表す非線形摩擦モデル，材料とプロセス，**7**, 2, p. 460 (1994)
22) 橋本浩二：塑性加工FEMシミュレーションにおける摩擦の取り扱い，塑性と加工，**37**, 421, pp. 127〜133 (1996)
23) M. Kawka and A. Makinouchi：FEM in simulation of sheet metal forming processes, Huber's Yield Criterion in Plasticity, AGH, Krakow, pp. 241〜266 (1994)
24) 須長秀行，高村正人，濱崎かおり，牧野内昭武：静的陽解法FEMにおける材料と工具接触面の取り扱い，第48回塑性加工学会連合講演会講演論文集，pp. 87〜88 (1997)
25) J.H. Cheng and N. Kikuchi：An incremental constitutive relation of unilateral contact friction for large deformation analysis, Trans. ASME, J. Appl. Mech. **52**, pp. 639〜648 (1985)
26) Y. Nakamura, E. Nakamachi and R.H. Wagoner：Deep drawing analysis of

square cups with coated, rate-sensitive steel sheets, Proc. of the 3rd Int. Conf. Computational Plasticity, pp. 1301～1310 (1992)

27) 嘉味田清，牧野内昭武：静的陽解法プログラムにおける摩擦を考慮した接触問題と板成形シミュレーションへの適用，塑性と加工，**42**, 486, pp. 70～74 (2001)

28) M. Takamura, H. Sunaga, T. Kuwabara and A. Makinouchi：Springback simulation of automotive front fender panel in multi-operation stamping process using static-explicit FEM code, Proc. 5th Int. Conf. NUMISHEET 2002, pp. 379～384 (2002)

29) 久田俊明，野口裕久：非線形有限要素法の基礎と応用，p.148，丸善 (1995)

30) 瀧澤　堅，牧野内昭武：板材の曲げ加工精度におよぼす金型剛性の影響，塑性と加工，**39**, 446, pp. 257～262 (1998)

31) H. Parisch：A consistent tangent stiffness matrix for three-dimensional non-linear contact analysis, Int. J. Numer. Methods Eng., **28**, pp.1803～1812 (1989)

**7章**

1) 坂本達治，氏原　新，古林　忠：自動車用パネルの成形性予測と絞りビードの役割，塑性と加工，**30**, 337, pp. 206～210 (1989)

2) 古林　忠：自動車車体パネル成形におけるしわとその制御に関する研究，博士論文(九州大学)，p.164 (1986)

3) 小嶋正康：平行フランジのシングルビード通過抵抗に及ぼすビード断面形状の影響，塑性と加工，**35**, 407, pp. 1432～1437 (1994)

4) 長井美憲，永井康友：ビード引抜力のエネルギー法による近似解析，塑性と加工，**36**, 414, pp. 755～761 (1995)

5) 須長秀行，牧野内昭武：ビードラインに対して傾いた引抜き方向を有する場合のビード引抜き抵抗力の特性，塑性と加工，**39**, 448, pp. 478～482 (1998)

6) 須長秀行，牧野内昭武：絞りビード形状に対する材料引抜き抵抗力の特性，塑性と加工，**39**, 444, pp. 62～66 (1998)

7) 須長秀行：静的陽解法弾塑性 FEM による自動車車体プレス成形のモデリングに関する研究，博士論文(東京大学) (1998)

8) e.g., M. Ahmetoglu, K. Sutter, X.J. Li and T. Altan：Tube hydroforming：current research, applications and need for training, J. Mater. Process. Technol., **98**, pp. 224～231 (2000)

9) 浜　孝之，浅川基男，淵澤定克，牧野内昭武：管材の型張出し成形解析と実験

結果の比較—静的陽解法弾塑性 FEM によるハイドロフォーミング成形特性の研究，第 1 報，塑性と加工，**43**, 492, pp. 35〜39（2002）
10) E.N. Dvorkin and K.J. Bathe：A continuum mechanics based four-node shell element for general nonlinear analysis, Eng. Comp., **1**, pp. 77〜88（1984）
11) 久田俊明，野口裕久：非線形有限要素法の基礎と応用，丸善（1995）

## 8 章

1) 高橋　寛：多結晶塑性論，日本機械学会論文集 A 編，**65**, 630, pp. 201〜209（1999）
2) 後藤　學：結晶塑性論の歩み，塑性と加工，**37**, 424, pp. 460〜469（1996）
3) 池上皓三：種々の前負荷後の降伏曲面について—その研究の発展過程と現状（その 1），材料，**24**, 261, pp. 491〜504（1975）；種々の前負荷後の降伏局面について—その研究の発展過程と現状（その 2），材料，**24**, 263, pp. 709〜719（1975）
4) 後藤　學：連載　塑性構成式 II 異方性構成式，塑性と加工，**28**, 321, pp. 993〜998（1987）
5) D. Banabic, H.J. Bunge, K. Pöhlandt and A.E. Tekkaya：Formability of metallic materials（plastic anisotropy, formability testing and forming limits）, Springer-Verlag, Heidelberg（2000）
6) e.g., M. Kawka and A. Makinouchi：Plastic anisotropy in FEM analysis using degenerated solid element, J. Mater. Process. Technol., **60**, pp. 239〜242（1996）
7) 山田嘉昭：塑性・粘弾性，p. 105，培風館（1980）
8) Z. Hu, E.F. Rauch and C. Teodosiu：Work-hardening behavior of mild steel under stress reversal at large strains, Int. J. Plasticity, **8**, pp. 839〜856（1992）
9) 上森　武，藤原賢司，吉田総仁：高張力鋼板の面内応力反転時の弾塑性挙動とそのモデル化，塑性と加工，**43**, 494, pp. 224〜228（2002）
10) D.C. Drucker：A more fundamental approach to plastic stress-strain relatoins, Proc. First U.S. National Congress of Applied Mechanics, **1**, p. 487〜491, ASME（1951）
11) 吉田総仁：弾塑性力学の基礎，p. 164，共立出版（1997）
12) R. Hill：A theory of the yielding and plastic flow of anisotropic metals, Proc. Roy. Soc. London, **A193**, pp. 281〜297（1948）
13) R. Pearce：Some aspects of anisotropic plasticity in sheet metals, Int. J.

Mech. Sci., **10**, 12, pp. 995～1004（1968）

14） J. Woodthorpe and R. Pearce：The anomalous behaviour of aluminium sheet under balanced biaxial tension, Int. J. Mech. Sci., **12**, 4, pp. 341～347（1970）

15） 吉田清太，吉井康一，小森田浩，臼田松男：硬化強度の変形様式依存性（硬化異方性 X）とそれの成形性評価への応用（薄板の加工硬化挙動の変形様式依存に関する実験的研究・第 1 報），塑性と加工，**11**, 114, pp. 513～521（1970）

16） A. Parmar and P.B. Mellor：Plastic expansion of a circular hole in sheet metal subjected to biaxial tensile stress, Int. J. Mech. Sci., **20**, 10, pp. 707～720（1978）

17） A.N. Bramley and P.B. Mellor：Plastic flow in stabilized sheet steel, Int. J. Mech. Sci., 8, 2, pp. 101～114（1966）

18） A.J. Ranta-Eskola：Use of the hydraulic bulge test in biaxial tensile testing, Int. J. Mech. Sci., **21**, 8, pp. 457～465（1979）

19） P.B. Mellor and A. Parmar：Mechanics of Sheet Metal Forming, D.P. Koistinen and N.M. Wang (eds.), pp. 53～74, Plenum Press（1978）

20） R.H. Wagoner：Comparison of plane-strain and tensile work hardening in two sheet steel alloys, Metall. Trans. A, **12A**, 5, pp. 877～882（1981）

21） 桑原利彦，池田　聡：十字形試験片を用いた 2 軸引張試験による冷間圧延鋼板の等塑性仕事面の測定と定式，塑性と加工，**40**, 457, pp. 145～149（1999）

22） 桑原利彦，山田修也，飯塚栄治，比良隆明：2 軸引張試験による各種鋼板の塑性変形特性の測定と解析，鉄と鋼，**87**, 4, pp. 198～204（2001）

23） 桑原利彦，池田　聡：平面ひずみ引張を受ける鋼板の加工硬化特性の測定と解析，鉄と鋼，**88**, 6, pp. 334～339（2002）

24） J.L. Bassani：Yield characterization of metals with transversely isotropic plastic properties, Int. J. Mech. Sci., **19**, 11, pp. 651～660（1977）

25） 黒崎　靖，常盤雅文，村井健一：金属薄板の異方性降伏関数とプレス成形性（Bassani 形関数による検討），日本機械学会論文集 C 編，**52**, 473, pp. 380～385（1986）

26） 黒崎　靖，松本正信，小林正教：金属薄板の降伏特性とプレス成形性（純粋張出し成形の検討，日本機械学会論文集 C 編，**53**, 494, pp. 2161～2166（1987）

27） 後藤　學：4 次降伏関数の導入による直交異方性理論の改良（平面応力）I，塑性と加工，**19**, 208, pp. 377～385（1978）

28） 後藤　學：4 次降伏関数の導入による直交異方性理論の改良（平面応力）II，塑性と加工，**19**, 210, pp. 598～605（1978）

29)　後藤　學：四次降伏関数に基づく深絞りフランジ部の剛塑性変形解析，日本機械学会論文集 A 編，**46**, 404, pp. 449〜457 (1980)

30)　W.F. Hosford：On yield loci of anisotropic cubic metals, Proc. 7th North Amer. Metalworking Res. Conf., SME, Dearborn, Michigan, pp. 191〜196 (1979)

31)　R.W. Logan and W.F. Hosford：Upper-bound anisotropic yield locus calculations assuming ⟨1 1 1⟩ -pencil glide, Int. J. Mech. Sci., **22**, 7, pp. 419〜430 (1980)

32)　A.V. Hershey：The plasticity of an isotropic aggregate of anisotropic face-centered cubic crystals, Trans. ASME, J. Appl. Mech., **A21**, pp. 241〜249 (1954)

33)　W.F. Hosford：A generalized isotropic yield criterion, Trans. ASME, J. Appl. Mech, **39**, 2, pp. 607〜609 (1972)

34)　桑原利彦，栗田圭一：6000 系アルミニウム合金板の 2 軸引張塑性変形特性の測定と降伏条件式の検証，軽金属，**50**, 1, pp. 2〜6 (2000)

35)　T. Kuwabara, M. Ishiki, M. Kuroda and S. Takahashi：Yield locus and work-hardening behavior of a thin-walled steel tube subjected to combined tension-internal pressure, Journal de Physique IV, **105**, pp. 347〜354 (2003)

36)　桑原利彦，成原浩二，吉田健吾，高橋　進：軸力と内圧を受ける 5000 系アルミニウム合金管の塑性変形特性の測定と解析，塑性と加工，**44**, 506, pp. 281〜286 (2000)

37)　T. Kuwabara, A. Van Bael and E. Iizuka：Measurement and analysis of yield locus and work hardening characteristics of steel sheets with different r-values, Acta Mater., **50**, 14, pp. 3717〜3729 (2002)

38)　T. Kuwabara and A. Van Bael：Measurement and analysis of yield locus of sheet aluminum alloy 6XXX, Proc. 4th Int. Conf. NUMISHEET '99, Besançon, pp. 85〜90 (1999)

39)　R. Hill：Theoretical plasticity of textured aggregates, Math. Proc. Camb. Phil. Soc., **85**, 1, pp. 179〜191 (1979)

40)　Y. Zhu, B. Dodd, R.M. Caddel and W.F. Hosford：Convexity restrictions on non-quadratic anisotropic yield criteria, Int. J. Mech. Sci., **29**, 10/11, pp. 733〜741 (1987)

41)　R.H. Wagoner：Measurement and analysis of plane-strain work hardening, Metall. Trans. A, **11A**, 1, pp. 165〜175 (1980)

42) 桑原利彦，薄　一平，池田　聡：十字形試験片を用いた 2 軸引張試験によるアルミニウム合金板 A5182-O の降伏曲面の同定，塑性と加工，**39**，444，pp. 56～61 (1998)
43) R. Hill : Constitutive modelling of orthotropic plasticity in sheet metals, J. Mech. Phys. Solids, **38**, 3, pp. 405～417 (1990)
44) R. Hill : A user-friendly theory of orthotropic plasticity in sheet metals, Int. J. Mech. Sci., **35**, 1, pp. 19～25 (1993)
45) R. Hill, S.S. Hecker and M.G. Stout : An investigation of plastic flow and differential work hardening in orthotropic brass tubes under fluid pressure and axial load, Int. J. Solids Struct., **31**, 21, pp. 2999～3021 (1994)
46) A. P. Karafillis and M.C. Boyce : A general anisotropic yield criterion using bounds and a transformation weighting tensor, J. Mech. Phys Solids, **41**, 12, pp. 1859～1886 (1993)
47) F. Barlat and J. Lian : Plastic behavior and stretchability of sheet metals. Part I : A yield function for orthotropic sheets under plane stress conditions, Int. J. Plasticity, **5**, 1, pp. 51～66 (1989)
48) F. Barlat, R.C. Becker, Y. Hayashida, Y. Maeda, M. Yanagawa, K. Chung, J. C. Brem, D.J. Lege, K. Matsui, S.J. Murtha and S. Hattori : Yielding description for solution strengthened aluminum alloys, Int. J. Plasticity, **13**, 4, pp. 385～401 (1997)
49) F. Barlat, Y. Maeda, K. Chung, M. Yanagawa, J.C. Brem, Y. Hayashida, D. J. Lege, K. Matsui, S.J. Murtha, S. Hattori, R.C. Becker and S. Makosey : Yield function development for aluminum alloy sheets, J. Mech. Phys. Solids, **45**, 11/12, pp. 1727～1763 (1997)
50) F. Barlat, J.C. Brem, J.W. Yoon, K. Chung, R.E. Dick, D.J. Lege, F. Pourboghrat, S.H. Choi and E. Chu : Plane stress yield function for aluminum alloy sheets—part 1 : theory, Int. J. Plasticity, **19**, 9, pp. 1297～1319 (2003)
51) 吉田健吾，桑原利彦，成原浩二，高橋　進：応力を基準としたアルミニウム合金管の成形限界，塑性と加工，**45**, 517, pp. 123～128 (2004)
52) T. Kuwabara, K. Yoshida, K. Narihara and S. Takahashi : Anisotropic plastic deformation of extruded aluminum alloy tube under axial forces and internal pressure, Int. J. Plasticity (2004) (*accepted*)
53) D. Banabic, T. Kuwabara, T. Balan, D.S. Comsa and D. Julean : Non-quadratic yield criterion for orthotropic sheet metals under plane-stress condi-

tion, Int. J. Mech. Sci., **45**, 5, pp. 797〜811 (2003)

54) 鈴木規之，樋渡俊二，上西昭朗，Xavier Lemoine, Cristian Teodosiu：材料微視構造の発展を考慮した移動硬化モデルと薄板スプリングバック解析への適用，第 53 回塑性加工学会連合講演会講演論文集，pp. 31〜32 (2002)

55) 桑原利彦：軽量化材料の材料モデリングと成形シミュレーションへの影響，塑性と加工，**44**, 506, pp.234〜239 (2003)

56) T. Kuwabara, Y. Asano, S. Ikeda and H. Hayashi：An evaluation method for springback characteristics of sheet metals based on a strech bending test, Proc. IDDRG 2004 Congress (2004)

57) 後藤　學：弾塑性構成式の一形式（第 4 報，金属薄板の FLD の計算への適用），日本機械学会論文集 A 編，**49**, 437, pp. 92〜100 (1983)

58) 後藤　學：弾塑性構成式の一形式（第 5 報，金属薄板の非比例負荷に対する FLD の計算への適用），日本機械学会論文集 A 編，**50**, 458, pp. 1753〜1760 (1984)

59) A. Graf and W.F. Hosford：Calculations of forming limit diagrams, Metall. Trans. A, **21A**, pp. 87〜94 (1990)

60) M. Kuroda and V. Tvergaard：Forming limit diagrams for anisotropic metal sheets with different yield criteria, Int. J. Solids Struct., **37**, 37, pp. 5037〜5059 (2000)

61) M. Kuroda and V. Tvergaard：Effect of strain path change on limits to ductility of anisotropic metal sheets, Int. J. Mech. Sci., **42**, 5, pp. 867〜887 (2000)

62) 後藤　學：塑性構成式の一形式－特にとがり点の形成について，塑性と加工，**24**, 267, pp. 313〜319 (1983)

63) 伊藤耿一：連載 塑性構成式 III 不安定問題と塑性構成式，塑性と加工，**28**, 323, pp. 1222〜1229 (1987)

64) M. Kuroda and V. Tvergaard：A phenomenological plasticity model with non-normality effects representing observations in crystal plasticity, J. Mech. Phys. Solids, **49**, 6, pp. 1239〜1263 (2001)

65) M. Kuroda and V. Tvergaard：Use of abrupt strain path change for determining subsequent yield surface：illustrations of basic idea, Acta Mater., **47**, 14, pp.3879〜3890 (1999)

66) T. Kuwabara, M. Kuroda, V. Tvergaard and K. Nomura：Use of abrupt strain path change for determining subsequent yield surface：experimental

study with metal sheets, Acta Mater., **48**, 9, pp. 2071〜2079 (2000)

**9章**

1) H.W. Swift：Plastic instability under plane stress, J. Mech. Phys. Solids, **1**, pp. 1〜18 (1952)
2) R. Hill：On discontinuous plastic states, with special reference to localized necking in thin sheets, J. Mech. Phys. Solids, **1**, pp. 19〜30 (1952)
3) Z. Marciniak and K. Kuczynski：Limit strains in the processes of stretch-forming sheet metal, Int. J. Mech. Sci., **9**, pp. 609〜620 (1967)
4) S. Stören and J.R. Rice：Localized necking in thin sheets, J. Mech. Phys. Solids, **23**, pp. 421〜441 (1975)
5) K. Yamaguchi and P.B. Mellor：Thickness and grain size dependence of limit strains in sheet metal stretching, Int. J. Mech. Sci., **18**, pp. 85〜90 (1976)
6) 後藤　學：弾塑性構成式の一形式(第4報，金属薄板のFLDの計算への適用)，日本機械学会論文集A編，**49**, pp. 92〜100 (1983)
7) 呉屋守章，伊藤耿一：応力増分依存性を考慮した弾塑性体構成方程式の一表現(第3報，剛塑性薄板の局所くびれ解析)，日本機械学会論文集A編，**56**, pp. 101〜106 (1990)
8) Z. Marciniak and J.L. Duncan：Mechanics of Sheet Metal Forming, p. 62, Edward Arnold (1992)
9) R. Hill：A general theory of uniqueness and stability in elastic-plastic solids, J. Mech. Phys. Solids, **6**, pp. 236〜249 (1958)
10) 岩田徳利，松居正夫，後藤　學：四角筒絞り成形問題の弾塑性解析―板材のプレス成形における変形と破断の有限要素シミュレーション，II，塑性と加工，**33**, 381, pp. 1202〜1207 (1992)
11) 吉田　亨，伊藤耿一，栗山幸久，臼田松男：板材の破断限界ひずみに及ぼす面内異方性の影響―応力増分依存性を考慮した構成式による板材の破断限界の検討，第1報，塑性と加工，**38**, 442, pp. 985〜990 (1997)
12) Z. Marciniak：Sheet Metal Forming Limits, Mechanics of Sheet Metal Forming, D. P. Koinstinen and N-M. Wang (eds.), p. 215, Plenum Press, (1978)
13) e.g., Y.W. Chang and R.J. Asaro：An experimental study of shear localization in aluminum-copper single crystals, Acta Metall., **29**, pp. 241〜257 (1981)

14) 例えば，後藤　學：塑性学，コロナ社（1982）
15) J. Christoffersen and J.W. Hutchinson：A class of phenomenological corner theories of plasticity, J. Mech. Phys. Solids, **27**, pp. 465～487（1979）
16) 呉屋守章，伊藤耿一：応力増分依存性を考慮した弾塑性体構成方程式の一表現（第1報，Mises形塑性ポテンシャルを伴う初期等方材），日本機械学会論文集A編，**54**, pp. 1617～1622（1987）
17) 後藤　學：弾塑性構成式の一形式(第1報，一般理論)，日本機械学会論文集A編，**47**, pp. 1389～1396（1981）
18) R. Hill：On the problem of uniqueness in the theory of a rigid-plastic solid -III, J. Mech. Phys. Solids, **5**, pp. 153～161（1957）
19) K. Ito, K. Satoh, M. Goya and T. Yoshida：Prediction of limit strain in sheet metal-forming processes by 3-D analysis of localized necking, Int. J. Mech. Sci., **42**, pp. 2233～2248（2000）
20) Y. Tomita：Simulation of plastic instabilities in solid mechanics, Appl. Mech. Rev., **47**, pp. 171～205（1994）
21) K. Osakada and K. Mori：Prediction of ductile fracture in cold forging, Annals of the CIRP, **27**, pp. 135～139（1978）
22) S.I. Oh, C.C. Chen and S. Kobayashi：Ductile fracture in axisymmetric extrusion and drawing, Part 2 Workability in extrusion and drawing, Trans. ASME, J. Eng. Ind., **101**, pp. 36～44（1979）
23) M. Ayada, T. Higashino and K. Mori：Central bursting in extrusion of inhomogeneous materials, Advanced Technology of Plasticity, pp. 553～558, ed. by K. Lange, Springer, Berlin（1987）
24) 三木武史，戸田正弘：鍛造における材料破壊，塑性と加工，**33**, pp. 1273～1279（1992）
25) S.E. Clift, P. Hartley, C.E.N. Sturgess and G.W. Rowe：Fracture prediction in plastic deformation processes, Int. J. Mech. Sci., **32**, pp. 1～17（1990）
26) A.S. Wifi, A. Adbel-Hamed, N. El-Abbasi and H. Harmoush：Finite element analysis of workability of some bulk forming processes, Advances in Engineering Plasticity and Its Applications, pp. 197～202, ed. by T. Abe and T. Tsuta, Pergamon（1996）
27) 後藤　學：延性破壊条件式について，塑性と加工，**38**, pp. 200～205（1997）
28) 大矢根守哉：延性破壊の条件式について，日本機械学会誌，**75**, pp. 596～601（1972）

29) 宅田裕彦，森謙一郎，広瀬智行，八田夏夫：延性破壊を考慮した有限要素シミュレーションによる深絞り加工の成形限界予測，塑性と加工，**36**, pp. 985～990 (1995)

30) 宅田裕彦，森謙一郎，広瀬智行，八田夏夫：簡易延性破壊条件式を用いた鋼/アルミニウム合金積層板の円筒深絞り加工における成形限界予測，塑性と加工，**37**, pp. 509～514 (1996)

31) 宅田裕彦，森謙一郎，金城正志，八田夏夫：延性破壊条件を考慮した穴拡げ加工の有限要素解析，鉄と鋼，**84**, pp. 182～187 (1998)

32) H. Takuda, K. Mori and N. Hatta：The application of some criteria for ductile fracture to the prediction of the forming limit of sheet metals, J. Mater. Process. Technol., **95**, pp. 116～121 (1999)

33) H. Takuda, K. Mori, N. Takakura and K. Yamaguchi：Finite element analysis of limit strains in biaxial stretching of sheet metals allowing for ductile fracture, Int. J. Mech. Sci., **42**, pp. 785～798 (2000)

34) 吉田清太，阿部邦雄，細野和典，竹添明信：薄鋼板の成形における極限変形能と平均変形能に関する実験，理化学研究所報告， **44**, pp. 128～139 (1968)

35) K. Yamaguchi, K. Mori, T. Kawaguchi and N. Takakura：Prediction of forming limit of sheet metals by finite element simulation combined with ductile fracture, Advances in Engineering Plasticity and Its Applications, pp. 697～702, ed. by T. Abe and T. Tsuta, Pergamon (1996)

36) R. Hill：The Mathematical Theory of Plasticity, The Mathematical Theory of Plasticity, pp. 318～321, Oxford University Press, Oxford (1950)

37) M.G. Cockcroft and D.J. Latham：Ductility and workability of metals, J. Inst. Metals, **96**, pp. 33～39 (1968)

38) P. Brozzo, B. DeLuca and R. Rendina：A new method for the prediction of the formability limits of metal sheets, in Proceedings of the 7th Biennial Conference of the International Deep Drawing Research Group (1972)

39) 畑中伸夫，山口克彦，高倉章雄，飯塚高志：金属板の打抜き加工に関するFEM シミュレーション，第53回日本塑性加工学会連合講演会講演論文集，pp. 345～346 (2002)

40) V. Tvergaard：Influence of voids on shear band instabilities under plane strain conditions, Int. J. Fract., **17**, p. 389 (1981)

41) 吉田佳典，澄川　俊，湯川伸樹，石川孝司：延性破壊を考慮した丸抜き加工の変形解析，第53回日本塑性加工学会連合講演会講演論文集，pp.　339～340

(2002)
42) P.F. Thomason：A theory for ductile fracture by internal necking of cavities, J. Inst. Met., **96**, pp. 360～365 (1968)
43) 小森和武：微視的モデルを考慮した断加工の数値シミュレーション，塑性と加工，**40**, pp. 1086～1090 (1999)

**10章**

1) M. Takamura, H. Sunaga, T. Kuwabara and A. Makinouchi：Springback simulation of automotive front fender panel in multi-operation stamping process using static-explicit FEM code, Proc. 5th Int. Conf. NUMISHEET 2002, pp. 379～384 (2002)
2) 薄鋼板成形技術研究会編：プレス成形難易ハンドブック第2版，pp. 357～392, 日刊工業新聞社 (1997)
3) 高橋　進，守屋岳志，赤澤理恵：自動車部品開発における板成形シミュレーションの適用と今後の課題，自動車技術会2002年春季大会学術講演会前刷集，**9**, 2, pp. 12～15 (2002)
4) 吉田清太：ヨシダバックリングテスト(YBT)の目的と性格，塑性と加工，**24**, 272, pp. 901～908 (1983)
5) A. Makinouchi, E. Nakamachi, E. Onate and R.H. Wagoner (eds)：Numisheet '93 benchmark test, Proc. 2nd Int. Conf. NUMISHEET '93, pp. 373～666 (1993)
6) H. Sunaga and A. Makinouchi：Elastic-plastic finite element simulation of sheet metal bending process for auto body panels, Proc. 3 rd Int. Conf. Tech. Plasticity, Kyoto, 3, pp.1525～1530 (1990)
7) J. Shao and Y. Shimizu：Application status and challenges on tube hydroforming of automotive components, Proc. of Int. Seminar on Recent status & trend of tube hydroforming, pp. 73～79 (1999)
8) T. Hama, M. Asakawa and A. Makinouchi：Investigation of factors of breakage occurring on a hydroformed automotive part, Proc. of the 9th ISPE Int. Conf. on Concurrent Engineering：CE2002, Cranfield, pp. 189～198 (2002)
9) 浜　孝之，浅川基男，牧野内昭武：ハイドロフォーミングのシミュレーション，プレス技術，**40**, 5, pp. 46～50 (2002)
10) 浜　孝之，浅川基男，淵沢定克，牧野内昭武：管材の型張出し成形解析と実験結果との比較－静的陽解法弾塑性FEMによるハイドロフォーミング成形特性

の研究第1報，塑性と加工，**43**, 492, pp. 35～39（2002）

11）K. Mori and K. Osakada：Application of finite deformation theory in rigid-plastic finite element simulation, Proc. 3rd Int. Conf. Tech. Plasticity, **2**, pp. 877～882（1990）

12）品川一成，武岡　努，森謙一郎，小坂田宏造：加工誘起変態を考慮したSUS304ステンレス鋼板の温間深絞り加工の有限要素シミュレーション，塑性と加工，**34**, 390, pp. 794～799（1993）

13）海老原治，森謙一郎，好井健司，高橋　大，阿部正裕：揺動成形を用いたトラック・バス用大型ホイールディスクにおける成形条件の決定と円環肉厚分布の最適化，塑性と加工，**42**, 483, pp. 348～352（2001）

14）S.I. Oh and S. Kobayashi：Finite element analysis of plane-strain sheet bending, Int. J. Mech. Sci., **22**, 9, pp. 583～594（1980）

**11章**

1）山田嘉昭，横内康人：有限要素法による弾塑性解析プログラミング，EPIC IV，培風館（1981）

2）板成形シミュレーション研究会：ITAS 3D マニュアル（1993）

3）日本塑性加工学会編：非線形有限要素法―線形弾性解析から塑性加工解析まで，コロナ社（1994）

4）T.J.R. Hughes：The Finite Element Method：Linear Static and Dynamic Finite Element Analysis, Prentice-Hall（1987）

5）川井謙一：軸対称および平面ひずみ引張りに関するベンチマークテスト―塑性変形問題に関するベンチマークテストI，塑性と加工，**32**, 364, pp. 553～559（1991）

6）川井謙一：せん断に関するベンチマークテスト3―塑性変形問題に関するベンチマークテスト3，塑性と加工，**32**, 367, pp. 956～961（1991）

# 索　　引

**静的解法 FEM—板成形**

Static FEM—Sheet Metal Forming　

2004 年 7 月 7 日　初版第 1 刷発行

検印省略

編　者　社団法人 日本塑性加工学会
東京都港区芝大門 1-3-11
Y・S・K ビル 4 F
発行者　株式会社　コロナ社
代表者　牛来辰巳
印刷所　壮光舎印刷株式会社

112-0011　東京都文京区千石 4-46-10
**発行所**　株式会社　**コロナ社**
CORONA PUBLISHING CO., LTD.
Tokyo　Japan
振替 00140-8-14844・電話(03)3941-3131(代)
ホームページ http://www.coronasha.co.jp

ISBN 4-339-04501-2　(金)　(製本：染野製本所)
Printed in Japan